Mikrobiologie

Gerhart Drews

Mikrobiologie

Die Entdeckung der unsichtbaren Welt

 Springer

Prof. Dr. Gerhart Drews
Inst. Biologie II
Universität Freiburg
Schänzlestr. 1
79104 Freiburg
Deutschland
gerhart.drews@biologie.uni-freiburg.de

ISBN 978-3-642-10756-6   e-ISBN 978-3-642-10757-3
DOI 10.1007/978-3-642-10757-3
Springer Heidelberg Dordrecht London New York

Die Deutsche Nationalbibliothek verzeichnet diese Publikation in der Deutschen Nationalbibliografie;
detaillierte bibliografische Daten sind im Internet über http://dnb.d-nb.de abrufbar.

Einbandentwurf: WMXDesign GmbH, Heidelberg

Gedruckt auf säurefreiem Papier

Springer ist Teil der Fachverlagsgruppe Springer Science+Business Media (www.springer.com)

Vorwort

Die „Unsichtbaren": das sind vor allem die Bakterien, aber auch andere, mikroskopisch kleine Lebewesen. Sie waren bei ihrer Entdeckung im 17. Jahrhundert ein wenig beachtetes Kuriosum. Es gab nur die Vermutung, dass Pestilenz und Fäulnis durch etwas Materielles übertragen und hervorgerufen werden. Erst im 19. Jahrhundert begann die systematische Erforschung der Kleinstlebewesen und ihrer Eigenschaften. In den vergangenen Jahrzehnten ist unser Wissen über Bakterien und ihre Wechselwirkungen mit der Umwelt dank der Fortschritte in der Molekularbiologie gewaltig angewachsen. Dieses Buch ist kein Lehrbuch der Mikrobiologie und ihrer Geschichte und kein historischer Roman, sondern versucht dem Leser die Welt einiger Denker, Forscher und interessierter Laien aus vergangenen Jahrhunderten näher zu bringen, die sich im Rahmen ihrer Möglichkeiten mit den „kleinen Tierchen" beschäftigten. Erst im 19. Jahrhundert wurden die Wurzeln für die moderne Mikrobiologie gelegt. Wir wollen einige der Pioniere und ihre Zeit kennen lernen. Heute beeindrucken uns die ungeheure Vielfalt und die außergewöhnlichen Leistungen der Bakterien und ihre Wirkung auf die Umwelt, die vor allem auf der Basis neuer biochemischer und molekulargenetischer Forschung ergründet wurden. Dieses Buch will die Faszination, die von der Welt der Bakterien ausgeht, anhand einiger aktueller Themenkomplexe vermitteln. Dazu gehört auch die Entdeckung der suborganismischen, infektiösen Agenzien.

Wenn in der heutigen Zeit die Medien aktuelle biologische Fragestellungen thematisieren, so konzentrieren sie sich auf den Menschen und die Tier- und Pflanzenwelt. Die dadurch entstandene Lücke in der Wissensvermittlung versucht dieses Buch auszufüllen. Natürlich war es auch die Neugier, der Frage nachzugehen, wie sich Wissenschaft in vergangenen Jahrhunderten im Kontext der kulturellen Evolution entwickelte.

Dem Springer Verlag, und hier besonders Herrn Dr. Dieter Czeschlik und Frau Stefanie Wolf, sei gedankt, das Wagnis einzugehen, diese Thematik als Buch zu veröffentlichen und mich bei der redaktionellen Bearbeitung zu unterstützen. Ebenso gilt mein Dank Frau. Dr. Claudia Schön für die Bearbeitung des Manuskriptes. Mein Dank gilt auch Dr. Tobias Erb und Rafael Say, die mir bei der Anfertigung einiger Zeichnungen halfen. Danken möchte ich auch Wolfgang H. Müller für die Bearbeitung von Bildmaterial. Prof. Karl O. Stetter, Dr. Marc Mussmann und Miriam

Weber sowie Verlage und weitere Kollegen stellten mir dankenswerter Weise Bildmaterial zur Verfügung. Dank sei auch denen, die durch kritische Durchsicht des Manuskriptes den Text verbessern halfen.

Freiburg   Gerhart Drews

Inhaltsverzeichnis

Symbole und Abkürzungen

acidophil	säureliebend, bei pH Wert 1–6 wachsend
A	Adenin
ATP	Adenosintriphosphat
ADP	Adenosindiphosphat
aerob	Wachstum Sauerstoff abhängig
analog: anaerob	Wachstum ohne Sauerstoff
anoxisch	Habitat ohne Sauerstoff
Autothrophie	selbsternährend, CO_2 als einzige Kohlenstoffquelle
bp	Basenpaare; kbp Kilobasenpaare; Mbp Millionen bp
C	Cytosin
Chemolithoautothrophie	Wachstum in rein mineralischer Nährlösung mit CO_2 als einziger Kohlenstoffquelle. Energiegewinnung durch Redoxprozesse zwischen anorganischen Verbindungen
DNA	Desoxyribonukleinsäure
extrem thermophil	Wachstum zwischen 65 und 85°C
G	Guanin
halophil	höhere Salzkonzentrationen werden toleriert
hydrophil/hydrophob	Wasser liebend/Wasser abstoßend
hyperthermophil	Wachstum bei Temperaturen über 85°C
lithotroph	Verwendung anorganischer Verbindungen (H_2, NH_3, H_2S, CO, Fe(II) u. a.) als Elektronendonator
mRNA	messenger- Boten-RNA
Ma	Millionen Jahre vor heute
mesophil	Optimum des Wachstums bei Temperaturen von 20 bis 40°C
Mio.	Millionen
n. Chr.	nach Christi Geburt
ns	Nanosekunde = 10^{-9} Sekunden; ps Picosekunde = 10^{-12} Sekunden.
organotroph	Ernährung mittels einer organischen C-Quelle
oxisch	Habitat mit Sauerstoff

psychrophil	bei niedrigen Temperaturen (−2 bis +25°C) Wachstums-optimum, kälteliebend
RNA	Ribonukleinsäure; tRNA transferRNA
T	Thymin
thermophil	bei Temperaturen von etwa 45 bis 70°C wachsend
ΔG^0	Symbol für freie Enthalpie; $\Delta\Psi$ Ladungsgradient, Membranpotential;
ΔH^+	Protonengradient
1 μm	$= 10^{-6}$ m; 1 nm $= 10^{-9}$ m
≥	mehr als; ≤ weniger als
~	etwa

Kapitel 1
Einleitung

Tiere und ihre Verhaltensweisen wecken immer wieder das Interesse vieler Menschen, sowohl in ihrer natürlichen Umgebung als auch in zoologischen Gärten. Das wird sowohl durch die Printmedien als auch durch Filme verstärkt und gefördert. Professionelle Tierbeobachter können mit der heutigen Technik in Nisthöhlen und verborgene Winkel des Urwaldes eindringen und Zugvögel und wandernde Herden von Tieren verfolgen. So werden Lebenszyklen und Verhalten der Tiere in ihrer natürlichen Umwelt zu einem unmittelbaren Erlebnis. Durch öffentliche Auftritte werden einzelne Jungtiere in zoologischen Gärten, wie das Eisbär-Baby Knut, zu Stars öffentlicher Medien. Dies gilt auch für Tiere, die durch ihre Verhaltensweisen dem Menschen nahe stehen, wie Menschenaffen und Haustiere. Zu ihnen besteht oft eine emotionale Bindung. Selten gewordene oder vom Aussterben bedrohte Tiere wie der Pandabär finden ebenfalls viel Interesse.

Neue Erkenntnisse über die Verwandtschaft und Abstammung der Lebewesen auf der Basis der Nukleinsäuresequenzen und der Entwicklung neuronaler Netzwerke haben die Diskussion über die Evolution der Lebewesen und besonders die Verwandtschaft innerhalb der Primaten neu belebt. Das Darwinjahr wurde zum Anlass genommen, in zahlreichen Büchern und in Zeitungsartikeln die Evolution der Lebewesen und die komplexen Wechselbeziehungen innerhalb von Populationen und zwischen Umwelt und Lebewesen zu thematisieren. Auch hier standen die Tiere und besonders der Mensch im Mittelpunkt.

Das Interesse der Öffentlichkeit an Pflanzen ist schon geringer und konzentriert sich auf wenige spektakuläre Vertreter oder auf Zier- und Nutzpflanzen. Die Welt der Mikroorganismen ist dagegen den meisten Menschen verschlossen oder wird mit negativen Empfindungen verbunden, weil Mikroorganismen nur als Verursacher von Krankheiten und Seuchen oder vielleicht als Exoten an extremen Standorten wahrgenommen werden, ohne aber ein Interesse zu wecken.

Die zahlreichen Berichte aus der Wissenschaft, die über die faszinierenden Entdeckungen aus der Welt der „Unsichtbaren" berichten, werden von der breiten Öffentlichkeit kaum wahrgenommen. Das Fernsehen wagt nur äußerst selten die Aktivitäten der Mikroorganismen zu thematisieren, weil es schwer ist, sinnliche Eindrücke von dieser Welt herzustellen und zu vermitteln. So bleiben die Mikroorganismen weitgehend unbekannt, obwohl sie in der belebten Natur den Hauptanteil der Masse

G. Drews, *Mikrobiologie*, DOI 10.1007/978-3-642-10757-3_1,
© Springer-Verlag Berlin Heidelberg 2010

an Lebewesen bilden und einen wesentlichen Beitrag zum Kreislauf der Stoffe in
der Natur liefern, ja die Voraussetzung für das Leben der höheren Organismen erst
geschaffen haben. Letztlich stammen alle Lebewesen von den Bakterien ab, wie
eine phylogenetische Analyse unserer Gene zeigt. Es bleibt weitgehend unbekannt,
dass die Mikroorganismen in unserer Umwelt die fleißigen Arbeiter sind, die die
ungeheuren Mengen an abgestorbenen Lebewesen remineralisieren und somit im
Kreislauf der Stoffe die Fülle komplexer organischer Verbindungen zerlegen und
als anorganische Stickstoff-, Phosphor- und Kohlenstoffverbindungen sowie Spurenelemente primär dem Stoffwechsel der Pflanzen zuführen. Die Mikroorganismen synthetisieren in der Natur wichtige Wirkstoffe wie Vitamine und Antibiotika.
Die Bildung von Sauerstoff durch die Cyanobakterien seit einer frühen Phase der
Evolution schuf die Voraussetzung für das Leben höherer Organismen. Die Produktion des Treibhausgases Methan ist auch auf Mikroorganismen zurückzuführen.
Viele Mikroorganismen wurden schon seit Jahrtausenden unbewusst als Haustiere,
beispielsweise als Säurebildner bei der Herstellung von Sauerkraut und Milchpro-
dukten und zur Alkoholgewinnung eingesetzt, und werden heute in der biotechnologischen Industrie in zunehmendem Maße genutzt, um Stoffe wie Antibiotika, Ste-
roidhormone, Insulin, Vitamine, Aminosäuren oder Antikörper zu synthetisieren.
Auch die Versuche, aus Holzabfällen Bioalkohol als Treibstoff herzustellen, werden
mit Mikroorganismen durchgeführt. Die Entdeckung der Mikroorganismen und die
Aufklärung ihrer Leistungen war kein plötzliches „Aha"-Erlebnis, sondern ein über
Jahrhunderte sich hinziehender Prozess, der nach der Phase philosophischer oder
mystisch-spekulativer Überlegungen und einzelner, zufälliger Beobachtungen im
Laufe der kulturellen Evolution mit der Entwicklung rationalen Denkens und Ex-
perimentierens etwa mit dem 16. Jahrhundert beginnt. Dieses Buch will zu den
verschiedenen Darstellungen der Geschichte der Mikrobiologie – wie die von Hans
Günter Schlegel (1999) – keine weitere hinzufügen; sondern es will versuchen, das
zunächst sehr langsame und heute stürmische Fortschreiten der Erkenntnis aus der
Sicht einzelner Persönlichkeiten und ihrer Beobachtungen, und in der modernen
Zeit, exemplarisch an einzelnen Organismen oder Themengruppen darzustellen, um
damit Freunde und Interessenten für das Leben der Kleinstlebewesen zu gewinnen,
und um zu vermitteln, wie unmittelbar unser Leben mit dem der Mikroorganismen
verbunden ist. Die Existenz und das Verhalten der Mikroben hat seit Jahrhunderten
immer wieder viele Menschen begeistert – eine Faszination, die heute durch das
verfügbare moderne Wissen eine neue Grundlage erhalten hat.

Die Entdeckungsgeschichte der „Unsichtbaren" beginnt im Altertum, als es noch
keine konkreten Kenntnisse über diese Welt geben konnte. Aber einzelne Beobachtungen und scharfsinnige Überlegungen ließen etwas erahnen, was Schritt für
Schritt im Laufe der Jahrhunderte aus der Welt der Spekulationen heraus zu konkre-
tem Wissen führte. Lassen Sie sich mitnehmen, um diese spannende Geschichte im
Spiegel einzelner Persönlichkeiten und ihrer Zeit kennen zu lernen. Im 20. und 21.
Jahrhundert nimmt das Tempo der Entdeckungen rasant zu. So wird es unmöglich,
den Erkenntnisfortschritt, der heute nur durch das Zusammenwirken zahlreicher
professioneller Wissenschaftler erreicht werden kann, an den Forschungsergebnissen einzelner Persönlichkeiten aufzuzeigen. Um trotzdem einen Einblick in die mo-

derne Wissenswelt zu erhalten, sollen dem Leser solche Wissensfelder vorgestellt werden, die für uns heute von großer Aktualität sind. Kleine Ausflüge in die Biochemie und molekulare Genetik sind unvermeidbar; dieses Wissen ist aber ein Teil der modernen Kultur geworden, so wie die Computer- und Informationstechnologie. Unsere heutigen Kenntnisse, gefördert durch die moderne Technologie, haben zu einem besseren Verständnis der Zusammenhänge geführt und gezeigt, dass die Bakterien und andere Mikroorganismen einen gewaltigen Einfluss auf das Leben auf dieser Erde, auf die Stoffkreisläufe und den ständigen Wandel in den biologischen und nichtbiologischen Systemen haben.

Kapitel 2
Was sind Mikroorganismen und wie sind sie entstanden

Das Wort Mikroorganismen ist kein wissenschaftlicher Begriff, der eine bestimmte Gruppe von Lebewesen definiert. Unter Mikroorganismen (wörtlich: kleine Lebewesen) fasst man einzellige Organismen zusammen, die nur mit dem Mikroskop sichtbar gemacht werden können (1–20 µm; 1 µm = 10^{-6} m = $^1/_{1.000.000}$ m), also vor allem Bakterien und mikroskopisch kleine Pilze, Algen und Protozoen (tierische Einzeller). Bis weit in das 19. Jahrhundert gab es keine Zunft der Mikrobiologen, die sich diesen Organismen hauptamtlich widmete. Neugier und das Bedürfnis das klassische, überkommene Wissen der Antike zu hinterfragen, wirkten oft als Triebfeder des Suchens und Forschens. Technische Fortschritte, wie die Entdeckung von Fernrohr und Mikroskop erlaubten den Zugang zur Welt der Unsichtbaren. Sorgfältige Beobachtungen und scharfsinnige Überlegungen, die in kleinen Schritten die Basis für unser heutiges Wissen vorbereiteten, wurden von Handwerkern, Geistlichen, Ärzten, Apothekern, Chemikern, Naturforschern und vielen an der Natur interessierten Laien zusammengetragen und seit der Entwicklung der Buchdruckkunst in gedruckter Form oder in Briefen einem breiteren Publikum vermittelt.

Spät im 19. Jahrhundert wurden die Bakteriologie und die Mykologie (Pilzkunde) eine Domäne der Botaniker und Mediziner, während die Protozoen von den Zoologen und Ärzten untersucht wurden. Viren wurden erst am Ende des 19. Jahrhunderts als infektiöse, filtrierbare Agenzien entdeckt. Es sind hoch organisierte Nukleoprotein-Komplexe, denen wichtige Eigenschaften von Lebewesen fehlen und die als Erreger von Krankheiten bekannt wurden. Die Anlässe und die Triebfeder, sich mit den Mikroorganismen zu beschäftigen, waren ganz unterschiedlich. Seit der Entwicklung des Mikroskops haben Form und Bewegungsverhalten der Mikroben immer wieder die Betrachter fasziniert und – je nach Wissensstand und Ausbildung – unterschiedliche Fragestellungen ausgelöst. Manchmal waren es zufällige Beobachtungen, die zu genaueren Untersuchungen Anlass boten, wie das Entstehen eines roten Überzugs auf den Hostien („blutende Hostie"), das Aufsteigen von Gasblasen aus morastigen Gewässern, die seuchenartige Ausbreitung von Krankheiten oder die Frage nach der Entstehung des Lebens auf der Erde.

Nach heutigen Erkenntnissen waren die Vorfahren der heute lebenden Mikroorganismen schon sehr früh in der Erdgeschichte präsent. Geologische Funde in sehr alten Gesteinsformationen sowie Schlussfolgerungen aus molekulargenetischen und

G. Drews, *Mikrobiologie,* DOI 10.1007/978-3-642-10757-3_2,
© Springer-Verlag Berlin Heidelberg 2010

chemischen Untersuchungen weisen darauf hin, dass Urformen des Lebens schon vor etwa 3.700 Mio. Jahren (Ma) auf der Erde entstanden und, unter Nutzung der vorhandenen Ressourcen, sich vermehrten und die Erde veränderten. Im Laufe langer Zeiträume haben sich die Archaebakterien und die Eubakterien an viele natürliche Standorte angepasst: an heiße Quellen in der Tiefsee, an kalte Gewässer in der Antarktis, an hyperthermophile Quellen, an sehr saure oder alkalische Gewässer; an ein Leben ohne Sauerstoff und an lebensfeindliche Stoffe wie Schwefelwasserstoff, Schwefelsäure, Schwermetalle; und an toxische Stoffe wie Phenole oder chlorierte Kohlenwasserstoffe sowie an komplexe organische Stoffe wie Cellulose, Lignin, Eiweiße, Fette oder Chitin, die sie als Nahrungsstoffe zu verwerten lernten. Es brauchte die riesige Zeitspanne von mehr als 3.000 Ma bis in der Periode der „Kambrischen Explosion" vor etwa 500 Ma sich in einer relativ kurzen Zeitspanne die höheren, vielzelligen Lebewesen aus den Mikroorganismen entwickelten. Mikroorganismen blieben Einzeller, aber sie haben sich an neue Umweltbedingungen angepasst, indem sie Sensoren ausbildeten, um Reize der Umwelt wie Stoffkonzentrationen, Strahlungsintensität, Temperaturgefälle und Säuregrad wahrzunehmen und mit Hilfe entsprechender Mechanismen darauf zu reagieren. Mikroorganismen haben die Fähigkeit erworben, Sonnenenergie durch die Photosynthese oder chemische Energie, die als elektrisches Potential zwischen reduzierten und oxidierten anorganischen Stoffen besteht, zur Gewinnung von Stoffwechselenergie auszunutzen. Einige Mikroorganismen haben gelernt, sich als Parasiten Vorteil zu verschaffen, indem sie in andere Organismen eindringen und sich auf deren Kosten ernähren und vermehren. Andere leben in enger räumlicher und stoffwechselphysiologischer Wechselbeziehung als Symbionten mit ihresgleichen oder höheren Organismen in einer Lebensgemeinschaft, beispielsweise die stickstoffbindenden Knöllchenbakterien in den Wurzeln von Schmetterlingsblütlern. Mikroorganismen werden von der modernen Forschung als Modellorganismen benutzt, um bei ihnen die Mechanismen des Stoffwechsels und seiner Regulation sowie der Signalübertragung zu studieren, die in modifizierter Form auch bei höheren Organismen anzutreffen sind.

Moderne molekulargenetische Untersuchungen führten zu der Erkenntnis, dass die Entstehung und Entwicklung aller Lebewesen auf eine gemeinsame Wurzel zurückgeführt werden kann. Der aus dieser Erkenntnis entwickelte Stammbaum führte zu der Einteilung der Organismen in drei Reiche: die Archaea, die Bacteria und die Eukarya (Kap. 11). Die Vertreter dieser drei Reiche, die Archaebakterien, die Eubakterien und die Eukaryoten, besitzen spezifische, aber auch gemeinsame Merkmale, die zu der Annahme führten, dass sich sehr früh in der Evolution die Entwicklungslinien dieser drei Reiche ausbildeten, und dass durch Genaustausch zwischen Vertretern dieser Reiche gemeinsame Merkmale erhalten blieben und sich in Anpassung an spezielle Umweltbedingungen neue Eigenschaften entwickelt haben.

Kapitel 3
Anfänge naturwissenschaftlichen Denkens

Unser heutiges Wissen über Mikroorganismen beruht auf unzähligen Einzelbeobachtungen, ausgeklügelten Experimenten und scharfsinnigen Schlussfolgerungen, die vor allem durch die Entwicklung wissenschaftlichen Denkens und Arbeitens im Laufe der kulturellen Evolution gefördert wurden. Sie haben es ermöglicht, gesichertes, das heißt, nachprüfbares Wissen zu erzeugen. Die reflektierende Beobachtung der Natur und das Bemühen, ihre Gesetzlichkeiten und Zusammenhänge zu erkunden, sind sicher sehr alte Verhaltensweisen in der Menschheitsgeschichte. Sie begegnen uns schon in den frühesten uns überlieferten Aufzeichnungen. Beginnen wir unseren Spaziergang durch die Geschichte mit einem Vertreter der Medizin aus der griechisch-römischen Antike, der für viele Jahrhunderte die Lehrmeinung in der Medizin prägte (Shapin 1996).

3.1 Galenos von Pergamon (129–199), ein bedeutender Mediziner in der Antike

Der Name Galen (lateinisch: Claudius Galenus) ist uns nicht nur durch die mit ihm verbundenen Lehren bekannt, sondern auch in dem Begriff der Galenik enthalten, also der Technik, Arzneimittel herzustellen. Galen (Abb. 3.1) wurde um 129 nach Christus (n. Chr.) in Pergamon, einer der vielen griechischen Pflanzstädte in Kleinasien, geboren und verbrachte dort seine Jugend. Sein Vater Nikon, ein Mathematiker und Architekt, unterrichtete ihn in der aristotelischen Philosophie, der Mathematik und Naturlehre. Schon früh interessierte sich Galen für die Medizin. Er studierte dieses Fach in Smyrna (heute Izmir) und Alexandria. Alexandria war in dieser Zeit ein Zentrum der Gelehrsamkeit und der Heilkunst. Die Stadt besaß eine der größten Bibliotheken in der damaligen Welt und war ein Ort, an dem schon Sektionen am Menschen durchgeführt wurden. Heilung und Pflege von Erkrankten erfolgte im Asklepieyon, wo Priester und Ärzte Kuren leiteten. Geprägt vom Wissen seiner Zeit, kehrte Galen im Jahr 158 nach Pergamon zurück und eröffnete eine eigene Praxis, in der er als Sport- und Wundarzt der Gladiatoren tätig war. So sammelte er Erfahrungen in der Wundbehandlung, aber auch als Chiropraktiker

G. Drews, *Mikrobiologie*, DOI 10.1007/978-3-642-10757-3_3,
© Springer-Verlag Berlin Heidelberg 2010

Abb. 3.1 Galenos von Pergamon (129–199). (Quelle: Wikipedia)

und Internist. 161 zog es ihn nach Rom, wo er bald Anerkennung und Ruhm erlangte, so durch Heilung des Philosophen Eudemos und als Arzt der Aristokratie. Nach Ausbruch der Pest kehrte Galen um 166 nach Pergamon zurück. Aber schon 168 reiste er erneut nach Rom, um der Bitte des römischen Kaisers Mark Aurel zu entsprechen, in Aquileia die unter den römischen Soldaten ausgebrochene Pest zu untersuchen. Seine präzise Beschreibung der Krankheitssymptome lässt vermuten, dass es sich um eine Pockenepidemie gehandelt hat. Er behandelte Mark Aurel, Commodus und den Kaiser Septimus Severus. Galen blieb in Rom und verfasste dort auch seine zahlreichen Schriften.

Die Lehren von Galen blieben bis ins 17. Jahrhundert und darüber hinaus eine Grundlage des medizinischen Wissens. Diese „marktbeherrschende" Stellung der Galen'schen Medizin ist wohl darauf zurückzuführen, dass er zwei über Jahrhunderte im Widerstreit stehende medizinische Vorgehens- und Betrachtungsweisen zusammenfasste und zu einem Lehrgebäude ausbaute.

In der „empirischen" Tradition, begründet von Hippokrates (5. bis 4. Jahrhundert v. Chr.), wurde im Corpus Hippocraticum zum ersten Mal das Wissen der Zeit in schriftlicher Form zusammengefasst. Die hippokratische Medizin legte Wert auf eine genaue, differenzierende Beobachtung des Kranken, unter Berücksichtigung der Krankengeschichte, der Lebensumstände und der sie beeinflussenden Umwelt. Die Ursache der Krankheit wurde nicht mehr in mystischen und übersinnlichen Zusammenhängen gesucht, sondern durch rationale Analyse der Symptome bestimmt. Krankheiten sollen auf einer Störung der Harmonie im Gleichgewicht der Körpersäfte Blut, gelbe und schwarze Galle sowie Schleim beruhen. Die Behandlung bestand in einer Diätetik, also einer den Lebensumständen angepassten Ernährung, und einer Anleitung zu einer ausgewogenen Lebensführung, in die die Eigenschaften der vier Elemente Luft (trocken), Wasser (feucht), Feuer (warm) und Erde (kalt) und die ihnen zugeordneten Jahreszeiten einzubeziehen waren.

Die „dogmatische" Tradition geht auf die alexandrinische Medizin aus dem 3.–2. vorchristlichen Jahrhundert zurück. Ihre Hauptvertreter Herophilos von Chalkedon und Erastratos von Julis auf Keos befassten sich mit der Anatomie des menschlichen

Körpers – Herophilos hat als einer der ersten Menschen seziert – und begründeten eine darauf fußende Physiologie. Das Herz galt als Zentrum der Flüssigkeits- und Pneumabewegung.

Galen hat die hippokratischen Vorstellungen ergänzt und schematisiert. Neben dem humoralpathologischen Konzept wurde die Pneumalehre aufgenommen. Er unterschied das Lebenspneuma vom Seelenpneuma. Die Luft gelangt über die Lunge und die Arteria venosa ins Herz und wird dort unter Vermittlung des inneren Feuers in das Lebenspneuma umgewandelt, welches im Gehirn den Grundstoff für das *pneuma psychikon* liefert. Die Digestionslehre befasst sich mit der Verdauung und dem Stoffwechsel. Galens Lehre enthält auch Vorstellungen über Entstehung und Bewegung des Blutes im Organismus. Galen erwarb durch seine Tätigkeit als Gladiatorenarzt und auf der Basis der alexandrinischen Überlieferung Kenntnisse über die Bewegungsanatomie des Körpers. Sein Wissen über Muskelverläufe, Faszieneinhüllungen, Gefäßstrukturen und Gelenkanatomie war für die damalige Zeit recht genau. Die Anatomie der inneren Organe studierte Galen an Tieren, die er selber sezierte. So blieben Kenntnisse von der menschlichen Anatomie der inneren Organe lückenhaft. Galen hat auf der Basis der ihm verfügbaren anatomischen Kenntnisse, seinen Erfahrungen aus den Tierversuchen und der Verarbeitung des hippokratischen Wissens und älterer antiker Konzepte, die alte Humoralpathologie bewahrt und ergänzt, und das Gesamtwissen in einer medizinischen Leittheorie zusammengefasst, die mehr als 1.500 Jahre überdauern konnte. Auf dem Corpus Hippocraticum aufbauend hat Galen ein großes anatomisches Werk in 15 Büchern, die Ars Medica, eine Krisen- und Fieberlehre, ein Werk über die Heilkunst, sowie Schriften über Diätetik und Epidemien verfasst. Der Schwerpunkt seiner Schriften liegt auf den Gebieten der Physiologie, Pathologie, Diätetik und Pharmakologie, weniger auf den Gebieten der Chirurgie und Gynäkologie. Dieses beeindruckende Lebenswerk aus erfolgreicher ärztlicher und schriftstellerischer Tätigkeit wurde durch ein langes und offenbar gesundes Leben, öffentliche Anerkennung und Förderung, sowie die Möglichkeit im römischen Reich zu reisen und Erfahrungen auszutauschen, begünstigt. Es wurde auch durch das hoch entwickelte Gesundheitswesen im römischen Reich gefördert. Die Versorgung mit Trink- und Nutzwasser war vorbildlich. Es bestand eine hoch differenzierte Badekultur. Die ärztliche Kunst war angesehen und konnte sich frei entfalten. Die antike Medizin wurde in der byzantinischen Welt bewahrt und durch Berücksichtigung der Erfahrungen aus dem arabischen, persischen und indischen Raum ausgebaut. Galen starb um 216 in Rom.

Nach Zerfall des römischen Weltreiches erfolgte die Rezeption und Bewahrung der antiken Medizin in der arabischen Welt, die sich im 7.–8. Jahrhundert rasch nach Nordindien, den mittleren Osten, Nordafrika und Spanien ausbreitete und die antiken Schriften ins Arabische übersetzte. Später wurden die antike Medizin und die Lehren Galens in den Klöstern rezipiert und von der christlichen Kirche anerkannt und gefördert. Es entstanden erste medizinische Ausbildungszentren an den neu gegründeten Universitäten in Bologna, Montpellier, Padua, Paris und Salerno. Die Chirurgie wurde unter dem Einfluss der Kirche von dem akademischen Beruf des Arztes abgetrennt. Eine der großen Herausforderungen an die Medizin entstand im Mittelalter durch den Ausbruch und Seuchenzug von Epidemien durch ganz Europa. Vor allem waren es die Pocken und die Pest („der schwarze Tod"), aber auch Lepra, Masern, Grippe, Tuberkulose und Syphilis, die Millionen Verluste unter der Bevölkerung hervorriefen. Die Erforschung dieser Seuchen, die wir heute bei den Infektionskrankheiten eingruppieren, führte auf einem langen Irrweg mit zur Entdeckung der Mikroorganismen.

3.2 Hieronymus Fracastoro und das infektiöse Agens

Einer von vielen Ärzten, der sich dem Thema der Infektionskrankheiten widmete, war Hieronymus Fracastoro (1483–1553). Das Zeitalter der Renaissance, in dem er lebte, war geprägt durch den langsamen Übergang vom mittelalterlichen Denken, das durch die klassisch-antiken Schriften und den kirchlichen Dogmatismus bestimmt war, zur Neuzeit, mit der Tendenz durch Beobachtung und Experiment zu neuen, überprüfbaren Theorien zu gelangen. In der Baukunst wird in Anlehnung an die Antike ein eigener Stil entwickelt. Dichtung und Malerei befassen sich mit dem einzelnen Menschen und seiner Persönlichkeit. Im Humanismus entsteht ein neues Menschenbild. 1543 veröffentlichte Kopernikus sein heliozentrisches System, das die Bewegung der Planeten um die Sonne beschrieb und die Kugelgestalt der Erde und deren Umdrehung um die eigene Achse erkannte. Mit der Erfindung der Buchdruckerkunst und der Vervielfältigung von Stichen konnte Wissen leichter verbreitet werden. Durch die Sezierung von Leichen wurde die Kenntnis von der Anatomie des menschlichen Körpers wesentlich verbessert. Die Medizin basierte auch in dieser Zeit auf der antiken Heilkunst. Das Wissen wurde aber zunehmend kritisch hinterfragt, und man löste sich von dem Druck der galenischen Unfehlbarkeit. Italien wurde zur Wiege des neu erwachten Geisteslebens. In Italien entstehen mächtige Stadtstaaten wie Florenz, Pisa, Lucca, Venedig und Mailand, die durch eine rationale Finanz- und Handelswirtschaft geprägt sind. Durch eine Loslösung aus der mittelalterlichen Gebundenheit in kirchlicher und feudaler Ordnung wird die Gesellschaft umstrukturiert.

3.2.1 Fracastoro als Arzt und Dichter

Girolamo Fracastoro wurde 1483 als Sohn einer alten Patrizierfamilie in Verona geboren, einer Stadt an der Etsch, die durch Bauten aus der Römerzeit, wie dem großen Amphitheater, und durch Paläste und Kirchen aus verschiedenen Bauperioden geprägt war. Verona war eine durch Handel belebte, wohlhabende Stadt, die in der wechselvollen Geschichte oberitalienischer Städte unterschiedliche Herrschaftsstrukturen erlebte. Fracastoro verbrachte seine Kindheit im väterlichen Landgut am Fuße des Monte Incaffi, das zwischen dem Gardasee und der Etsch lag, und erhielt dort auch seine erste Ausbildung. Schon früh begann er mit dem Studium der Mathematik, Philosophie, den freien Künsten und später auch der Medizin an der hoch angesehenen Universität in Padua. Dieses Studium auf so vielen Gebieten war in dieser Zeit üblich und ist als ein Propädeutikum vor dem eigentlichen Studium zu verstehen. Die jungen Leute im Alter unserer Gymnasiasten lernten dort das Allgemeinwissen ihrer Zeit. Schon als Zwanzigjähriger bestand Fracastoro das medizinische Abschlussexamen. Kriegerische Verwicklungen der Republik Venedig mit Kaiser Maximilian I. veranlassten Fracastoro an die neu gegründete Akademie in Pordenone, das in der heutigen Provinz Undini liegt, zu gehen, um dort den Doktortitel zu erwerben. Seine Laufbahn begann Fracastoro als Lektor für Logik in Padua. Obwohl sich sein Ruhm vor allem auf seine ärztliche Tätigkeit gründet, gehörte seine eigentliche Liebe der Poesie und der Philosophie (Hoffmann 2003). Nach dem Tod des Vaters kehrte er nach Verona zurück. Dort und in seiner Villa in Incaffi (heute Affi) am Gardasee, wo Catullus mehrere Jahrhunderte früher seine Stanzen verfasst hatte, blieb er den größten Teil seines Lebens und begründete seinen Weltruhm als Arzt, Humanist, Astronom und Dichter (Abb. 3.2). Papst Paul III. (Pontifex 1534–1549) ernannte ihn zum *Medicus ordinarius* des Tridentinischen Konzils. 1547 empfahl Fracastoro die Verlegung des Konzils von Trient wegen des Ausbruchs einer drohenden Fleckfieber Epidemie. Dieser Rat war Papst Paul III. willkommen, da eine Verlegung nach Bologna, das auf dem Gebiet des Kirchenstaates lag, den kaiserlichen Einfluss minderte. Das Konzil wurde aber durch die Verlegung beschlussunfähig, weil die kaiserlich gesinnten Bischöfe in Triest blieben. Italienische Fürsten überhäuften Fracastoro mit Ehren. Er war an den Höfen Kaiser Karls V. und König Franz I. von Frankreich als Arzt tätig. Margarete von Navarra versuchte, ihn für den französischen Hof zu gewinnen. Befreundet war Fracastoro mit dem Kurienkardinal Pietro Bembo (1470–1547).

Schon während seiner Studien in Padua begann Fracastoro sein Lehrgedicht über die Syphilis (*Syphilis sive morbus gallici, libri tres*) in Hexametern zu verfassen. Nach unserer heutigen Kenntnis ist die Syphilis (Lues) eine durch Geschlechtsverkehr übertragene Infektionskrankheit. Sie wird durch den von Richard Schaudinn und Erich Hoffmann gegen Ende des 19. Jahrhunderts entdeckten Erreger *Treponema pallidum*, eine Spirochaete (dünnes Schraubenbakterium), übertragen und ausgelöst. Den Namen Syphilis gab Fracastoro der Krankheit nach dem in den Metamorphosen von Ovid erwähnten Hirten Syphilos, den Sohn der Niobe, der sich

Abb. 3.2 Girolamo (Hieronymus) Fracastoro (1483–1553). (Quelle: Wikipedia)

gegen den Sonnengott empörte und dem Kult des Königs Alcithous huldigte. Er
wurde deshalb von den Göttern mit der Krankheit bestraft. Der Name Syphilis wird
erst nach Erscheinen von Daniel Turners Syphilis 1717 gebräuchlich und ab 1800
allgemein in medizinischen Kreisen verwendet.

Die Krankheit beunruhigte die Gesellschaft, da sie seit dem Ende des 15. Jahrhunderts in ganz Europa offenbar neu auftrat und sich rasch ausbreitete. Von den antiken Autoren wurde sie noch nicht beschrieben. Als Verursacher wurden ungünstige
Konstellationen der Sterne, schlechte Bodenverhältnisse oder Dämpfe (Miasmen),
sowie ethnische oder religiöse Randgruppen verantwortlich gemacht. Fracastoro griff
also mit seinem Gedicht ein aktuelles Thema auf. 1526 waren zwei Bücher fertig gestellt, die er seinem Gönner, dem Kardinal Bembo, übersandte. Dieser war begeistert
und empfahl nur geringe Änderungen, vor allem bei der Behandlung der Krankheit
mit Guaiac. Fracastoro schildert in dem Syphilis-Gedicht das Auftreten einer neuen
Krankheit als einem Ereignis, das die Menschheit in sprachloses Erstaunen versetzt,
bis durch Sammeln von Erfahrungen Abhilfe geschaffen werden kann. Während der
nächsten Jahre wurde das Manuskript überarbeitet und durch ein drittes Buch über
die Behandlung erweitert. Die erste Ausgabe erschien 1530 in Verona, gedruckt von
Stefano Nicolini (Baumgartner u. Fulton 1935). Die 2. Ausgabe wurde durch zwei
Verse erweitert (römische Ausgabe). Während des Lebens von Fracastoro erschienen
7 weitere Auflagen, gedruckt bei Giovanni Antonio & Fratelli da Sabbio in Venedig.
Der vollständige Text wurde auch in die gesammelten Schriften, die *Opera omnia*
(Fracastoro 1555), aufgenommen. Seit dieser Zeit erschienen hundert Ausgaben von
Fracastoros Poem Syphilis, einschließlich von Übersetzungen in sechs Sprachen. Eine
freie Übersetzung von Fracastoros Lehrgedicht im Versmaß des Originals ins Deutsche
durch W. Ch. Chenneville erschien 1858 und im Versmaß des lateinischen Urtextes
1902 durch H. Oppenheimer. Die ersten Verse des 1. Buches in der Übersetzung von
E. A. Seckendorf (Fracastoro 1960) seien als Einführung verkürzt wiedergegeben:

Singen will ich heut und sagen,
Wie einst durch des Schicksals Mächte
Jener Same ward gesäet
Einer Krankheit, die – gar seltsam –

Ferne Zeiten nie gesehen,
Aber heute ganz Europa,
Asien, das ferne Libyen
Hat durchwütet; wie die Seuche

Ihren Namen hat empfangen
Durch die Gallier, die damals –
Schreckensvollen Krieges Folge –
Latium damit beglückten;

Wie des Menschen Geist und Wille,
Dieser Seuche Qual zu mindern
Aus der Zeiten Not geboren,
Mittel suchte, Wege fand.

Suchen will ich nach den Quellen,
Wo das Übel steckt verborgen,

Ob im Wind, im Zug der Lüfte
Oder in der Sterne Zonen.

Die weite Verbreitung und Akzeptanz des Gedichtes in der damaligen Zeit und den folgenden Jahrhunderten ist wohl mehr auf die Form und dichterische Gestaltung als auf den medizinischen Inhalt zurückzuführen. Im ersten Buch spekuliert Fracastoro über Ursprung und Verbreitung der Seuche:

Aber glaub' ich, was ich sehe,
Nimmer ist dann diese Seuche
Übers Meer zu uns gekommen,
Eines fremden Landes Sproß!
…

Nimmer kann das Gift so rasch
Sich von Ort zu Ort verbreiten
Um gleich wie mit einem Schlage
Allenthalben zu erscheinen.
…

Nein, die Quelle dieses Übels
Kann die Luft nur sein, die ständig
Alle Länder rings umfließet,
In des Menschen Körper dringt.

Die Konstellation der Gestirne und die Macht der antiken Götter werden dichterisch in die Suche nach den Ursachen einbezogen. Die Verse wurden im Stil Vergils verfasst. Sie enthalten aber auch realistische Beobachtungen, wie die Feststellung, dass Krankheitskeime immer nur bestimmte Organismen befallen (Bald zerstört es keimend' Samen, Am Getreide nagt's als Brand).

So erscheinen alle Seuchen –
Jede einzeln – immer anders,
Darum lasst uns nach der jüngsten
Ursprung noch genauer forschen.

Verlauf und Symptome der Krankheit werden in epischer Breite und anschaulich dargestellt:

Daß der spätgebor'ne Enkel
Dieser Seuche Eigenheiten,
Ihre Zeichen, ihre Schmerzen
Immer wieder mag erkennen,
…

Ist es nämlich eingedrungen,
Dann durchsetzt es erst den Körper,
Muß noch eine Weile brüten
Und so seine Kräfte sammeln.
…

Garstiges Geschwür erscheinet,
Das im Schoße ist gewachsen,
Frißt die Scham und frisst die Weichen
Unbesiegbar hier wie dort.
…

Mancher hat schon so betrauert
Seiner Jugend Lebensfrühling,
Denn entstellt sah er sein Antlitz
Und verkrüppelt seine Glieder.
…

Grausam hatten so beschlossen
Mars im Bunde mit Saturnus,
Welt in Trauer zu versetzen,
Und verbreiteten die Seuche

Grausam über alle Länder;
Aber alles dieses Grauen
Hatten vorher schon verkündet
Uns der Eumeniden Schar.

Ein Ausblick auf Schicksalsschläge in Italien beschließt das erste Buch.

Das zweite Buch beginnt in freier dichterischer Umschreibung auf die Heilung einzugehen:

Mühsam war's und lang das Forschen,
Krankheitsschrecken lind zu mildern,
Aber endlich ist's gelungen
Im Triumph den Feind zu schlagen.
…

Ganz verschieden bei den Menschen
Fließt der Blutstrom in den Adern;
Wie das Blutbild ist beschaffen,
So bestimmt's der Krankheit Lauf.

Wo es ganz gesund und rein ist,
Da ist Heilung rasch zu hoffen;
Trägt es aber schwarze Galle,
Sind dadurch verdickt die Venen,

Hängt sich länger ein die Seuche,
Schwerer ist sie zu bekämpfen,
Und heroisch sei das Mittel
Und energisch sei die Kur!

Die Behandlungsvorschläge entstammen der hippokratischen Lehre. Wähle eine günstige Wohnung, bewege Dich, suche eine optimistische Grundstimmung, sorge für eine geeignete Ernährung:

Meide Wachteln, auch die Gänse
Laß das Kapitol bewachen!
Nimmer dürfen dir erscheinen
Speck und Schinken auf der Tafel!

Meide mir des Schweins Gedärme
Wie die Keule auch des Ebers,
Magst du noch so schönes Wildschwein
Glücklich auf der Jagd erlegen!

Gurken, Trüffel, Artischocken,
Zwiebel darf dich nicht verführen,

Deinen Hunger dran zu stillen –
Milch und Honig sind verboten.

Trinke nicht des Korsen Weine,
Die im Glase perlend funkeln,
Meid' Falerno, meid' Prosecco
Und die kleine rät'schen Rebe!

Ist der Most jedoch gekeltert
Aus der Traube der Sabiner,
Wo auf feuchtem Grund die Rebe
Wächst, dann labe dich an ihm!

Aber willst du Pflanzen kosten,
Wie die Götter selbst sie lieben,
Lab dich nach Lust und Laune
Der Gemüse Wohlgeschmack!

Sieh, was gibt es da nicht alles:
Kresse, Kohl und Endivie,
Weißkraut selbst in Winters Strenge,
Ackerminz und Thymian.

Aderlass und abführende Mittel werden empfohlen:

Doch vor dieser Reinigung
Mußt das Feste du zur Lösung,
Das was träg, zur Eile bringen –
Laß dir sagen, was geboten!
…

Nimm vom Thymian aus Kreta,
Engelsüß auch, dessen Blätter
Gleich Polypenarmen ranken,
Jungfrauhaar und keusches Milzkraut.

Dieser Pflanzen Absud trinke
Eine Reihe nun von Tagen,
Um in Wallung dir zu bringen
Der verdorbnen Säfte Last.

Für die Bekämpfung einzelner Symptome werden Medikamente und Behandlung beschrieben:

Ist dir Mund und Hals zerfressen
Von den schmutzigen Geschwüren,
Mußt mit Höllenstein du pinseln
Gurgeln auch mit Kupferlösung.

Überlieferte Erfahrung mit Heilkräutern wird gemischt mit Berichten aus der griechischen Mythologie, die eine heilige, silberhaltige Quelle beschreiben:

Und des lebend' Silber Perlen
Mischte man mit Fett vom Schweine,
Terpentin und Lärchenharz
Fügte man hinzu der Salbe.

Im dritten Buch wird die Behandlung mit Guajak eingeführt. Der Guajakbaum gehört zu den in den Tropen und Subtropen verbreiteten Jochblattgewächsen (Zygophyllaceae) und ist auf den Antillen und Bahamas, in Guayana, Kolumbien, Panama und Venezuela heimisch. Das grünlich bis dunkelbraune getrocknete Kernholz und das gelblich-weiße Splintholz von *Guajacum officinale* L. und *Guajacum sanctum* L. wurden bei den Indios in Mittel- und Südamerika in der Heilkunde verwendet. Es gelangte Anfang des 16. Jahrhunderts durch die Spanier nach Europa und wurde als *Lignum sanctum* gegen die Syphilis („Franzosenkrankheit") eingesetzt. Im Laufe der Zeit wurde es als Allheilmittel bei Rheumatismus, Gelenkentzündungen, Asthma, Tuberkulose und Malaria angewandt. Der Hauptwirkstoff ist das Guajakharz, das aus Guajaretsäure, Lignanen, Saphoninen und ätherischen Ölen zusammengesetzt ist (Braun u. Frohne 1994; Hänsel et al. 1999). Gegen die Syphilis blieb Guajak wirkungslos. Es hat aber in der naturheilkundlichen Anwendung bei der Rheumatherapie auch heute noch Bedeutung (Leibold 2000).

Fracastoro beschreibt in epischer Breite und mythologisch erzählend, wie die Spanier in der neuen Welt die Syphilis leidvoll erfahren und von den Eingeborenen Guajak erhalten. Mit dem Buch Syphilis führt Fracastoro den Begriff „*semina*" ein, den er später zu „*semina contagionum*" weiterentwickelt, also Partikeln, die Krankheiten übertragen. Fracastoro hat in seinen Schriften die schon damals angestellten Vermutungen über den Ursprung der Syphilis genannt, aber eingeräumt, dass keine sichere Kenntnis über die Entstehung dieser Infektionskrankheit besteht. Das gilt auch noch für den heutigen Stand der Wissenschaft. Auch nach molekulargenetischen Analysen der heute verfügbaren Stämme des Erregers gibt es nur kontroverse Theorien. „*Treponema pallidum*" könnte also zuerst in der alten Welt in der nicht-venerischen Form aufgetreten sein, und sich mit den Menschen in den nahen Osten und Osteuropa als endemische Syphilis, und nach Amerika in der Form der Guyana-Frambösie verbreitet haben. Frambösie ist eine chronische Infektionskrankheit, die vor allem in den feuchtwarmen Gebieten von Afrika, Südamerika und Asien verbreitet ist (Erreger: *Treponema pertenue*) und von Primärläsionen, durch Schmierinfektion ausgelöst, zu Keratosen der Haut, Ulzerationen bis zur Knorpel- und Knochenzerstörung führen kann. Einer dieser Erreger-Stämme könnte aus der Neuen Welt wieder zurück nach Europa gelangt sein. Dieser Stamm käme als Vorläufer der modernen Syphilis-Stämme in Frage, der sich anschließend mit einem neuen Übertragungsweg von Europa aus über die ganze Welt verbreitete (Schmitt 2008).

Fracastoro folgte in seinem Leben wiederholt seinen poetischen und philosophischen Neigungen und hat auch nichtmedizinische Themen bearbeitet. So hat er das 1555 postum in unvollendeter Form veröffentlichte Werk „Joseph" verfasst. Die alttestamentliche Joseph-Geschichte hat in dieser Zeit häufig eine literarisch-poetische Rezeption erfahren. Fracastoro hält sich in seiner Fassung des Joseph an die Elemente der Genesis-Darstellung, nutzt aber die latente Analogie zur Aeneis: Joseph ist, wie Aeneas, Begründer eines auserwählten Volkes, muss wie dieser seine Heimat verlassen und erfüllt nach Überwindung verschiedener Hindernisse die ihm gestellten Aufgaben. Fracastoro behandelt die überlieferten Erzählungen durchaus unorthodox, aber natürlich unter den Kautelen der Gegenreformation und des Tridentinischen Konzils (Kempkens 1972). Die Darstellung biblischer Stoffe in Form des klassisch-vergilischen Epos war in der Zeit von Fracastoro sehr aktuell. Da die Haltung der Kirche im Zuge der Gegenreform bei der Beurteilung von Schriften, ob Häresie oder Rechtgläubigkeit vorlag, oft unsicher war, haben sich viele Autoren vor der Veröffentlichung durch Vorlage bei einem Kirchenvertreter der „Unbedenklichkeit" versichert. Bei Fracastoros Darstellung werden heidnische und christliche Vorstellungen der Allgewalt im „Joseph" zu einer Synthese unter einer monotheistischen Macht zusammengefügt. Die antiken Gottheiten erscheinen nur als poetisch-stilisiertes Beiwerk. Die Kritik an dieser Dichtung war zunächst zurückhaltend positiv, später auch ablehnend, dem Geschmack der Zeit folgend. Als Dichter stand Fracastoro in seiner Zeit im Schatten berühmter Veroneser wie Scipione Maffei, Giuseppe Tarelli oder Stefano da Verona. Das Lebenswerk von Fracastoro, das seinen Ruhm begründete, veranlasste die Stadt Verona, ihm 1555 ein Denkmal zu setzen (Abb. 3.3).

Fracastoro, als Vertreter des säkularen Aristotelismus der Schule von Padua, gehört zu den Gründervätern der neuen naturphilosophischen Richtung des 16. Jahrhunderts in Italien (Hoffmann 2003). Er hat sich eingehend mit dem Entstehen der Erkenntnis beschäftigt. Der Erkenntnisfortschritt bestehe nicht nur in einer quantitativen Steigerung vorhandenen Wissens, sondern auch in der Einbeziehung qualitativer neuer Phänomene. Sein wichtigster Beitrag zur Philosophie ist eine zwischen 1540 und 1553 entstandene und postum veröffentlichte Dialogtrilogie zur Poetik, zur Erkenntnis und zur Psychologie.

Von aktueller Thematik ist Fracastoros Beitrag zur Astronomie. Er postuliert drei Fixsternsphären, deren Achsen senkrecht aufeinander stehen. Die Funktion der beiden inneren Himmelssphären ist es, die Geschwindigkeitsänderungen in den Umläufen zu ermöglichen, aus der eine Absenkung der Ekliptik abgeleitet wird. Diese hätte zur Folge, dass die Klimazonen auf der Erde keine fixen Größen sind, sondern wandern, so dass Eiszeiten und wärmere Zeiten sich abwechseln und neue Tierarten entstehen. Die Variabilität der Himmelsphänomene hätte Rückwirkungen

Abb. 3.3 Denkmal von Fracastoro in Verona. (mit freundlicher Genehmigung von Stockxpert Bild #41179271)

auf biologische Prozesse auf der Erde. Im großen Zusammenhang der Natur, dem „*abditum naturae*", liegen Phänomene, die uns verborgen sind, aber in der Zukunft gelöst werden können. Die Variabilität der Natur erfordert eine Induzibilität neuer Grundbegriffe, neue Wege und Sprachen, um die neuen Phänomene zu verstehen. Diese Auffassung steht im Gegensatz zu der im Mittelalter, besonders von der Kirche vertretenen Meinung, alles sei bekannt und schon in den Schriften festgelegt. Für Fracastoro gilt, dass nach dem aristotelischen Grundsatz für das Denken der natürlichen Natur mathematische Prinzipien nur eine sehr eingeschränkte Bedeutung haben, und dass die „*antiqua theologia*" oder die „*prima philosophia*" nur zu ganz ungewissen Kenntnissen führe. Über Gott können wir nur eine über die Sinne induzierte Vorstellung erwerben und nur in abgeleiteter Form über ihn denken. Die Seele führt uns zu übernatürlichen, nicht sinnlich-induzierten Erkenntnissen. Das Wissen beruhe auf einem Zusammenspiel der drei Faktoren, der Seele, den aus den Sinneswahrnehmungen entstehenden Abbildungen des Gegenstandes und der „*species intelligibilis*". Zwischen die Ebenen der Wahrnehmung und der Erkenntnis schaltet Fracastoro die „*subnotio*" ein. Das ist eine Zwischenstation, auf der Wahrgenommenes und vieles andere in verworrener Ordnung Dargebotene sich mischt, und zu dem die Seele sich hinbewegt, um die einzelnen Eindrücke zu inspizieren, also einer Verarbeitung des sinnlich Erfahrenen mit dem im Gedächtnis Gespeicherten. Im „Turrius" (Fracastoro 1555) wird das logische Denken im Erkenntnisprozess analysiert. Die Rolle des Philosophen formuliert der Spätaristoteliker Fracastoro so: „Von Natur sind Philosophen diejenigen, die auf die rechte Weise Universalien zu bilden und wahrzunehmen vermögen, nicht jedoch nur die gebräuchlichen, sondern auch die verborgenen, und die sich an ihnen auf höchste erfreuen"(Turrius, Fracastoro 1555). In der Kunst erkennt Fracastoro eine Autonomisierung des Ästhetischen. Das bedeutet für ihn keine Willkürproduktion der Einbildungskraft, da der Künstler der ästhetischen Wahrheit, der Realisierung des im absoluten Sinne Schönes zu produzieren, verpflichtet ist. Kunst sei weder nützlich noch unterhaltend. Sie versetzt in ein freies Staunen angesichts des schön und vollkommen Dargestellten (Fracastoro 1924; Hoffmann 2003).

Der Leser möge diese Abschweifungen in den literarischen Bereich entschuldigen. Themen der Wissenschaft wurden in dieser Zeit sehr häufig mit religiös-mythologischem und philosophischem Gedankengut verbunden. Das rationale Denken, das bestrebt war, Zusammenhänge zu erkennen und bei der Suche nach Ursache und Wirkung mythische und religiöse Ideen auszuschließen, hat sich erst im Laufe der folgenden Jahrhunderte durchsetzen können. Es gab noch keine Trennung von rationalem, naturwissenschaftlichem und philosophisch-dichterischem Denken.

3.2.2 Die Lehre von den Kontagien der Infektion

1546 erschienen die drei Bücher von den Kontagien, den kontagiösen Krankheiten und deren Behandlung (*De contagionibus et contagiis morbis et eorum curatione, libri tres*). Sicher wurde die Frage nach den Ursachen von Seuchen, und generell das Problem übertragbarer, infektiöser Krankheiten schon in der Antike, und verstärkt nach dem Auftreten von Seuchen, im Mittelalter diskutiert. Fracastoro war aber einer der Ersten, der diese Problematik erkannte und systematisch abhandelte, aber natürlich noch nicht lösen konnte.

Im ersten Buch wird die Theorie der Infektion behandelt. Ein Kontagium ist eine Infektion, die von einem Menschen auf den anderen übertragen wird. Bei Tod durch Gift sagt man, er sei infiziert worden, aber nicht einem Kontagium erlegen, weil der Vergiftete für andere nicht ansteckend ist. Die Übertragung kann erstens durch direkte Berührung erfolgen – beispielsweise von einer Traube auf die andere. „Die warmen und feuchten Teilchen, die aus der ersten Frucht ausdünsten, sind das Prinzip und der Keim der Fäulnis, die sich in der zweiten bildet". Das zweite Prinzip ist das Kontagium, das durch „Zunder" wirkt. Zunder ist ein Gegenstand – beispielsweise Kleidung, Stoffe, Holz – der durch Berührung eines Pestkranken infiziös geworden ist und diese Eigenschaft über längere Zeit, unter Umständen über Jahre, bewahren kann. Bei der dritten Form des Kontagiums geschieht die Infektion über eine Entfernung, also zum Beispiel durch die Luft. Diese Form der Infektion kann auch durch Berührung oder Zunder erfolgen. Die Infektiosität dieses Kontagiums ist lang anhaltend. Das Kontagium, das über Entfernungen übertragen wird, unterscheidet sich von dem, durch direkten Kontakt wirkenden, dadurch, dass es aus einer kräftigen und zähen Mischung besteht. Als Beispiel werden die Phthisis (Tuberkulose) und die Variola (Pocken) genannt. Die durch Zunder übertragenen Krankheiten werden auch durch Berührung übertragen. Fracastoro erkennt auch, dass die Kontagien spezifisch sind und nur auf bestimmte Organismen übertragen und in definierten Organen wirksam werden. Die Keime allein reichen aus, um auch einen gesunden Menschen zu befallen. Krankheiten, die unter dem Volke über viele Gegenden verbreitet werden, sind Epidemien. Alle Krankheiten „deren Fäulnis schmutzig und abgeschlossen erscheint, sind imstande infektionstüchtige Keime zu erzeugen". In den folgenden Kapiteln werden verschiedene Infektionskrankheiten besprochen, und die Krankheitssymptome bei Variola (Pocken), Morbilli (Masern), Pest, Hundswut (Tollwut, Rabies) und Syphilis beschrieben. Die detaillierte Kenntnis, so zum Beispiel der Phthisis (Schwindsucht, Auszehrung, Tuberkulose) zeigt, dass Fracastoro sein Wissen auch durch eigene Erfahrungen und Untersuchungen als Arzt erworben hat. „Denn wir haben bei vorgenommenen Sektionen eine gewissen Partie der Lunge normal und keineswegs fehlerhaft gesehen, eine Partie noch nicht vollständig putrid, noch nicht geschwürig, aber doch schon erschlafft, erweicht und zur Verwelkung geneigt". „Die Keime … sind nur für die Lunge ansteckend". „Es kann geschehen, dass jemand … also von jeglicher Krankheit verschont geblieben, vielmehr vollständig gesund ist, trotzdem durch den gewohnten Umgang und das Zusammenleben mit einem Phthisiker oder durch einen Zunder diese Krankheit sich zuziehen konnte". Kleider, die von Phthisikern getragen wurden, hätten noch nach zwei Jahren das Kontagium übermittelt.

Die Beschreibung der Kontagien zeigt, dass Fracastoro das Prinzip übertragbarer Krankheiten erkannt hat und auch die richtigen Fragen stellt. Bei der Deutung der beobachteten Krankheitsbilder und ihrer Ausbreitung greift er aber auf die Vorstellungen von Galen zurück, nach denen im Körper die Substanz, verantwortlich für Bewegung, Verdünnung und Verdichtung, und die Qualitäten (Wärme, Kälte, Feuchtigkeit, Trockenheit, Licht, Geruch, Geschmack) eine aktive Rolle spielen. Die Überträger und Auslöser von Infektionen, also Bakterien, Pilze, Protozoen und Viren sind noch völlig unbekannt. Bei Elephantiasis (Anschwellen von Körperteilen; Ursachen unterschiedlich, meist nicht durch Infektion ausgelöst), Lepra (verursacht durch *Mycobacterium leprae*) und Scabies (Krätze; verursacht durch Krätzemilben) sind die Kenntnisse noch recht ungenau. „Wenn die Galle zur Haut getrieben, hier abgeschlossen wird, und nicht zur Fäulnis neigt, entsteht das so genannte Erysipel mit einer oder mehreren Pusteln unter Rötung und Hitze oft unter Fieber, bald im Gesicht bald an anderen Stellen". „Es besteht nämlich zwischen Herpes und Erysipel kein anderer Unterschied als die Subtilität der Materie". „Alle diese Affektionen kommen von einem salzigen, faulen Schleim, dem etwas schwarze Galle beigemischt ist, weswegen eine schmutzige Fäulnis zustande kommt".

Die Empfehlungen von Fracastoro für die Bekämpfung der Infektionskrankheiten sind im Prinzip richtig: Vernichtung der Keime, kurative Maßnahmen. Seine Therapievorschläge waren zeitgemäß und meistens wirkungslos: für äußerliche Behandlung werden ätzende Mittel wie Sublimat, Kupfervitriol, Alaun, zur inneren Therapie pflanzliche Produkte wie Guajak, Zimt, Wachholder, Gemswurz, Muskatnuss, Zichorie u. a. empfohlen. „Bei Pestfieber solltest Du die Materie, die schon korrumpiert ist, nicht im Innern zurücklassen, sondern ableiten und nach außen treiben, soviel du magst. Es besorgt dies die Natur of genug in der Form von Flecken oder Pusteln oder durch Abszesse, vorwiegend aber durch Darmentleerung … Ist die Natur säumig, Klistiere und erweichende oder purgierende Arzneimittel anwenden". Auch der Aderlass gehört zu den häufig angewandten Behandlungsmethoden.

Pestpandemien haben mehrfach erhebliche Teile der Bevölkerung Europas ausgelöscht. So starben am „schwarzen Tod", der von 1347–1349 in Europa wütete, etwa 25 Mio. Menschen. Pestepidemien wurden bis ins 20. Jahrhundert registriert. Der Erreger, *Yersinia pestis* wurde 1894 von dem Schweizer Alexandre Yersin entdeckt. Das Bakterium *Y. pestis* wird in der Regel durch den Biss des infizierten, orientalischen Rattenflohs übertragen und im Vormagen des Flohs vermehrt. Es kann im eingetrockneten Sputum von Erkrankten sowie in den Fäkalien von Flöhen, aber auch bei Nagetieren, lange Zeit überdauern. Da Ratten überall, wo schlechte hygienische Verhältnisse herrschen, anzutreffen sind und durch Wanderung den Floh und damit die Infektionskeime verbreiten, sind Seuchenzüge vorprogrammiert. Nur die Lungenpest kann direkt von Mensch zu Mensch übertragen werden. Diese Ursachen von Pestpandemien waren bis in die Neuzeit unbekannt. Daher finden wir bei Fracastoro nur wenige Hinweise auf hygienische Maßnahmen: Flucht aus von Pest befallenen Regionen, Wohnung sauber halten und lüften, hüte dich vor jedem Zunder. Die Empfehlungen für die Behandlung der Erkrankten entsprachen dem damaligen Kenntnisstand und brachten keine neuen Erkenntnisse. Fracastoro ist aber einer der Ersten, der der Übertragbarkeit von Krankheiten ein ganzes Buch widmet (Fracastoro 1910). Girolamo Fracastoro starb am 6. August 1553 in seiner Villa in Incaffi am Schlaganfall. Er wurde in Verona begraben. Er war humanistisch gebildet. Sein Werk war im aristotelischen Denken und hippo-kratischen Wissen begründet, aber er war auch ein geistig beweglicher, nach neuen Ideen und Zusammenhängen suchender Mensch der Spätrenaissance, der sich auf vielen Gebieten schriftstellerisch betätigt hat, von dem hier nur auszugsweise be-richtet werden konnte.

Kapitel 4
Die Fortschritte der Naturwissenschaften im 17. und 18. Jahrhundert

Im 17. und 18. Jahrhundert wurden wichtige Voraussetzungen für die Entwicklung der Biologie zu einer exakten Naturwissenschaft im 19. Jahrhundert geschaffen. Die Natur wurde neu entdeckt und ihre Bestandteile genauer untersucht. Durch Reisen in fremde Länder und Kontinente wurde eine große Vielfalt neuer Pflanzen und Tiere entdeckt und beschrieben. Die Anatomie des Menschen, aber auch die von Tieren und Pflanzen, wurde neu untersucht. Technik und Ingenieurswesen wurden entwickelt. Die Einführung von Methoden des Beobachtens, Experimentierens und Sammelns von Fakten als Grundlage für Aussagen über die Natur, und das kritische Hinterfragen überkommenen Wissens brachte entscheidende Fortschritte gegenüber der Scholastik und den alten klassischen Autoritäten. Für Galileo Galilei (1564–1642) und seine Zeitgenossen war die Natur ein nach Gesetzen der Mechanik ablaufendes System bewegter Materie. René Descartes (1596–1650), der von 1628 bis 1649 in Leiden lebte, gehörte, wie Francis Bacon (1561–1625), Isaac Newton (1643–1727), G. Willwelm Leibniz (1646–1716) und viele andere Denker und Forscher, zu dem Kreis der Gelehrten, die rationales Denken und Forschen entwickelten und zur Verselbstständigung des naturwissenschaftlichen Empirismus beitrugen. Francis Bacon hatte in seinem Buch „Neues Organ der Wissenschaften" 1620 angeregt, sich von den Sagen und Fabeln der scholastischen Betrachtungsweise zu trennen und sich nur auf objektivierbare, also überprüfbare Beobachtungen zu verlassen. Er empfahl die induktive Methode, d. h. durch Messen und Beobachten zu objektiven Schlussfolgerungen zu gelangen. Die mechanistische Betrachtungsweise, die das Wirken physikalischer Kräfte als Ursache biologischer Prozesse in der belebten Natur sah, hatte zunächst einen positiven Einfluss auf den Erkenntniszuwachs. Die Beschränkung auf rein physikalische Begriffe, Methoden und Denkweisen in der biologischen Forschung wirkte sich aber letztlich genau so hemmend auf den Fortschritt aus wie der Rückgriff auf übernatürliche Kräfte.

Christiaan Huygens (1629–1695) lieferte bedeutende Beiträge zur Mathematik, Physik und Astronomie. Er entdeckte die Monde und Ringe am Saturn mit Hilfe der von ihm entwickelten Teleskope, und er erfand die Pendeluhr. Die Wahrscheinlichkeitsrechnung geht auf ihn zurück und auch die Wellentheorie des Lichts. Er wurde das erste niederländische Mitglied der Royal Society in London und der erste Direktor der 1666 gegründeten französischen Akademie der Wissenschaften.

G. Drews, *Mikrobiologie,* DOI 10.1007/978-3-642-10757-3_4,
© Springer-Verlag Berlin Heidelberg 2010

In der Botanik gab es schon zahlreiche Darstellungen von Pflanzen und ihrer Wirkung als Arzneimittel; ihre Anatomie und Physiologie waren allerdings nur lückenhaft bekannt. 1671 wurden die ersten Bücher über Pflanzenanatomie von Nehemia Grew, dem späteren Sekretär der Royal Society, und Marcello Malpighi veröffentlicht. Ähnliches galt für die Zoologie. Die Theorie der Urzeugung, also der spontanen Entstehung von Insekten und auch kleineren Tieren aus Erde, Abfällen und anderem Material, wurde allgemein akzeptiert und von einzelnen Personen bis in das 19. Jahrhundert hartnäckig vertreten. So sollen Bienen aus Ochsenhäuten und Stechfliegen aus verderbter Luft entstehen. Die Chemie war noch in den Zielen der Alchemie, also dem Suchen nach dem Stein der Weisen oder nach Gold befangen, das Ziel der Jatrochemie war die Entdeckung von Arzneimitteln. Robert Boyle begann die Grundlagen der modernen Chemie zu erforschen, also die Aufklärung der Zusammensetzung von Stoffen und ihrer Reaktionen miteinander. Er definierte die Elemente als homogene Stoffe, die nicht mehr zerlegt werden können. Für die Biologie waren die Fortschritte der Chemie im 18. Jahrhundert von großer Bedeutung. Antoine Laurent Lavoisier (1743–1794) widerlegte die Phlogiston-Theorie von Georg Ernst Stahl (1660–1734), in der postuliert wurde, dass verbrennbare Substanzen eine Essenz, ein Phlogiston enthalten, das beim Verbrennen entweicht und bei der Gewinnung von Metall sich mit diesem vereinigt. Lavoisier hat durch Bestimmung der Gewichtsverhältnisse bei chemischen Reaktionen nachgewiesen, dass durch Oxidation das Gewicht eines Stoffes zu- und nicht abnimmt. Die Luft besteht nicht aus einem einheitlichen Gas, sondern aus einem Gemisch der Gase Sauerstoff und Stickstoff. Der Verbrauch von Sauerstoff und die Bildung von Kohlensäure bei der Atmung wurden von J. Priestley (1733–1794) und Lavoisier nachgewiesen. Jan Ingenhousz (1730–1799) und Nicolas Théodore de Saussure (1767–1845) erkannten, dass Kohlensäure (CO_2/HCO_3^-) in Gegenwart von Sonnenlicht durch Blätter von grünen Pflanzen als Nahrung aufgenommen und Sauerstoff („dephlogistierte Luft") abgegeben wird. Saussure hat durch Gewichtsbestimmung der Pflanzen vor und nach der Assimilation von Kohlensäure 1804 nachgewiesen, dass Kohlensäure in die pflanzliche Substanz eingebaut wird (Photosynthese). Physik, Mathematik und Astronomie konnten im 17. und 18. Jahrhundert erhebliche Fortschritte erzielen.

Robert Hooke (1635–1703), einer der bedeutenden Köpfe in der Royal Society neben Newton und Bayle, hat in seinem Vorwort zu „Micrographia"(1665) die Prinzipien der Forschung der Royal Society London (deren Kustos er seit 1662 war), im Sinne von Bacon dargestellt: „Gegenüber allen anderen Geschöpfen genießen wir Menschen den Vorzug, die Werke der Natur nicht nur zu betrachten oder zu unserem Lebensunterhalt zu gebrauchen. Wir besitzen darüber hinaus die Fähigkeit, wissenschaftlich zu untersuchen …". Nach Darstellung der Schwächen unserer Sinne fordert er statt überspitzter Deduktionen und Schlussfolgerungen ohne Rücksicht auf die Grundlagen Wachsamkeit gegenüber Fehlern und „eine Erweiterung der Aufnahmefähigkeit unserer Sinnesorgane sowie eine gewissenhafte Auswahl und strenge Prüfung der Wirklichkeit, Konstanz und Sicherheit derjenigen Fakten, die wir zur Forschung zulassen wollen … Die Schwächen unserer Sinne gilt es durch neue Instrumente auszugleichen" (Anwendung optischer Gläser).

4.1   Antoni van Leeuwenhoek (1632–1723)

4.1.1   Holland im 17. Jahrhundert

Leeuwenhoek lebte 150 Jahre nach Fracastoro und in einer anderen kulturellen Umgebung. Das 17. Jahrhundert wurde vielfach als die goldene Zeit in der Geschichte der Niederlande bezeichnet. Leeuwenhoeks Leben verlief in ruhigen Bahnen; doch herrschte in Europa der dreißigjährige Krieg. 1628 und 1631 konnte die niederländische Flotte die spanische Flotte entscheidend schlagen. 1648 wurde in den Friedensverhandlungen von Osnabrück und Münster nicht nur der Westfälische Frieden geschlossen, sondern auch der holländische Befreiungskrieg offiziell beendet und den Niederländern die Unabhängigkeit von Spanien zugestanden. Jedoch fanden in den folgenden Jahrzehnten immer wieder kriegerische Auseinandersetzungen zwischen den Niederlanden und England statt (englisch-holländischer Seekrieg 1652–1655, 1672–1674). Die Kämpfe zur See wurden von den Niederländern siegreich bestritten, die Neugründung New York ging aber verloren. 1654 explodierte in Delft, dem Wohnort von Leeuwenhoek, ein Pulvermagazin. Das Haus von Leeuwenhoek wurde davon nicht betroffen. 1672 wurde die Herrschaft von de Witt in Holland durch seine Ermordung beendet. Wilhelm von Oranien konnte die Truppen Ludwig XIV. abwehren und Friedensbedingungen mit England und Frankreich aushandeln. Die zahlreichen kriegerischen Auseinandersetzungen zwischen europäischen Staaten beeinträchtigten aber nicht die freundschaftlichen Beziehungen zwischen den Wissenschaftlern der verschiedenen Länder.

Trotz dieser unruhigen Zeiten und heftiger Auseinandersetzungen im religiösen Bereich konnte Holland ein koloniales Weltreich errichten und erlebte eine Zeit der kulturellen und wissenschaftlichen Blüte. 1581 entsteht die Republik der Vereinigten Niederlande aus der 1579 gebildeten Utrechter Union der 7 nördlichen Provinzen. Obwohl dessen Regierung durch Fehlen einer modernen Gesetzgebung mit einem Mehrheitsprinzip in der Exekutive an der Ausübung einer wirklichen zentralen Exekutivgewalt gehindert wurde, hat dieser merkwürdige Staat zwei Jahrhunderte lang prosperiert und mit allen seinen Mängeln ein Land und ein Volk besser und heilsamer regiert, als es irgendwo sonst in der europäischen Geschichte dieses Jahrhunderts zu sehen ist (Huizinga 2007). Die katholischen Südprovinzen, die etwa den heutigen Gebieten von Belgien und Luxemburg entsprechen, blieben unter spanischer Herrschaft. 1585 eroberten die Spanier Antwerpen. Als Antwort sperrten die Niederländer die Schelde, so dass Antwerpen keinen Zugang zum Meer hatte. Amsterdam wurde das Handelszentrum. Die Streitigkeiten zwischen Spanien, Frankreich und England begünstigten den Aufstieg der Niederländer als Handelsmacht. Durch die Lage an der Nordsee, an drei großen Stromläufen (Rhein, Maas und Schelde) und der Zuidersee wurden Schifffahrt und Handel sehr begünstigt. Seit dem frühen 15. Jahrhundert bestand schon ein Handel mit den Ostseeländern. Der Seehandel erfuhr im

17. Jahrhundert eine deutliche Ausweitung. Hugo Grotius entwarf ein modernes Seerecht, mit dem Konzept des freien Zugangs zu den Meeren. Cornelius van Bynkershoek schlug vor, die Errichtung von Drei-Meilen Zonen vor den Küsten der Länder in das Völkerrecht aufzunehmen. Die Niederländer besaßen eine der größten Kriegs- und Handelsflotten. Während die Kriege zu Land meist mit Söldnern bestritten wurden, dienten auf den Schiffen nur Holländer. 1602 wurde die Niederländisch-Ostindische Kompanie gegründet, die den Asienhandel beherrschte. Stützpunkte entstanden in Südafrika, Indonesien, Japan, Taiwan und Ceylon. Die Niederländisch-Westindische Kompanie konzentrierte sich auf den Handel mit Westafrika und Amerika. Von 1625 bis 1664 verwaltete sie die Neugründung Neu-Amsterdam (New York). Der Welthandel wuchs in den Niederlanden nach dem Westfälischen Frieden. Durch Anhäufung von Kapital, Gewährung günstiger Zinssätze, feste Devisenkurse und hohe Darlehensbereitschaft gewannen die Amsterdamer Wechselbank und die Warenbörse eine zentrale Bedeutung. Es entstand eine wohlhabende Schicht von Bürgern, die sich aus Kaufleuten, Reedern und Bankiers rekrutierte. Ackerbau, Viehzucht, Fischerei, Handel und Gewerbe entwickelten sich positiv. Durch Eindeichung und Trockenlegung von Gebieten unterhalb des Meeresspiegels mit Hilfe von Pumpen, die von Windmühlen angetrieben wurden, wurden neue Flächen für die landwirtschaftliche Nutzung und den Städtebau gewonnen.

Die Zahl der Einwohner in den großen Städten nahm beträchtlich zu. In der Religionsausübung herrschte die reformierte Konfession. Die Niederländer bekannten sich in der Mehrzahl zum Calvinismus. Zwischen den Calvinisten und Remonstranten gab es zwar Streit, aber sie und andere Glaubensgemeinschaften wie Juden, Katholiken und Wiedertäufer wurden geduldet. So führte die gewisse Toleranz zur Rückkehr von Religionsflüchtlingen nach den Niederlanden. Die wachsende Wirtschaft und der aufblühende Handel begünstigten auch die Entwicklung von Wissenschaft und Kunst. Die Zahl der Analphabeten ging stark zurück. 1575 wurde die Universität Leiden gegründet.

Wohlhabende Bürger förderten als Mäzene die Kunst. Im 17. Jahrhundert entstand eine große Zahl an Malschulen und Malern, die sich meistens auf bestimmte Gebiete spezialisierten, wie Porträts (Frans Hals), Genre (Gerard Terboch), Landschaft (Jacob van Ruisdael), Tiere (Paulus Potter), Stilleben (Jan van Huysun), Architektur (Emanuel de Witte) u. a. Sie waren in Gilden organisiert. Die Gemälde wurden nicht nur von reichen Bürgern erworben, sondern hingen auch in den Wohnzimmern einfacher Leute. Bei der hohen Zahl an Bildern, die so entstanden, waren die Preise niedrig, so dass viele Maler noch einen zweiten Beruf hatten, von dem sie leben konnten – wie Jacob Ruisdael, der zugleich als Arzt tätig war. Einige der bedeutendsten Maler – wie Rembrandt (1606–1669) und Jan Vermeer (1632–1675) – wurden erst nach ihrem Tode berühmt. Wohlhabend wurden durch die Malerei nur wenige Maler wie Gerard Dou und Hondhorst, die für den Statthalter arbeiteten oder Peter Paul Rubens (1577–1640), der als flämischer Maler nach Studienjahren in Italien und Spanien vor allem in Antwerpen wirkte und als Diplomat in Madrid und Paris tätig war.

4.1.2 Van Leeuwenhoek baut Mikroskope und entdeckt eine neue Welt

In dieser eben geschilderten Welt wurde Antonie van Leeuwenhoek am 24. Oktober 1632 als fünftes Kind des Korbmachers Philip van Leeuwenhoek in Delft geboren und am 04.11. dort als Thonis Philipzoon getauft. Er nannte sich später Leeuwenhoek, weil sein Geburtshaus in Delft am Leeuwenport, dem Löwentor, lag. Sein Vater verstarb schon 1638. Daher übernahm sein Onkel Vaterpflichten und führte ihn auch in die Grundlagen von Mathematik und Physik ein. Die Mutter heiratete einen älteren, aber „feinen" Mann. Sie war die Tochter eines Bierbrauers. In ihrer Familie gab es Schöffen, Ratsherren, Bürgermeister, Kirchenvorstehen und andere angesehene Berufe. Der kleine Antonie wurde zu Verwandten nach Warmond geschickt, wo er die Grundschule besuchte. Eine höhere Schulbildung oder ein Studium wurde ihm nie zuteil. Fremde Sprachen, vor allem das für die wissenschaftliche und internationale Korrespondenz so wichtige Latein, hat er nicht erlernt. Im Hause seines Onkels, der Prozessbevollmächtigter war, hat er einige juristische Grundkenntnisse mitbekommen. 1648 schickte ihn seine Mutter nach Amsterdam zu einem Textilkaufmann in die Lehre. Er soll es dort bis zum Buchhalter gebracht haben. In Amsterdam könnte er auch von der Linsenschleiferei Kenntnis erhalten haben. Aber das ist nicht erwiesen. 1654 kehrte Leeuwenhoek nach Delft zurück, wo er heiratete und ein Haus kaufte. Unter bürgerlichen Verhältnissen aufgewachsen und offenbar finanziell abgesichert, aber ohne Abschluss eines Studiums, ging Leeuwenhoek in Delft verschiedenen Berufen nach. Zunächst eröffnete er einen Tuchladen in seinem Haus an der Hypolithbur. Aber schon 1660 hat er das Geschäft aufgegeben, um als Kammerherr (*Camer Bewaarder*) des städtischen Gerichtshofes mehr Freizeit zu haben. Das war eine einfache Tätigkeit („den Herren Respekt zu erweisen, zu ihren Sitzungen die Kammer zu öffnen und zu schließen, zu reinigen und zu heizen, geheim zu halten, was er dort hört"). Seine Bezahlung von 400 Gulden im Jahr für die Tätigkeit eines Gerichtsdieners erscheint fast wie eine Pfründe. Das ist merkwürdig, weil er zu dieser Zeit noch nicht bekannt war, aber mögliche Fürsprecher in der Stadt hatte. Später, als er schon berühmt war, hat er diese Vergütung auch nach seiner „Pensionierung" vom Amt weiter bezogen. Es ist zu vermuten, dass diese Tätigkeit als *Camer Bewaarder* auch Vertrauensaufgaben als ein Justizbeamter einschloss. 1669 wurde er nach einer Prüfung als Landvermesser zugelassen und war später auch als Eichmeister für alkoholische Getränke tätig. Sein Gesamtjahreseinkommen aus diesen Ämtern wurde auf mindestens 800 Gulden geschätzt (Schierbeek 1951). Leeuwenhoek war mit dem gleichaltrigen Maler Jan Vermeer befreundet und verwaltete nach dessen frühzeitigem Tod dessen Nachlass. Es wird vermutet, dass Leeuwenhoek für die um 1662 von Vermeer gemalten Bilder „der Astronom" und „der Geograph" als Modell gedient hat, weil Ähnlichkeiten zu dem von Jan Verkolje 1687 gemalten Porträt von Leeuwenhoek bestehen (Abb. 4.1).

Delft war zu dieser Zeit schon eine bekannte Stadt, durchzogen von Kanälen und Grachten, die mit den Armen des Rheindeltas verbunden sind. Bedeutende, auch

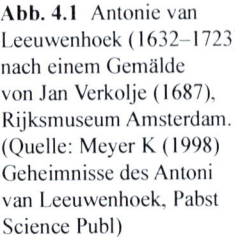

Abb. 4.1 Antonie van Leeuwenhoek (1632–1723) nach einem Gemälde von Jan Verkolje (1687), Rijksmuseum Amsterdam. (Quelle: Meyer K (1998) Geheimnisse des Antoni van Leeuwenhoek, Pabst Science Publ)

heute noch vorhandene Gebäude, sind am Markt das 1618–1620 von Hendrik de Keyser erbaute Stadthaus mit dem Rathausturm und die spätgotische Nieuwe Kerk, sowie die älteste Pfarrkirche der Stadt, die Oude Kerk St. Hypolith am Prinsenhof, erbaut in der zweiten Hälfte des 14. Jahrhundert. Das Haus von Leeuwenhoek lag an der Hypolithusburt, die parallel zum Hauptkanal von der Rathausgegend zur Oude Kerk führt. Die Reihenhäuser in dieser Straße waren zur Straßenseite nur 6 m breit, ihre Tiefe betrug aber das zwei- bis dreifache der Frontbreite. Das war in dieser Zeit üblich, weil die Grundsteuer nach der Hausbreite an der Straße veranlagt wurde.

1664 war in London das von Robert Hooke verfasste Buch „*Microscopia*" erschienen, in dem Insekten und Teile von pflanzlichen und tierischen Organismen in Form von Kupferstichen abgebildet waren. In dem Buch war auch das Bild einer Linsenschleifbank. Hooke hatte in Oxford studiert und wurde 1663 Mitglied der Royal Society. Er hat die damals verfügbaren mikroskopischen Techniken 1678 in „*Lectures and Collections*" beschrieben (Gest 2004, 2009). Obwohl Leeuwenhoek den englischen Begleittext nicht lesen konnte, wurde er wahrscheinlich durch die Micrographia von Robert Hooke und dessen Vorwort zu seinen mikroskopischen Untersuchungen angeregt. Leeuwenhoek hat, den Empfehlungen von Hooke folgend, seine subtilen Beobachtungen immer wieder kontrolliert und zwischen Befunden und Schlussfolgerungen streng unterschieden.

Es ist ungewiss, wann und wo Leeuwenhoek sich für die Mikroskopie zu interessieren begann und das Linsenschleifen erlernte. Diese Forscherleidenschaft muss zwischen 1660 und 1668 entstanden sein. Denn als er 1668 nach London reiste, hatte er bereits von der „unsichtbaren" Welt Kenntnis genommen. Die beiden linsenoptischen Instrumente Fernrohr und Mikroskop wurden um das Jahr 1660 von unbekannten Handwerkern wahrscheinlich in der kleinen holländischen Stadt Middelburg entwickelt (Meyer 1998). Obwohl wir durch die Briefe von Leeuwenhoek viel über sein Leben und die Ergebnisse seiner mikroskopischen Untersuchungen erfahren haben, enthalten seine schriftlichen Aufzeichnungen nichts über die Methoden, mit denen er seine Instrumente anfertigte. Er hat dieses Wissen nie preisgegeben. In einer Zeit, in der geistiges Eigentum nicht geschützt war und Prioritätsstreitigkeiten an der Tagesordnung waren, wäre das ein Grund für seine Geheimnistuerei. Für die an der Sternenwelt Interessierten, aber auch für Feldherren und Seeleute, war die Entdeckung des Fernrohres eine Sensation. Die Welt unterhalb des Sichtbaren war höchstens Gegenstand der Spekulation wie das Atom bei Demokrit oder die Globula bei Descartes. Die ersten einfachen Mikroskope wurden Flohgläser genannt, weil man mit diesen ersten Lupen-ähnlichen Instrumenten Flöhe, Fliegen und andere Insekten betrachten konnte. Erst mit dem 7. Jahrzehnt des 17. Jahrhunderts wurde diese optische Hilfe genutzt, um mit gezielten Fragestellungen in das Reich der „Unsichtbaren" einzudringen. Leeuwenhoek war einer der ersten Pioniere auf diesem Gebiet, nachdem er seinen Tuchladen aufgegeben und sich als Autodidakt der Mikroskopie zugewandt hatte.

Von Beginn an gab es das einfache, aus einer Linse bestehende Mikroskop, und das zusammengesetzte Mikroskop, das mindestens aus zwei Linsen, dem Okular und dem Objektiv, zusammengesetzt war, die in einem Tubus, bestehend aus zwei ineinander verschiebbaren Papptuben, angebracht waren. Die Scharfeinstellung erfolgte durch Verschieben der Tuben. Das zu betrachtende Objekt wurde bei Hooke durch ein Öllämpchen beleuchtet, dessen Strahlen durch eine Schusterkugel gebündelt wurden. Die Leistung dieser ersten zusammengesetzten Mikroskope war außerordentlich gering, zum einen wegen der unvollkommenen Mechanik, und zum anderen wegen der fehlerhaften Linsen und der mangelhaften Beleuchtung der Objekte. Die Linsen waren durch ihre konvexe Krümmung nicht randscharf, das Objekt war je nach Fokussierung nur in der Mitte des Bildfeldes oder am Rand scharf abgebildet. Durch die unterschiedliche Brechung der Lichtstrahlen in Abhängigkeit von der Wellenlänge kam noch eine chromatische Aberration hinzu, die zu Farbrändern an den Objekten führte. Die vom Objekt ausgehenden Lichtwellen werden im Randbereich der Linsen anders gebrochen als im zentralen Feld und führen daher zu verschiedenen Brennpunkten der Linsen (sphärische Aberration).

Für beide Fehler, die sphärische und die chromatische Aberration, wurde im 18. Jahrhundert theoretisch eine Abhilfe gefunden. Auch das Beleuchtungsproblem konnte durch Einführung von Kondensor und Beleuchtungsspiegel gelöst werden. Mikroskope, die mit sphärisch und chromatisch korrigierten Linsen und einem leistungsfähigen Beleuchtungsapparat ausgestattet waren, standen aber erst im 19. Jahrhundert zur Verfügung. Die Mikroskope von Leeuwenhoek waren Einfachmikroskope, wie zu dieser Zeit üblich, und bestanden aus einer kleinen, bikonvexen Linse, die zwischen zwei Metallblechen gefasst war (Abb. 4.2). Eine lange Schraube mit flachem Gewinde diente als Handgriff und fixierte ein Metallklötzchen, das

Abb. 4.2 Skizze eines
Leeuwenhoek-Mikroskopes.
Links: die Betrachterseite mit
der Fassung für die Linse;
rechts: die Objektseite.
Der Griff dient zum Halten
des Mikroskopes vor dem
Auge und zum Fokussieren
des Objektes vor der Linse.
(Quelle: Wikipedia)

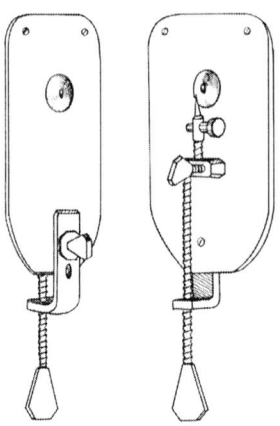

auf dem Blech verschiebbar angebracht war. An dem Klötzchen war eine Schraube befestigt, mit deren Hilfe der Abstand zwischen Linse und Objekt variiert werden konnte. Der zu betrachtende Gegenstand wurde an einer Nadel befestigt. In Wasser suspendierte Objekte wurden in Glasgefäßen vor der Linse angebracht und untersucht. Alle Teile der Mikroskope hat Leeuwenhoek mit Hilfe einer Art Drehbank mit senkrechter Achse, einem Amboss und anderen Geräten selber hergestellt. Sechsundzwanzig dieser primitiven Mikroskope wurden der Royal Society in London zusammen mit Präparaten und einer Beschreibung übersandt, über 400 in seinem Besitz befindliche Geräte wurden aus dem Nachlass von Leeuwenhoek 1747 versteigert. Sie waren alle von gleicher Bauart. Das Mikroskop wurde mit einer Hand dicht vor das Auge gehalten und mit der anderen Hand wurde die Schraube zur Fokussierung, also zur Regulation des Abstandes zwischen Objekt und Linse, bedient. Das Objekt wurde gegen das Licht gehalten, so dass das Objekt gut beleuchtet, der Beobachter aber durch die Blechplatten, die die Linsen einfassten, nicht geblendet wurde. Für größere Objekte, wie z. B. Fische, hat er den „Aalkijker" gebaut, ein Objektträger für die Halterung des Gefäßes und des Mikroskops (Meyer 1998). Diese Konstruktion war natürlich äußerst unpraktisch, weil keine Hand frei war, um Präparationen vorzunehmen. Die Linsen waren sehr klein – etwa 2,5 mm im Durchmesser.

Zu Zeiten von Leeuwenhoek war bekannt (ohne die Gesetzmäßigkeiten zu kennen), dass das Auflösungsvermögen einer Linse von der Öffnung abhängt. Je enger ihre Apertur, desto geringer ist die sphärische und chromatische Aberration, und desto schärfer erscheint der Gegenstand; aber desto geringer ist das Auflösungsvermögen, also die Fähigkeit Einzelheiten zu trennen. Bei einer Nachprüfung der historischen Mikroskope mit Hilfe von Diatomeen-Skeletten der Pinularia (Abstand der Querstreifen 1,8 bis 2,0 μm, 1 μm = 10^{-6} m) sowie Messungen mit modernen Methoden, konnte van Zuylen (1981/1982) nachweisen, dass die Linsen von Leeuwenhoek geschliffen und poliert wurden – mit Ausnahme einer Linse, die geblasen wurde (Abschmelzen von Kugeln aus einer Kapillare). Kugellinsen, von Hooke beschrieben, waren relativ einfach herzustellen und konnten stark vergrößern. Sie sind aber wegen des sehr geringen Arbeitsabstandes zwischen Linse und Objekt nur sehr eingeschränkt verwendbar. Leeuwenhoek hat ihren Gebrauch abgelehnt. Seinen Ruhm verdankt Leeuwenhoek den, von ihm durch Schleifen von Glaskugeln hergestellten, bikonvexen Linsen. Die in Leiden aufbewahrte bikonvexe Leeuwenhoek-Linse Nr. 1 vergrößert 118-mal, ihre Brennweite betrug 2,1 mm, ihre Dicke 1,7 mm; die maximalen Krümmungsradien betrugen 1,96 und 1,91 mm, die Öffnung 0,55 mm, der Arbeitsabstand 1,1 mm. Damit konnte die Skelettstruktur der Diatomee Pinularia aufgelöst werden. Über das Schleifverfahren hat Leeuwenhoek nie etwas verlauten lassen. Er hat auch keine Linsen verkauft oder anderen überlassen.

Eine zu dieser Zeit gebräuchliche Linsenschleifmaschine hat Hertel 1716 beschrieben. Der auf einem Stab befestigte Linsenrohling wurde schräg gegen die Innenwand einer rasch rotierenden Schleifschale gedrückt und gleichzeitig gedreht. Diese Maschinen waren aber für größere Linsen, z. B. für Brillengläser, vorgesehen. Alle zeitgenössischen Berichterstatter, wie Huygens, Molyneux und Uffenbach, die Leeuwenhoeks Mikroskope gesehen und geprüft haben, sagten aus, dass die Linsen die besten in ihrer Zeit waren und das mikroskopische Bild sich durch große Helligkeit und Klarheit auszeichnete. Auch die Fokussierung sei sehr gut. Bei den zusammengesetzten Mikroskopen fehlten in dieser Zeit noch Beleuchtungsspiegel und Kondensor. Die Fokussierung war schwierig.

Die große Zahl von Mikroskopen, die Leeuwenhoek hergestellt hat, und ihre umständliche Handhabung, lassen vermuten, dass sie nur für die Demonstration eines Objektes gebaut wurden. Die an die Royal Society übersandten Geräte wurden alle zusammen mit einer Probe und dem Text versandt. Es wird heute angenommen, dass Leeuwenhoek auch ein Arbeitsmikroskop besaß, das mit einem aufgesetzten Tubus für das Okular, einem Stativ, einer Plattform für das Objekt und einem Beleuchtungsspiegel ausgestattet war, denn er hat ja auch zeitliche Abläufe, z. B. die Blutströmung in Kapillaren einer Kaulquappe oder die Bewegung von Bakterien beschrieben (Meyer 1998). Informationen für den Bau eines zusammengesetzten Mikroskopes hat Leeuwenhoek möglicherweise von Christian Huygens erhalten. Einen Beleuchtungsspiegel hat Descartes in seinen Dioptrices 1637 beschrieben.

Leeuwenhoek konnte nur in seiner eigenen, der niederländischen Sprache lesen und schreiben. Durch Gespräche mit Wissenschaftlern in seiner Umgebung und Freunde, die ihm schriftliche Mitteilungen übersetzten, war er aber über das Wissen seiner Zeit unterrichtet. Als Mitglied der Royal Society in London bezog er regelmäßig die „*Philosophical Transactions*" der Society. So mahnte er beim Sekretär Henry Oldenburg das Ausbleiben eines Heftes an. In den *Transactions* wurden nicht nur die Verhandlungen der Gesellschaft, sondern auch deren Korrespondenz und damit Leeuwenhoeks Briefe an die Society veröffentlicht. Der geistige Vater der Leeuwenhoek'schen Beobachtungen und Experimente war sicher Francis Bacon (1561–1625), der sich in seinem Buch „Advancement of Learning" von den Sagen und Fabeln der scholastischen Betrachtungsweise distanzierte und empfahl, sich nur auf objektivierbare, also überprüfbare, Beobachtungen zu verlassen. Hooke hat in seinem Vorwort zu „Micrographia" die Prinzipien der Forschung im Sinne Bacons hervorgehoben.

Zunächst riefen die völlig neuen Beobachtungen des Laien Leeuwenhoek Kritik und Zweifel hervor. Deshalb war es ihm wichtig, seine Beobachtungen durch vertrauenswürdige Zeugen bestätigen zu lassen. So bezeugt der Pfarrer Alex Petri aus Delft, dass Leeuwenhoek Flüssigkeit in der Menge von einem Hirsekorn in ein Glasröhrchen füllte und dieses am Mikroskop befestigte. Er beobachtete kleine Tierchen, die sich lebhaft bewegten. Nach Zugabe von Essig hörte die Bewegung auf. Die Bestätigung seiner Beobachtung durch Zeugen ist ein Hinweis auf den Fortschritt im objektiven Denken und Experimentieren. Leeuwenhoek machte auch quantitative Angaben. Da es noch keine Mikrometer, allgemein verbindliche Maße oder Dezimalzahlen gab, führte Leeuwenhoek Vergleichsmaßstäbe ein: Daumenbreite = 1 Zoll $\cong$ 25 mm. Da Dezimalzahlen noch unbekannt waren, rechnete man mit Brüchen, $^1/_{10}$, $^1/_{100}$. Als Maßstab galt ein Hirsekorn, ein Sandkorn oder die Breite eines Haares. Zum Vergleich bildete Leeuwenhoek Zwischenstufen. So verglich er ein Bakterium mit einem roten Blutkörperchen und dieses mit einem Infusorium (Einzeller, der in einer Mischung von Wasser, Erde und organischem Material wächst). Oft rechnete er auch aus, wie viele Kleinlebewesen in einen Kubikzoll passen.

Leeuwenhoek forschte sehr breit gestreut über alles, was er mit seinen Methoden untersuchen konnte. In der langen Reihe seiner Briefe lassen sich durchaus Schwerpunkte erkennen, aber eine systematische Erforschung von Themenkomplexen fand nicht statt. Das Material für seine mikroskopischen Betrachtungen gewann Leeuwenhoek aus Tümpeln und Gewässern seiner Umgebung; oder von menschlichen und tierischen Proben, die er selber isolierte oder von befreundeten Ärzten erhielt. So hat z. B. Dr. Ham das Sekret eines an der Gonorrhoe Erkrankten Leeuwenhoek zur Untersuchung überlassen. Die in Form von Briefen erhaltenen Ergebnisse seiner Beobachtungen lesen sich wie nüchterne Laborprotokolle, sind detailliert, zeigen aber eine sehr sorgfältige und kritische Vorgehensweise und das Bemühen neue Erkenntnisse zu gewinnen (Dobell 1932).

Das Lesen seiner Schriften wird durch das Fehlen einer klaren Nomenklatur erschwert. Diese bildete sich in den Naturwissenschaften erst allmählich aus. Leeuwenhoek benutzt Ausdrücke der holländischen Umgangssprache, beispielsweise „kleine Tierchen" oder „*Animalcula*" für Bakterien und andere mikroskopisch kleine Lebewesen. Diese Worte wurden dann ins Lateinische, und von dort in andere Sprachen übersetzt. Seine Experimentierkunst war, auch aus heutiger Sicht, bewunderungswürdig. Da er als Autodidakt sein Wissen aus Übersetzungen und persönlichen Gesprächen erwarb, war es natürlich lückenhaft und führte nicht selten zu Fehldeutungen, aber das war in dieser Zeit keine Ausnahme. Trotz dieser Einschränkungen hat er bedeutende Entdeckungen gemacht. Bis etwa 1673 nahm niemand Notiz von ihm. Im April dieses Jahres berichtete Reiner de Graaf, ein in Delft geborener Arzt und Mitglied der Royal Society in London, an die Gesellschaft über Leeuwenhoeks Mikroskope und dessen Entdeckungen. Constantin Huygens (1596–1687), Bruder des Mathematikers und Astronomen Christian Huygens, war Schriftsteller, Musiker und Staatsmann. Er wurde durch persönliche Kontakte zu Leeuwenhoek so beeindruckt, dass er etwa zur gleichen Zeit wie de Graaf in einem

Brief an die Royal Society auf den Delfter Forscher aufmerksam machte. Von da an berichtete Leeuwenhoek in Briefen an die Royal Society über seine Studien, die zunächst wohl nur Zweifel und Kritik ernteten. Doch zunehmend gewann Leeuwenhoek Anerkennung und wurde 1680 als Mitglied in die Royal Society aufgenommen. 1681 wurde das Gruppenbild der Delfter Ärztegilde in Auftrag gegeben und von Cornelius de Man ausgeführt. Der Anatom S'Gravensande und Leeuwenhoek sind auf dem Bild zu sehen. Keiner schaut auf das Objekt, eine sezierte Leiche, sondern auf den Betrachter des Bildes. S'Gravensande war Arzt und Chirurg und hat Leuwenhoek über den Unterschied von Nerven und Sehnen aufgeklärt. Leeuwenhoek hat in etwa 300 Briefen über Ergebnisse seiner Untersuchungen berichtet. Achtunddreißig dieser, an die Royal Society oder bekannte Zeitgenossen gerichteten, Berichte wurden 1695 von Leeuwenhoek in Buchform veröffentlicht (*Arcana naturae detecta*). Diese wurden ohne ein erkennbares System oder Ordnung des Inhaltes zusammengestellt. Die Briefe wurden ins Lateinische und später in viele Sprachen übersetzt.

Bevor wir uns der Entdeckung der Bakterien durch Leeuwenhoek zuwenden, seien einige seiner spektakulären Beobachtungen kurz zusammengefasst. Seit der Entdeckung des arteriellen und venösen Zweiges des Blutkreislaufes durch Harvey 1628 und Beschreibung der Kapillaren in Lunge und Blase des Frosches durch Malpighi 1660 wurde nach der Verbindung zwischen arteriellem und venösem Kreislauf gesucht. 1687 fand Leeuwenhoek das ideale Demonstrationsobjekt für den peripheren Kreislauf im Schwanz der Kaulquappen. Er entdeckte die Kapillaren des peripheren Kreislaufes auch bei Aalen, Barsch, Seewolf, Forelle und Karpfen und beobachtete die Formveränderung der Erythrozyten („die Partikel, die dem Blut die rote Farbe geben") während der Passage durch die Kapillaren, sowie die Durchlässigkeit der Kapillarenwand für Serum. Leeuwenhoek wollte seine Objekte nicht nur beschreiben, sondern die Vorgänge auch quantitativ erfassen. Er bestimmte das Schlagvolumen des Blutes auf folgende Weise: Da Uhren zu seiner Zeit nur Stunden anzeigten und für Minuten Sanduhren zur Verfügung standen, hat er für die Bestimmung von Sekunden das Sprechen eines viersilbigen Wortes gewählt, so wie wir 21, 22 zählen. Er kam auf 72 viersilbige Worte pro Minute. Er beobachtete, dass Blutkörperchen beim Zeitmaß von $1/72$ Minute $1/15$ Zoll ($\cong 1,7$ mm) wandern und bestimmte so die Strömungsgeschwindigkeit des Blutes in den peripheren Blutkapillaren. Das Ergebnis stimmt ungefähr mit modernen Messungen überein. Aber ihre Übertragung auf die größeren Gefäße war natürlich nicht richtig. Er hat wahrscheinlich Galileis Hydrodynamik falsch interpretiert. An Fledermäusen beobachtete er Störungen des Blutflusses durch äußere Einflüsse wie Abkühlung, Austrocknung und Traumen. Es gelang ihm, die Innenschicht der Arterien (Intima) abzupräparieren. Das Wissen über Fortpflanzung und Entwicklung wurde durch die Entdeckung der Spermatozoen bei Mensch und Tier sowie von Entwicklungsstadien der Insekten bereichert. Die Bedeutung der Eizelle wurde aber nicht erkannt. Er war der unbewusste Entdecker des rudimentären Kiemenorgans. Die Kiemen- und Lungenatmung hat er richtig beschrieben, aber ihre Funktion falsch interpretiert. Die Teilung der Blutkörperchen in Sechsergruppen und die Auslösung der Herzkontraktion durch Wärme waren Irrtümer, die er wahrscheinlich von Descartes als einer Autorität übernahm. Auch Frühstadien der Keimentwicklung, Morula und Gastrula, hat er beschrieben. Auf einer hervorragenden und detailgetreuen Zeichnung einer Mücke von J. Swammerdam entdeckte er sofort, dass die Mundwerkzeuge nicht richtig dargestellt waren. Er präparierte die vier einzelnen Elemente und ließ sie zeichnen. Er machte sich auch Gedanken über den Mechanismus des Einstichs und des Blutsaugens. Seine Darstellung kommt den heutigen Erkenntnissen sehr nahe.

Eine Meisterleistung der experimentellen Kunst und der sorgfältigen Beobachtung war die Anatomie, das Sexualverhalten und die Entwicklungsgeschichte des Flohs, die er 1693 beschrieb. Auf den nach seinen Angaben angefertigten, detailgetreuen Zeichnungen ist die Anatomie einschließlich der Muskulatur, der Gefäße und Tracheen gut zu erkennen. Als konsequenter Gegner der Urzeugungstheorie bestritt er die Auffassung von Kircher (1601–1680), der ebenfalls den Floh mikroskopisch untersucht hatte, aber wie viele seiner Zeitgenossen die Ansicht vertrat, dass Flöhe spontan aus fauligem Material entstünden. Leeuwenhoek war überzeugt, dass alle Lebewesen sich durch Fortpflanzung vermehren. Er bebrütete Floheier in seiner Hosentasche, züchtete die ausschlüpfenden Larven in kleinen Gläschen, beobachtete die Metamorphose über das Puppenstadium bis zum fertigen Insekt und fütterte die Flöhe mit seinem eigenen Blut auf seinem Handrücken. Als klarer Denker und Experimentator bewährte sich Leeuwenhoek auch beim Studium der Wiesenschnake (*Tipula paludosa*). Bauern informierten Leeuwenhoek, dass in Wiesen das Gras abstirbt, weil Würmer die Graswurzeln fressen, aber im Sommer bei starker Erwärmung absterben. Leeuwenhoek vermutete sofort, dass die „Würmer" nicht absterben, sondern sich verpuppen. Er bebrütete in seinem Haus die Larven über drei Monate hinweg, bis sie sich in „Geflügelte" verwandelten, die er „Specketers" nannte. Er untersuchte sie und ihre Eier und beobachtete das Einstecken ihrer Legeröhre in den Grund der nassen Wiesen und das Leben der aus den Eiern ausschlüpfenden Larven an den Graswurzeln. Diese und viele weitere scharfsinnige Beobachtungen festigten den Ruhm Leeuwenhoeks.

4.1.3   Die Entdeckung der „sehr kleinen Tierchen"

Die Entdeckung der Bakterien war ein Nebenprodukt seiner Untersuchungen und geriet auch bald wieder in Vergessenheit. Erst mit der Erforschung ihrer physiologischen Fähigkeiten und ihrer Bedeutung als Krankheitserreger im 19. Jahrhundert wurden die Bakterien wieder Gegenstand des allgemeinen Interesses. Wie schon erwähnt, wurde im 17. Jahrhundert allgemein die Auffassung vertreten, dass viele Lebewesen, einschließlich der Insekten, spontan aus faulendem Material entstehen. Leeuwenhoek war ein Gegner der Urzeugungstheorie und hat daher die Beobachtungen des Florentiner Arztes Francesco Redi, dass Fleisch, welches geschützt vor Fliegen aufbewahrt wird, nicht von Maden befallen wird, sofort überprüft. Er benutzte für seine Versuche zwei Glasröhrchen, in die er zur Hälfte gestoßenen Pfeffer hinein gab und dann mit Regenwasser auffüllte. Nach 15 Minuten wurde eines der Röhrchen luftdicht mit der Flamme verschlossen. Das andere blieb offen. Er fand darin nach drei Tagen „eine Unmenge lebender Tierchen verschiedener Art, die sich, jedes nach seiner Art, lebhaft umeinander bewegten". Das verschlossene Röhrchen öffnete er am fünften Tag und beobachtete beim Abbrechen der Spitze ein Entweichen der Luft mit „großer Heftigkeit". Dieses Gefäß enthielt Lebewesen aller Art, zum Teil viel größer als im unverschlossenen Gefäß. Nachdem das Röhrchen 24 Stunden offen gestanden hatte, sah er mit dem Mikroskop „andere Arten der *Animalcula*, aber so winzig, dass ich sie kaum wahrnehmen konnte" (Brief 32 vom 14.06.1680, in: Meyer 1998). Leeuwenhoek hat durch diese Versuche als erster Mensch Anaerobier gesehen, das heißt, Bakterien, die in Abwesenheit von Sauerstoff durch Gärung Energie gewinnen. Es ist verständlich, dass er seine Ergebnisse nicht einzuordnen wusste. Der Bakteriologe Martinus Beijerinck hat 1913 dieses Experiment wiederholt und die anaeroben Bakterien nachgewiesen. In Leeuwenhoeks 39. Brief an Myn Heer François Aston, Esquire, Secretaris der Royal Society in London, vom 17.09.1683, werden die Bakterien zum ersten Mal abgebildet. Leeuwenhoek beschreibt umständlich seine Zahn- und Mundhygiene. „Meine Gewohnheit ist, des Morgens die Zähne mit Salz abzureiben, dann den Mund mit Wasser auszuspülen, und, wenn ich gegessen habe, die Backzähne wiederholt mit dem Zahnstocher zu reinigen, sowie mit einem Tuch abzureiben, wodurch meine Back- und anderen Zähne so sauber und weiß bleiben, wie sie nur wenige Leute von meinen Jahren besitzen; auch fängt mein Zahnfleisch, mag ich es auch mit noch so hartem Salz reiben, nicht an zu bluten". In seinem Speichel und im Regenwasser fand er keine „Tierchen". Wenn er aber eine weiße Masse zwischen einzelnen Zähnen mit Regenwasser verdünnte, so fand er darin sehr kleine Tierchen, die sich sehr lebhaft bewegten. Die eine Art Tierchen „zeigten eine sehr starke und gewandte Bewegung und schossen durch das Wasser wie ein Hecht". Diese waren an Zahl relativ gering. Nach seiner Zeichnung waren es längliche, leicht gekrümmte Stäbchen. Die zweite Form bestand aus kurzen Stäbchen, die sich häufig wie ein Kreisel drehten und in unregelmäßigen, gekrümmten Bahnen schwammen. Eine dritte Art war sehr klein und rundlich und von rascher Bewegung. Sie waren zu Tausenden vorhanden. Größere und längere, zum Teil leicht gebogene Stäbchen zeigten keine Bewegung (Abb. 4.3).

Für Leeuwenhoek war Leben mit Bewegungsfähigkeit verbunden. Daher wurde er unsicher, ob er lebende Organismen vor sich hatte, als er in Bier Hefen entdeckte, die Gasblasen erzeugten (CO_2) aber sich nicht bewegten. Leeuwenhoek nahm auch von anderen Personen Proben des Zahnbelages und beobachtet ähnliche „Tierchen". Ein Spülen des Mundes mit starkem Weinessig verändert das oben beschriebene Bild der Mundflora nicht. Aber wenn er einer Suspension von Zahnbelag in Wasser Essig zusetzte, starben die Tierchen nach seiner Meinung ab, da sie ihre Bewegung einstellten. Auch durch heißen Kaffee oder Branntwein verloren die Tierchen ihre Bewegungsfähigkeit. Größenangabe, Form und Bewegungsverhalten zeigen, dass Leeuwenhoek zum ersten Mal Bakterien im Mikroskop nachweisen konnte. Er hat sich über die Funktion dieser Bakterien nicht geäußert und es bestand zu seiner Zeit auch kein Interesse an diesen Organismen. In einem späteren Brief (Nr. 75, September 1692) wiederholt er seine Versuche mit dem Zahnbelag und wundert sich, dass

Abb. 4.3 Bakterien nach
Zeichnung von Leeuwen-
hoek. *Fig. B:* Andeutung
des Bewegungsverlaufes
von *C* nach *D.* (Quelle:
Meyer 1998)

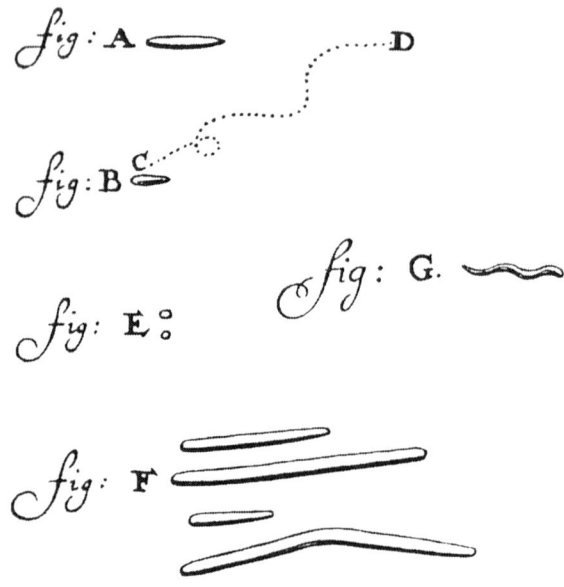

er „nichts Lebendiges" entdeckte. Er vermutet, dass die Tierchen durch den sehr heißen Kaffee, den er am Morgen zu trinken pflegte, getötet wurden. Diese Vermutung
wurde durch Versuche belegt, lebende *Animalcula* durch Hitze abzutöten. Durch
Vergleich mit einem Sandkorn wurde eine Größenbestimmung vorgenommen. Ein
Sandkorn vom feinsten Scheuersand war nach seiner Schätzung tausend Mal größer
als die kleinen runden Tierchen. Anschaulich schreibt er, dass trotz täglicher Reinigung der Zähne in seinem Mund dort viel mehr lebende Tierchen vorhanden sind als
Menschen in den vereinigten holländischen Provinzen leben, und das Volumen des
Sandkorns sei tausend Millionen Mal größer als das dieser winzigen Tierchen. Die
Gestalt der Bakterien und ihr Bewegungsverhalten entspricht den Beschreibungen
in früheren Briefen, die belegen, dass Leeuwenhoek Kokken, Bazillen, Vibrionen,
Spirillen und vermutlich das große Bakterium *Leptothrix* sowie Spirochaeten gesehen hat. Obwohl Leeuwenhoek seine Beobachtungen veröffentlichte und somit
einer breiteren Öffentlichkeit zur Kenntnis brachte, blieben diese Entdeckungen
weitgehend unberücksichtigt, weil er noch nicht die physiologische Bedeutung der
Bakterien erkannte (Ford 1991).

4.2 Versuche, den Bakterien in der Welt der Lebewesen einen Platz zuzuweisen

Erst nach der Entwicklung neuer Konzepte, aber auch neuer mikrobiologischer
Techniken für die Erforschung von Bakterien, die vor allem von Ferdinand Cohn,
Robert Koch, Louis Pasteur u. a. entwickelt wurden, konnten gegen Ende des

19. Jahrhunderts Erreger zahlreicher Infektionskrankheiten sowie physiologische Eigenschaften von Bakterien nachgewiesen werden. Gehen wir zeitlich noch einmal zurück und der Frage nach, was Bakterien eigentlich sind und wie sie sich von anderen Lebewesen unterscheiden. Van Leeuwenhoek hatte in seinen Briefen 39 (1683) und 75 (1692) an Mitglieder der Royal Society in London zum ersten Mal Bakterien mit seinen einfachen Mikroskopen gesehen und ihre Form beschrieben (Meyer 1998). Die wohl erste Darstellung von Mikroorganismen findet sich in Robert Hookes *Micrographia* (1665). Im 18. Jahrhundert wurden von verschiedenen Gelehrten im Wasser vorkommende Kleinstlebewesen mit verbesserten Mikroskopen untersucht, so auch von dem dänischen Zoologen Otto Friedrich Müller (1730–1784). Er beschrieb in seinem Buch „*Animalcules infusoria fluviatilia et marina*" (Müller 1786) nicht nur die Gestalt, sondern auch Pigmentierung und Beweglichkeit von niederen Lebensformen. Er weist auch auf die Probleme hin, diese kleinen *Animalcules* näher zu charakterisieren:

> Die Schwierigkeiten, unter welchen die Erforschung der mikroskopischen Thierchen leidet, sind zahllos; die sichere und scharfe Bestimmung derselben erfordert so viel Zeit, so viel Schärfe der Augen und des Urtheils, so viel Gleichmuth und Geduld, wie kaum ein anderes mehr. Nichts ist leichter, als die Thierchen zu sehen und sich an ihrer Bewegung und an ihrem Spiel zu ergötzen, aber Unterschiede in den einfachsten, beweglichsten, veränderlichen, in der Ebene des durch sehr wenige Lichtstrahlen erleuchteten kleinsten Gesichtsfeldes jeden Augenblick sich dem Anblick entziehenden Thierchen wahrzunehmen, diese wahrgenommenen Unterschiede sowie die mannigfaltigen Bewegungen eines jeden mit bezeichnenden Worten zum Ausdruck zu bringen, hierin liegt die Mühe, das ist die Arbeit (Müller 1786, zitiert nach Schlegel 1999, S. 34).

Wie schon Leeuwenhoek stellt Müller die Bakterien zu den Tieren. Erste Versuche der Klassifizierung von Bakterien stammen von ihm und Christian Gottfried Ehrenberg (1795–1876). Die beobachteten Organismen wurden nach ihren Formen benannt und eingeteilt (*Monas termo*, *Vibrio* spec. (spec. = Abkürzung für Species = Art; kleinste Einheit in der Systematik; umfasst eine Gruppe von Individuen, die sich durch gemeinsame Eigenschaften und, bei höheren Organismen, durch Abstammungsbande zwischen Eltern und Nachkommen von anderen Organismen abgrenzt), Spirochaeta, Spirillum, Spirodiscus u. a.). Diese Versuche konnten zu keinen eindeutigen Ergebnissen führen, weil die morphologischen Merkmale der Bakterien für eine Unterscheidung und systematische Einteilung nicht ausreichen und die wichtigen physiologischen Merkmale noch nicht untersucht wurden.

Bei den höheren Pflanzen war man schon viel weiter, weil die Blütenmorphologie als ein makroskopisch erkennbares und für die Systematik wichtiges Merkmal von Carl Linné (1707–1778) genutzt wurde. Linné teilte die Pflanzen unter Benutzung einer binären Nomenklatur in Arten und Gattungen ein. Jede Pflanze wurde durch ihren Art- und Gattungsnamen charakterisiert. Die Gattungen wurden dann zu höheren Einheiten wie Ordnungen und Familien zusammengefasst. So beschrieben Linné, seine Schüler, Mitarbeiter und Zeitgenossen eine große Anzahl neuer Pflanzen. Linné war Autodidakt und vertrat ein mechanistisches und zugleich naiv religiöses Weltbild. Er ging von der Konstanz der Arten aus. Von jeder Art sei ein Paar geschaffen worden, von dem alle nachfolgenden abstammten. Sein natürliches

System fand viele Anhänger und wurde erst durch die von Darwin begründete Abstammungslehre in Frage gestellt.

Die Beschreibung von Bakterien durch Antonie van Leeuwenhoek galt in dieser Zeit als eine Kuriosität, weil man über die Bedeutung der Bakterien noch nichts wusste, obwohl einige kluge Beobachter wie Fracastoro und Spallanzani schon vermutet hatten, dass Kleinstlebewesen für Fäulnis und Krankheiten verantwortlich seien. Athanasius Kircher (1602–1680) hatte die Idee des „*contagiums*" in seiner Schrift „*Scrutinium physico-medicum pestis*" von 1658 auch rein spekulativ vertreten (Bulloch 1938). Benjamin Marten hatte in seinem 1720 erschienenen Buch über die Tuberkulose („*consumption*") vermutet, dass „*certain species of Animalcula*" die Krankheit verursachen. Marcus Antonius von Plenciz hat in seinen 1762 erschienenen *Opera medico-physica* die These vertreten, dass kontagiöse Krankheiten durch ein spezifisches Seminium ausgelöst werden. Er wies auch *Animalcula* in faulendem Material und gärendem Brotteig nach (Köhler, S. 622 in: Jahn 2000). Das *contagium animatum* wurde aber zum Ende des 18. und zu Beginn des 19. Jahrhunderts abgelehnt und andere Ursachen für Infektionskrankheiten, beispielsweise Miasmen, postuliert. Die Geschichte des „*contagiums*" (Bulloch 1938), in der in vielen Facetten versucht wird, die Übertragung und Ausbreitung von Infektionskrankheiten zu erklären, aber letztlich das Wissen über die Erreger der bedeutsamen Seuchen nicht erweitern konnte, fällt in eine Zeit, in der schon Ansätze naturwissenschaftlichen Forschens entwickelt wurden, aber noch nicht der methodische und theoretische Zugang zu ihrer Aufklärung gefunden wurde. Die im 18. Jahrhundert einsetzenden experimentellen Untersuchungen zur Urzeugungshypothese waren ein wichtiger Schritt in der Bakterienforschung, trotz oder vielleicht sogar wegen der kontroversen und polemischen Diskussionen, die noch stark mit spekulativen Thesen belastet waren. Wichtig war aber, dass man experimentierte und beobachtete, und zugleich das Allgemeinwissen über Chemie und Physiologie der Lebewesen und ihrer Umgebung vermehrte.

Christian Gottfried Ehrenberg (1795–1876), den Cohn in Berlin kennen lernte, hat an vielen Standorten Material gesammelt und versucht, die mikroskopisch beobachteten Kleinstlebewesen systematisch und ökologisch einzuordnen. In seinem zweibändigen Werk „Die Infusionsthierchen als vollkommene Organismen" hat er nicht nur das Eisen-oxidierende Bakterium *Gallionella ferruginea* und die großen Purpurschwefelbakterien *Monas okenii* und *Thiospirillum jenense* beschrieben, sondern auch die Kiesel- und Kalkskelette vieler Einzeller in Sedimentgesteinen nachgewiesen. Er darf somit als ein Begründer der Mikropaläontologie gelten. Die physiologischen Aktivitäten dieser Bakterien hat er noch nicht untersucht, aber er vertrat die Auffassung, dass diese Bakterien hoch entwickelte Lebewesen seien, die Magenbläschen und Speiseröhre enthielten. Diese Theorie, die niemand bestätigen konnte, veranlasste Justus Liebig zu einer anonymen Persiflage mit dem Titel „Über das enträthselte Geheimniß der geistigen Gährung", veröffentlicht in den Annalen der Pharmazie. Liebig, der die Schwann'sche Beobachtung, dass die Weingärung durch lebende Organismen verursacht wird, ablehnte, und die Fermentation als einen rein chemisch-katalytischen Prozess ansah, schrieb „Von dem Augenblicke an, wo sie dem Ei entsprungen sind, sieht man, dass diese Thiere den

Zucker aus der Auflösung verschlucken, sehr deutlich sieht man ihn in den Magen gelangen. Augenblicklich wird er verdaut und diese Verdauung ist sogleich und auf das Bestimmteste an der erfolgenden Ausleerung von Excrementen zu erkennen. Mit einem Worte, diese Infusorien fressen Zucker, entleeren aus dem Darmkanal Weingeist, und aus den Harnorganen Kohlensäure …". Hermann von Helmholtz (1821–1894) kritisierte, dass viele unserer großen Chemiker die meisten Facta ignorieren und als physiologische Phantasien betrachten. Helmholtz erkannte durch eigene Versuche an Zucker vergärenden Hefen die Richtigkeit der Schwann'schen Beobachtungen (Schlegel 1999).

Friedrich Traugott Kützing (1807–1893) hatte noch vor Schwann (1837) die Hefe als den Verursacher der alkoholischen Gärung nachgewiesen. Sein Manuskript von 1834 wurde aber von Poggendorf, an den er die Arbeit eingereicht hatte, nicht in den Annalen der Physik und Chemie veröffentlicht. Es war dann Louis Pasteur (1822–1895) vorbehalten, die Gärungsprodukte Äthanol (1861), Milchsäure (1857) und Buttersäure (1861) auf die Tätigkeit von Hefen und Bakterien zurückzuführen.

Der in Göttingen lehrende Anatom Jakob Henle (1809–1885) hat in einer Publikation von 1840 „Von den Miasmen und Kontagien und von den miasmatisch-kontagiösen Krankheiten" die These aufgestellt, dass die Ansteckung lebender Natur sei, und dass bestimmte Krankheiten durch ein „*contagium animatum*" übertragen werden. Das war eine klarer formulierte These über das „*contagium*", die zu dieser Zeit auf fruchtbaren Boden fiel und Robert Koch zu seinen Untersuchungen anregte.

4.3 Mit der Hypothese der Urzeugung entwickelte sich modernes Denken und Experimentieren

4.3.1 „Generatio spontanea" und die Entdeckung von Entwicklungszyklen

Die Frage, wie und wann Lebewesen entstanden sind, hat die Menschheit zu allen Zeiten beschäftigt. Wer an die Schöpfung glaubte, sah die Entstehung der Lebewesen in einem einmaligen Schöpfungsakt, vollzogen von einer göttlichen Institution. Daneben finden wir Vorstellungen über das spontane und wiederholte Entstehen von Organismen schon in den Schriften der antiken Autoren. Der Begriff „Urzeugung", Abiogenese, Generatio spontanea beinhaltet die Auffassung, dass Lebewesen spontan und zu jeder Zeit von neuem aus unbelebter Materie entstehen. Nach Aristoteles werden die niederen Lebewesen aus Schlamm oder tierischen Sekreten gebildet. Ähnliche Vorstellungen wurden von Empedokles, den Stoikern und Lucrez geäußert. Obwohl in der Antike auch Naturbeobachtungen in die philosophischen Überlegungen eingingen, waren die Entwicklungszyklen der Lebewesen und die „unsichtbare Welt" der Kleinstlebewesen noch kein Gegenstand der

Naturforschung, weil ihre Existenz vielleicht vermutet, aber nicht nachgewiesen werden konnte. Auch nach Entdeckung der Bakterien mit Hilfe des Mikroskops wurde die Urzeugungshypothese von einzelnen Wissenschaftlern bis weit in das 19. Jahrhundert aufrechterhalten. Die oft mit Eloquenz und Streitlust ausgetragene Auseinandersetzung über die Entstehung und Entwicklung von Organismen belebte die Diskussion um Grundfragen der Biologie und förderte die Entwicklung neuer Methoden. Zunächst wurde die Urzeugung auch für höhere Tiere wie Mäuse, Lurche und Fische für möglich gehalten. Nach Aufdeckung ihrer Fortpflanzung galt die Urzeugung noch für Würmer, Insekten und Protozoen. Als auch hier, wie wir bei Leeuwenhoek gesehen haben, ein Entwicklungszyklus nachgewiesen werden konnte, beschränkte sich die Urzeugungshypothese auf mikroskopisch kleine Lebewesen, also Bakterien, Pilze und Protozoen (Bulloch 1938; Farley 1977; Wilson 1995; Schlegel 1999). Ein wichtiges experimentelles Ergebnis gegen die Urzeugungsthese wurde von dem italienischen Arzt Francesco Redi (1626–1697) erhalten. Er setzte 1668 eine Probe von frischem Fleisch direkt der Luft aus und machte sie damit für Fliegen zugänglich. Die zweite Probe umwickelte er mit Papier oder insektendichtem Mull. Maden traten nur an der offenen Probe auf. Redi hat auch die von Fliegen gelegten Eier und die sich aus diesen entwickelnden Maden beschrieben. Mit diesen Experimenten stützte er seine Auffassung, dass Fliegen nicht durch Fäulnis und Zersetzung aus Fleisch und anderem organischen Material entstehen, sondern sich aus Eiern und den daraus entstehenden Maden entwickeln. Er prägte den Satz „*Omne vivum ex ovo*" (alles Leben entsteht aus dem Ei), der später zu der generellen These „*Omne vivum ex vivo*" (alles Leben kommt vom Leben) erweitert wurde. In den Micrographia vermutet Hooke, dass Pilze keine „*seminal principles*" (Samen oder Sperma) benötigen, sondern aus verfaulendem Fleisch oder sich zersetzender pflanzlicher Substanz entstehen können. Luigi Ferdinando Marsigli und Giovanni Maria Lancisi widersprachen in ihrem 1714 erschienenen Buch „*Dissertatio de Generatione Fungorum ...*" der seit der Antike verbreiteten Ansicht, dass Pilze aus faulendem pflanzlichem Material entstünden. Die Urzeugungshypothese wurde im Prinzip durch die gleichen, nur leicht variierten Experimente bestätigt oder widerlegt.

4.3.2   Versuche zur Sterilisation

Die Vertreter der Urzeugungshypothese konzentrierten sich jetzt auf die mikroskopisch kleinen Lebewesen, im Wesentlichen auf die Bakterien. Mit fortschreitender Experimentierkunst benutzte man Glasgefäße, deren Öffnung durch Schmelzen und Ausziehen des Glases zu einem langen Schwanenhals umgeformt wurde; oder das Gefäß wurde durch Aufsetzen eines Korkstopfens luftdicht verschlossen. Als Ausgangsmaterial dienten Aufgüsse (Infusionen) von organischem Material. Wie wir sehen werden, wurde das Ergebnis der Versuche durch die Auswahl des Untersuchungsmaterials und der Nährflüssigkeit beeinflusst. Einige Forscher benutzten Aufschwemmungen von Heu oder Suspensionen von Erde mit organischem

Material. Andere arbeiteten mit Extrakten aus Fleisch, Früchten oder Samen. Louis Joblot (1645–1723) kochte einen Heuaufguss und verteilte ihn auf zwei Gefäße, von denen er das eine luftdicht verschloss. Nach einiger Zeit beobachtete er nur in dem offenen Gefäß „*Animalcules*" (Joblot 1718). Wie Leeuwenhoek vermutete er, dass die Keime durch Luft in das offene Gefäß gelangt seien. Tuberville Needham (1713–1781) füllte Fleischextrakt in zwei Gefäße. Nach dem Erhitzen fand er in beiden Gefäßen, in dem verschlossenen und dem offenen, dichte Populationen von Organismen, die sich aber mikroskopisch unterschieden. Er und Georges Leclerc, Compte de Buffon (1707–1788) vertraten die Ansicht, dass in jeder lebenden Substanz eine besondere Vitalkraft, ein universeller Samen, vorhanden ist, der in jedem organischen Material neues Leben hervorrufen kann (Brock 1961; Lechevalier und Solotorovsky 1965). Needham lehnte die *generatio aequivoca*, das Hervorbringen organischer Körper aus anorganischer Materie, ab. „Es gibt eine vegetative Kraft in jedem mikroskopischen Punkt der Materie und in jeder sichtbaren Faser, woraus die tierischen und pflanzlichen Gewebe zusammengesetzt sind". Die vegetative Kraft bestehe aus der Wechselwirkung zweier antagonistischer Kräfte – Ausdehnungs- und Widerstandskraft – die in ständiger Wechselwirkung stehen. Nach Buffon sind alle lebenden Körper aus mikroskopisch kleinen Molekülen zusammengesetzt. Die Gestaltung der Organismen geschehe durch eine „durchdringende Kraft" (Jahn 2000, S. 260). So wurde durch beide Forscher die Idee der Epigenese entwickelt, die im Gegensatz zur Präformationstheorie, nach der alle Strukturen des späteren Organismus schon in der Eizelle präformiert vorliegen, die Ansicht vertritt, dass die Komplexität des sich entwickelnden Embryos durch Wechselwirkung seiner Teile entsteht. Heute versteht man unter Epigenese eine Veränderung des Phänotyps, die nicht auf Änderungen des Genoms zurückzuführen ist. Die These einer immateriellen Lebenskraft behauptete sich in unterschiedlicher philosophischer Ausprägung bis ins 19. Jahrhundert. Der italienische Geistliche und Naturforscher Lazzaro Spallanzani (1729–1799) war wie Leeuwenhoek und Joblot ein Gegner der Theorie der spontanen Entstehung von Lebewesen aus pflanzlichem oder tierischem Material. Er benutzte im Prinzip die gleiche Versuchsanordnung wie Needham und Joblot. Er beobachtete, dass das Abtöten aller Lebewesen durch Hitze von der Dauer des Kochens abhängt, und dass die Entwicklung von Organismen in einem Behälter mit keimfreier Luft ausbleibt. Das Auftreten von Lebewesen nach Erhitzen in dem von Needham benutzten experimentellen System sei vermutlich durch die über die Luft übertragenen Keime bedingt (Brock 1961; Lechevalier und Solotorovsky 1965). Da im 18. Jahrhundert der Austausch von Informationen durch gedruckte Mitteilungen erleichtert und beschleunigt wurde, konnte Needham auf die Veröffentlichungen von Spallanzani durch eine Entgegnung reagieren. Er postulierte, dass durch die lange Dauer des Erhitzens der Proben in den Versuchen von Spallanzani die vegetative Kraft in der Infusion zerstört und die Elastizität der Luft verändert worden sei. Spallanzani variierte aufgrund dieser Kritik seine Versuche, indem er den Hals des Gefäßes zu einer langen Kapillare auszog. Dadurch konnte Luft eindringen, aber auf dem langen Weg der mehrfach gebogenen Kapillare konnten keine Keime in den Aufguss gelangen. Die Kochzeit wurde zwischen 0,5 und 2 Stunden variiert. Spallanzani beobachtete, dass in den kurzzeitig (30 Sekunden, 100°C) erhitzten

Proben andere Typen von *Animalcules* vorhanden waren, als in den Proben nach 30-minütigem Kochen. Obwohl die Versuche von Spallanzani einen Fortschritt in experimenteller Hinsicht darstellten, konnten die Ergebnisse das mechanistische Konzept der spontanen Erzeugung nicht widerlegen, weil sie nicht beweisen konnten, dass alle Organismen von Eltern abstammen und nicht auch spontan entstehen können. Hinzu kommt, dass Spallanzani mit dem von ihm benutzten Mikroskop keine Bakterien gesehen haben konnte.

Ein wichtiges Ergebnis auf dem langen Weg der Auseinandersetzung mit der Urzeugungshypothese war der **Nachweis, dass Keime durch die Luft übertragen werden** sowie die Entwicklung von Methoden, die Luft von Keimen zu befreien. So kam F. Schulze (1836) auf die Idee, Luftkeime dadurch abzutöten, dass die Luft durch konzentrierte Schwefelsäure geleitet wurde. Hitze-sterilisierte Infusionen blieben keimfrei, wenn sie mit der, durch Schwefelsäure keimfrei gemachten Luft begast wurden, während direkt eingeleitete Luft ein Wachstum von Infusorien hervorrief. J. Tyndall (1820–1893) stellte fest, dass die Luft langsam durch die Schwefelsäure geleitet werden muss, da Mikroorganismen in Gasblasen ungeschädigt transportiert werden können. Er hat in der Luft enthaltene Keime durch Lichtstreuungsversuche indirekt nachgewiesen. Theodor Schwann (1810–1882) konnte in der Luft enthaltene Bakterien dadurch abtöten, dass er die Luft durch erhitzte Glaskapillaren leitete. Ein weiteres Prinzip der Luftsterilisierung wurde durch H. Schröder und T. von Dusch eingeführt. Sie pressten Luft durch Filter aus Baumwolle (Schröder u. von Dusch 1854).

Ähnlich wie Spallanzani benutzte Pasteur Glaskolben, deren Hals zu einer langen und mehrfach gebogenen Kapillare ausgezogen war. Luft, die durch diese Kapillare in das Gefäß eindrang, enthielt keine Bakterien, da diese sich, wie alle Staubteilchen, bedingt durch den langen Weg und die Reduktion der Strömungsgeschwindigkeit, abgesetzt hatten. Aber auch diese Erkenntnis ließ die Opponenten nicht verstummen. F. A. Pouchet (1859), der ähnlich wie Buffon eine Vitalkraft aus lebender Materie für die spontane Zeugung (Heterogenesis) verantwortlich machte, wiederholte die Versuche von Pasteur sowie von Schröder und von Dusch, beobachtete aber ein Wachstum von Mikroorganismen trotz Filtration der Luft durch Baumwolle. Diese widersprüchlichen Ergebnisse waren sicherlich durch Fehler in der Versuchsdurchführung und eine unkritische Auswertung der Ergebnisse bedingt.

Louis Pasteur (1822–1895) und Ferdinand Cohn (1828–1898), beide hervorragende Wissenschaftler, trugen mit dazu bei, dass die Urzeugungshypothese in der zweiten Hälfte des 19. Jahrhunderts aufgegeben wurde und aus der wissenschaftlichen Diskussion verschwand. Pasteur wies mikroskopisch Bakterien in Filtern aus Baumwolle nach Filtration der Luft nach (Pasteur 1861a, 1862). Er konnte auch zeigen, dass Luft in den Alpen in 2.000 m Höhe weniger Keime enthielt als die Stadtluft in Paris (Pasteur 1861a; Gason 1995). Cohn und Mitarbeiter haben Luft durch verschiedene, zuvor sterilisierte Nährlösungen geleitet, dann die sich entwickelnden Keime mikroskopisch untersucht und eine Vielfalt an Organismen in Abhängigkeit von Art der Nährlösung und den Bedingungen der Bebrütung beschrieben (Miflet 1883). Pouchet hielt aber an seiner Theorie fest. So kam es zu einer wissenschaftlich nicht korrekten Entscheidung durch eine Kommission der

Akademie der Wissenschaften in Paris. Beide, Pouchet und Pasteur, führten ihre Experimente mit Hitze-sterilisierten Nährlösungen durch, allerdings mit einem entscheidenden Unterschied, den keiner der Anwesenden kritisch hinterfragte: Pasteur benutzte eine Nährlösung definierter Zusammensetzung wie Hefeextrakt oder Bouillon, Pouchet verwendete eine Heuinfusion. Wie zu erwarten, konnte Pasteur alle Keime durch Kochen abtöten und fand keine Entwicklung von Organismen nach mehrtägiger Bebrütung. Pouchet dagegen wies ein Wachstum von Bakterien in seinem Heuaufguss nach Erhitzen nach. Die Mitglieder der Akademie-Kommission entschieden zu Gunsten Pasteurs, weil er das größere Ansehen besaß und auch sein Auftreten vor der Kommission rhetorisch geschickt organisiert hatte. Wer hatte nun Recht? Pasteur begründete seine Ergebnisse nicht nur mit der Ablehnung der Urzeugungshypothese, sondern auch durch den Nachweis, dass spezifische Bakterien auch unter Luftabschluss eine Milchsäure- oder Buttersäuregärung durchführen, und dass einige Keime hitzeresistenter sind als andere (Pasteur 1857, 1861).

Tyndall, Roberts, Cohn und Eidam haben ebenfalls durch ihre Versuche zeigen können, dass in einer Heuinfusion auch durch langes Kochen nicht alle Keime zerstört werden, sondern nach dem Kochen noch vermehrungsfähige Keime vorhanden sind (Cohn 1875b, 1876a; Eidam 1875; Roberts 1874). Die entscheidenden Versuche wurden von Ferdinand Cohn (1828–1898) durchgeführt. Statt auf einer vorgefassten Meinung zu beharren, versuchte Cohn die Gründe für die unterschiedlichen Ergebnisse herauszufinden. Er entdeckte die im Heuaufguss vorkommenden Bazillen und die sich in ihnen entwickelnden hitzeresistenten Endosporen, die in Bazillen nach Verbrauch der Nährstoffe gebildet werden. Endosporen sind Dauerstadien, die von verschiedenen Bakterien, vor allem bei den Gattungen *Bacillus* und *Clostridium* nach Verbrauch der Nahrungsstoffe gebildet werden. Diese Sporen können für viele Jahrzehnte vermehrungsfähig bleiben. Die meisten Endosporen überstehen längeres Erhitzen bei 100°C. Cohn beschrieb den gesamten Entwicklungszyklus der Heubazillen, von der vegetativen Zelle über die Sporenbildung bis zur Keimung der Spore auf der Basis mikroskopischer Beobachtungen (Cohn 1876a). Zu gleichen Resultaten kam Robert Koch bei seinen Untersuchungen an *Bacillus anthracis* (Koch 1877a).

Tyndall entwickelte die, besonders für die Sterilisation von Konserven wichtige, Methode der fraktionierten Sterilisation (Tyndallisation). In Konservenfabriken traten immer wieder so genannte Bombagen auf. Einige Zeit nach dem Kochen wölbten sich die Konservendosen auf und beim Öffnen entwichen Gas und ein übler Geruch. Dieses Phänomen war vor allem auf die Aktivität von *Clostridien* zurückzuführen: das sind anaerobe, also ohne Luftzufuhr lebende Bakterien, die je nach Art die in den Lebensmitteln enthaltenen Nährstoffe wie Stärke oder Eiweiß unter Bildung von organischen Säuren, Wasserstoff und Kohlendioxid zersetzen. Durch fraktionierte Sterilisation werden beim ersten Kochen die vegetativen Bakterienformen abgetötet. Die hitzeresistenten Sporen überleben und keimen nach Abkühlen der Konserven aus. Die sich daraus entwickelnden Bakterien werden durch ein zweites Erhitzen abgetötet, bevor sich neue Sporen bilden können. Im Labor von Pasteur wurde beobachtet, dass die meisten pathogenen Bakterien schon durch Erhitzen auf 60–70°C abgetötet werden. Diese Methode des Pasteurisierens findet bis heute eine breite Anwendung.

Zwei weitere Methoden der Sterilisation wurden im Labor von Pasteur durch Charles Chamberland entwickelt. Durch das Autoklavieren , also das Erhitzen von Flüssigkeiten in einem Druckbehälter, werden bei 121°C auch Sporen abgetötet. Beim Pressen von Flüssigkeiten durch Filter aus gebranntem, aber unglasiertem Porzellan werden Bakterien durch die feinen Poren des Filters zurückgehalten (Bulloch 1938; Farley 1977). Alle diese Methoden der Sterilisation werden im Prinzip auch heute noch angewandt. Als Filtermaterial wird heute eine Folie aus Cellulosenitrat oder -acetat mit definierter Porengröße (0,1–0,45 µm; 1 µm = 10^{-6} m) benutzt.

Im Eilschritt haben wir einige Aspekte der spannenden Geschichte der Urzeugungshypothese (Bulloch 1938; Farley 1977; Wilson 1995) im Verlauf von zwei Jahrhunderten kennen gelernt. Die Fortschritte auf diesem Gebiet konnten natürlich nur erzielt werden, weil insgesamt das naturwissenschaftliche Wissen gewaltig zugenommen hatte und neue Wege der Erforschung betreten wurden. In der Bakteriologie waren es vor allem die in der Optik und dem Beleuchtungsapparat stark verbesserten Mikroskope, die Herstellung gefärbter Präparate und die Reinkulturtechnik.

Trotzdem wirkte die Naturphilosophie, begründet durch J. G. Herder (1744–1803) und F. W. Schelling (1775–1854), noch bis zur Mitte des 19. Jahrhunderts auf das Denken und Forschen in der Biologie. Sie schuf eine Richtung der Naturinterpretation, die der literarischen Strömung der deutschen Romantik nahe stand (Jahn 2000, S. 290). Die Naturphilosophie war zunächst als Opposition gegen eine rein mechanistische Erklärung des Naturgeschehens zu verstehen und diente dem Bedürfnis, Funktionen zu erklären, die noch nicht aus Kenntnissen der Physiologie und Biochemie abgeleitet werden konnten. In der Mitte des 19. Jahrhunderts wurde das spekulative, nicht auf Fakten basierende Denken allmählich durch das streng auf Experimente, Aufstellen von Arbeitshypothesen und deren Überprüfung durch neue Experimente beruhende wissenschaftliche Arbeiten ersetzt (Shapin 1996).

Kapitel 5
Die Entwicklung moderner mikrobiologischer Forschung im 19. Jahrhundert

5.1 Neue Methoden und Denkansätze

Seit der ersten Beschreibung von Bakterien durch Leeuwenhoek wurde immer wieder beobachtet, dass Bakterien sich durch Größe, Form und andere Eigenschaften unterscheiden. Fracastoro hatte schon erkannt, dass das Infektionen auslösende Agens, dessen Natur ihm unbekannt war, spezifisch sein musste, weil die gleichen Krankheitssymptome nur auf Organismen der gleichen Art übertragen werden – also Syphilis von Mensch zu Mensch, oder eine bestimmte Pflanzenkrankheit von Getreide wieder auf Getreide. Es vergingen aber vierhundert Jahre bevor postuliert wurde, dass Bakterien ebenso wie höhere Organismen Arten bilden, die mit bestimmten Eigenschaften ausgestattet sind und sich dadurch von anderen Arten unterscheiden. Diese Merkmale werden von einer Generation auf die nächste weitergegeben. Eine Voraussetzung für die Unterscheidung der Bakterien war die Entwicklung leistungsfähiger Mikroskope, ausgestattet mit sphärisch und chromatisch korrigierten Linsen, einem guten Beleuchtungsapparat und einer Ölimmersion, so dass die Auflösungsgrenze des Lichtmikroskops bei 0,2 μm erreicht und ausgenutzt werden konnte. Fabrikmäßig hergestellte Instrumente dieser Leistung gab es erst seit etwa 1885 (Wilson 1995). Außerdem wurden gegen Ende des 19. Jahrhunderts Techniken für die Herstellung mikroskopischer Präparate entwickelt, die durch Färbung die Bakterien deutlich sichtbar machten, so dass sie von anderen organischen Partikeln unterschieden werden konnten.

Die Bakterienkulturen, die bis weit in das 19. Jahrhundert für Untersuchungen benutzt wurden, bestanden stets aus einem Gemisch verschiedener Arten. Reinkulturen herzustellen, das heißt einzelne Zellen zu isolieren und aus ihnen Populationen zu gewinnen, die nur einer Art angehören, wurde in verschiedenen Laboratorien seit der Mitte des 19. Jahrhunderts versucht, aber erst von Robert Koch (1843–1910) zum Erfolg geführt (Koch 1881b). Das **Prinzip der Reinkultur** ist sehr einfach. Es musste aber zunächst das Bedürfnis entstehen, einzelne Mikroorganismen zu isolieren. Voraussetzung dafür war die Erkenntnis, dass Mikroorganismen nicht spontan aus unbelebter Materie, sondern durch Fortpflanzung aus Vertretern der eigenen Art entstehen, und dass diese Kleinstlebewesen sich durch bestimmte Eigenschaften voneinander unterscheiden. Wie wir gesehen haben,

G. Drews, *Mikrobiologie,* DOI 10.1007/978-3-642-10757-3_5,
© Springer-Verlag Berlin Heidelberg 2010

war diese für uns heute so selbstverständliche Erkenntnis keineswegs allgemeiner Konsens, sondern Gegenstand erbitterter Auseinandersetzungen. Ein Motiv für die Entwicklung von Reinkulturen erwuchs zunächst aus dem Bedürfnis, die Erreger von Infektionskrankheiten zu identifizieren. Joseph Lister (1827–1912), der in die Chirurgie die Verwendung von keimtötenden Mitteln, vor allem Phenol, einführte (Antisepsis), versuchte durch Verdünnungsreihen einzelne Bakterien zu isolieren und damit zu Reinkulturen zu gelangen. Er ging von der Voraussetzung aus, dass in dem Ausgangsmaterial der zu isolierende Keim an Zahl überwog, und dass dieser auch die höchste Vermehrungsrate besaß. Denn nur unter diesen Bedingungen blieb mit zunehmender Verdünnung der Infektionserreger übrig. Emil Christian Hansen (1842–1909), der Leiter der Laboratorien der Carlsberg Brauerei in Kopenhagen, verbesserte diese Technik, indem er eine verdünnte Hefesuspension auf Deckgläschen in einer feuchten Mikroskopkammer ausbreitete und in einer Bierwürzenährlösung einzelne Hefezellen zu Kolonien vermehrte. 1883 wurde in der Brauerei zum ersten Mal eine Biermaische mit einer Hefereinkultur beimpft.

Anton de Bary (1831–1887) und Oskar Brefeld (1839–1925) verwendeten für ihre entwicklungsbiologischen Untersuchungen einzelne Sporen von Pilzen, die sie auf Gelatinenährböden kultivierten (de Bary 1852; Brefeld 1873). Auch im Labor von Ferdinand Cohn wurden Verfahren entwickelt, Bakterien auf festen Nährböden zu vermehren. Der Mitarbeiter von Cohn, Joseph Schröter, interessierte sich für das Problem der „blutigen Hostie" und die damit verbundene Rotfärbung von Speisen. Die Laborluft war so voller Bakterien, dass ohne gezielte Beimpfung auf sterilisierten Kartoffelscheiben rote „Klümpchen" (*Serratia marcescens*) auftraten, die sich auf andere feste Nährböden wie Brotscheiben, Stärkekleister oder Hühnereiweiß übertragen und auf diesen vermehren ließen. Aber weder Schröter, Cohn oder Eduard Eidam gelang es, so nahe vor dem Ziel, Reinkulturen auf festen Nährböden herzustellen.

Erst Robert Koch hat die Entwicklung dieser Technik 1881 zum Erfolg geführt. Für seine ersten bakteriologischen Untersuchungen mit *Bacillus anthracis* verwendete Koch noch Flüssigkeitskulturen aus Rinderserum oder Augenkammerwasser, die er im hängenden Tropfen auf Objektträgern mit Hohlschliff mikroskopisch untersuchte. Er kannte Gelatine, ein aus dem Gerüsteiweiß Kollagen hergestelltes Protein, aus der Küche seiner Eltern und von seinem Onkel, der Gelatine zum Herstellen photographischer Platten benutzte. In der mikrobiologischen Literatur war wohl Brefeld der Erste, der mit Hilfe von Gelatinenährböden Reinkulturen von Pilzen herstellte (Brefeld 1873). Von ihm ist auch der Satz überliefert: „Wenn einer nicht mit reinen Kulturen arbeitet, da kommt nur Unsinn und *Penicillium glaucum* heraus." (Pilzsporen von *Penicillium* sind häufig in der Raumluft, besonders von Laboratorien verbreitet und als Verunreiniger von Kulturen gefürchtet.) In seiner Arbeit „Zur Untersuchung pathogener Organismen" (1881b) hat Koch die Prinzipien der Reinkulturtechnik beschrieben und damit das Tor für eine Revolution in der Mikrobiologie geöffnet. Nur mit Reinkulturen können die Eigenschaften von Organismen untersucht und damit die Erreger von Infektionskrankheiten identifiziert und ihre physiologischen und biochemischen Merkmale ermittelt werden. Kleine

Tropfen aus Verdünnungsreihen wurden auf der Oberfläche eines festen Nährbodens ausgebreitet, so dass aus einzelnen Bakterien Kolonien entstanden. Einzelne Kolonien wurden aufgeschwemmt und die Suspension nochmals auf einem festen Nährboden ausgestrichen, so dass gesichert war, nur mit den Abkömmlingen einer Zelle zu arbeiten. Gelatine hat den großen Nachteil, dass sie schon bei erhöhter Zimmertemperatur und im sauren und alkalischen Bereich flüssig wird und daher die Gewinnung von Einzelkulturen erschwert. Halbe gekochte Kartoffeln, die in vielen Laboratorien, auch bei Koch, für die Kultur von Mikroorganismen benutzt wurden, bieten nicht für alle Bakterien einen geeigneten Nährboden und sind in der feuchten Kammer, in der sie nach Beimpfung bebrütet wurden, empfänglich für Infektionen aus der Luft, und auch nicht einfach zu handhaben.

Der ideale und auch heute noch verwendete Stoff zur Herstellung fester Nährböden ist Agar-Agar. Dieses aus Meeresalgen gewonnene Polysaccharid wurde schon 1873 in einem Kochbuch als Gallertstoff für die gewöhnliche und feine Küche erwähnt (Davidis 1873), ein Buch, das Robert Koch natürlich nicht kannte. Erst durch die Vermittlung einer klugen Hausfrau, die mit einem vielseitig interessierten Arzt, Hygieniker und Bakteriologen verheiratet war, gelangte Agar in die mikrobiologische Praxis. Fanny Angelina Eilshemius wurde in New York geboren und lernte dort ihren Mann, Walther Hesse, kennen. Sie heirateten 1874. Fanny Hesse kannte von ihren niederländischen Verwandten die Verwendung von Agar-Agar zur Verfestigung von Flüssigkeiten in der Küche. Als interessierte Hausfrau, aber auch als Laborantin und Zeichnerin bei den Arbeiten ihres Mannes, empfahl sie ihrem Mann, der sicher in Gesprächen von den Problemen mit Gelatine erzählt hatte, Gelatine durch Agar zu ersetzen. Walter Hesse hat diesen Stoff sofort ausprobiert und nach erfolgreicher Anwendung Robert Koch, in dessen Labor er 1881–1882 arbeitete, über seine Entdeckung berichtet. Koch hat die Anregung aufgegriffen und in einer Notiz über die Tuberkelbazillen 1882 die Anwendung von Agar mitgeteilt, ohne das Ehepaar Hesse zu erwähnen. S. N. Winogradsky hat 1891 zur Isolierung von nitrifizierenden Bakterien Silikagel angewandt, das frei ist von organischen Verunreinigungen, die im Roh-Agar enthalten sind.

Die in der bakteriologischen Praxis auch heute noch verwendete Glasschale mit einem Überfalldeckel, die Petrischale, wurde von R. J. Petri, einem Mitarbeiter von Koch am Hygiene Institut in Berlin, in die Laborpraxis eingeführt (Petri 1887). Im Arbeitskreis von Robert Koch wurden auch Methoden zur selektiven Anfärbung von Bakterien entwickelt, was den Nachweis von Bakterien im Ausstrichpräparat und in histologischen Gewebeschnitten sehr erleichterte. Carmin, Fuchsin, Methylenblau, Gentianaviolett und andere Farbstoffe wurden in den siebziger und achtziger Jahren des 19. Jahrhunderts von Wissenschaftlern verschiedener Arbeitsrichtungen wie dem Pathologen Carl Weigert oder dem Chemiker und Immunologen Paul Ehrlich in die mikroskopische Praxis eingeführt.

Für den experimentellen Nachweis des Erregers einer Infektionskrankheit gelten heute wie damals die „**Koch'schen Postulate**". Diese waren im Prinzip schon von Robert Kochs Lehrer, Jakob Henle (1809–1885), prognostiziert, und von mehreren Forschern in Teilaspekten vorgeschlagen worden, aber erst von Koch durch den

Nachweis der Infektiosität und Pathogenität des Milzbranderregers, dem Anthrax-
bazillus, 1876 durch eine Kausalanalyse experimentell bestätigt und als Postulat in
der Tuberkulosearbeit 1884 beschrieben werden:

1. Der Erreger einer Infektionskrankheit sollte regelmäßig in dem befallenen Organismus nachzuweisen sein.
2. Der Erreger muss aus dem erkrankten Gewebe als Reinkultur isoliert werden.
3. Mit dem isolierten Keim sollen in einem Versuchstier die gleichen Symptome
   der Krankheit hervorgerufen werden wie mit dem Ausgangsmaterial von der
   erkrankten Person.

Im übertragenen Sinne gelten die Koch'schen Postulate für alle Vorgänge, an denen
Mikroorganismen beteiligt sind, also beispielsweise auch für den Nachweis spezifischer Gärorganismen. Aus dem vergorenen Material werden die Organismen
isoliert und dann die Gärungsprodukte der einzelnen isolierten Arten untersucht.
Die Entwicklung der Reinkulturtechnik, aber auch neue Methoden in der Medizin, Biologie und Chemie haben das Tor zur Entdeckung der Welt der „Unsichtbaren" weit geöffnet. Auch viele Begriffe, die heute in der Mikrobiologie verwendet werden, wurden damals geprägt. Das Wort „Bakterien" als Sammelbegriff für
alle Kleinstlebewesen, unabhängig von ihrer Form – also Stäbchen, Kokken oder
Spirillen – stammt von H. Hoffmann (1869); der Ausdruck „Mikrobe" wurde von
dem französischen Chirurgen Charles-Emmanuel Sédillot 1878 eingeführt; die Bezeichnung „Kolonie" für ein „Klümpchen" von Bakterien oder die Anhäufung von
Pilzhyphen, die aus einer Pilzspore oder einer einzelnen Zelle hervorgeht, lässt sich
auf Edwin Klebs (1873) bzw. A. de Bary (1853) zurückführen. Robert Koch (1877)
war der Erste, der Bakterien durch Mikrophotographie dokumentierte und die Abbildungen veröffentlichte. In den Zeitschriften des 19. Jahrhunderts wurden Abbildungen jeder Art, also Zeichnungen und Mikrophotographien, jedem Band oder
Heft am Ende gesondert beigefügt, weil ihre Herstellung besondere Drucktechniken
erforderte.

5.2 Der Breslauer Botaniker Ferdinand Cohn setzt Maßstäbe
für die bakteriologische Forschung

5.2.1 Jugend und Studienjahre

Der Botaniker Ferdinand Cohn (1828–1898) lebte ein Jahrhundert später als O. F.
Müller. Seine, für das 19. Jahrhundert richtungweisenden, Untersuchungen an Bak-
terien basierten auf den Fortschritten der Biologie, vor allem auf der Darwin'schen
Evolutionslehre. Wir wollen ihn etwas näher kennen lernen, weil sein Leben und
Forschen sehr gut die Zeit und die Entwicklung der Wissenschaft an den deutschen
Universitäten im 19. Jahrhundert widerspiegelt.

Ferdinand Julius Cohn wurde am 24. Januar 1828 als erstes Kind von Isaak
und Amalie Cohn, geb. Nissen, in Breslau geboren, wo die Eltern mit Unter-

stützung eines Gönners einen kleinen Laden am Ostende der Ohlauer Straße eröffnet hatten, in dem Rüböl und Talglichter für die häusliche Beleuchtung zum Verkauf angeboten wurden. Sie waren ein Jahr zuvor mittellos aus Dyhrenfurth, einer kleinen Stadt mit einer ansehnlichen jüdischen Gemeinde, nach Breslau gekommen. Nach Aussagen von Ferdinand besaß der Vater eine hohe Intelligenz, Ehrgeiz und ein großes Verlangen nach Bildung. Er war bestrebt, sich aus den engen Schranken des jüdischen Viertels und den Fesseln der engstirnigen behördlichen Ausnahmebestimmungen für Juden zu befreien, und sich den liberalen Ideen des Bürgertums zu öffnen. Er konnte im Laufe seines Lebens wirtschaftlich prosperieren und somit finanziell die Ausbildung und akademische Karriere seines Sohnes ermöglichen. Seine umfassende Bildung und liberale Einstellung begründeten auch seinen gesellschaftlichen Aufstieg und förderten die Erziehung seiner Kinder. Die Mutter hat ihren Mann darin mit Weisheit und Güte tatkräftig unterstützt.

Die Weltoffenheit und das Streben nach wirtschaftlicher Prosperität wurden auch durch den wirtschaftlichen Aufschwung begünstigt. Ab 1842 begannen in Schlesien der Bau der Eisenbahn und die Entwicklung von Industrie und Bergbau. Der Ehrgeiz des Vaters, die geistigen Kräfte des Kindes früh zu entwickeln, führte dazu, dass der Erstgeborene sehr früh von Spiel und Freizeit ferngehalten und zur Beschäftigung mit dem Wissen geführt wurde. So lernte Ferdinand schon im zweiten Lebensjahr lesen, war als Dreijähriger mit den Lehren und Erzählungen der Raff'schen Naturgeschichte vertraut, und erhielt im vierten Lebensjahr den ersten Elementarunterricht. Dieses sehr frühe geistige Training unter Vernachlässigung einer normalen kindlichen Entwicklung beklagte Ferdinand in seinem, zum Abitur verfassten, Lebenslauf. Er hätte, zumindest in den unteren Klassen, durch Ungleichheit des Alters und der Bildung kein normales Verhältnis zu seinen Mitschülern finden können. Schon mit sieben Jahren wurde er ins Maria-Magdalenen-Gymnasium aufgenommen, nach halbjährigem Aufenthalt in der Sexta in die Quinta versetzt und nach einem halbjährigen Verweil in der Quarta für die Untertertia reif befunden. In dieser Zeit machte sich zum ersten Mal eine Hörschwäche bemerkbar, die ihm die Teilnahme am Unterricht erschwerte. Die Überforderung des Kindes führte zu einem Nachlassen der Konzentrationsfähigkeit und einer zunehmenden Unlust. Ferdinand begann zu rebellieren und sich der Meinung seiner Mitschüler anzuschließen, dass die Schule eine Last, die Arbeit eine unnütze Quälerei durch die Lehrer und das Nichtstun ein erstrebenswerter Zustand sei. Seine Lehrer waren natürlich unzufrieden mit ihm, so dass er länger als üblich in der Obertertia verweilen musste. Es ist aber charakteristisch für den jungen Cohn, dass er sich eben nicht dem Nichtstun hingab, sondern die klassische Literatur entdeckte und begierig in sich aufnahm.

Zur „Stärkung seiner Gesundheit" wurde er für ein halbes Jahr zur Tante Ernestine nach Berlin geschickt. Er durchstreifte die Museen und entdeckte die Welt der bildenden Kunst. Das Gehörleiden konnte nicht geheilt werden, aber die Ruhepause und die gewonnenen Eindrücke führten zu einem neu erwachten Interesse für die Dichter des klassischen Altertums, aber auch für die Schriftsteller des 18. und 19. Jahrhunderts. Dieses Interesse an Dichtung und Kunst bewahrte und praktizierte er während seines ganzen Lebens. Nur zur Musik fand er keine enge Beziehung.

Die Tagebuchaufzeichnungen des Sechzehnjährigen nach dem Abschluss der Gymnasialzeit beginnen mit schwärmerischen Gefühlsaufwallungen, voller warmer Worte für seine Lehrer, Trauer über den Tod des Bruders Max, aber auch mit Stolz über den ersten gelungenen öffentlichen Vortrag zum Thema Schöpfungsmythen und Schöpfungsgeschichten. Er macht sich auch Gedanken über seinen künftigen Beruf. Nüchtern schließt er wegen seines Gehörleidens und seines jüdischen Glaubens die Laufbahnen als Jurist, Staatsbeamter und Mediziner aus und beschließt, sich an der Philosophischen Fakultät der Breslauer Universität für die Naturwissenschaften immatrikulieren zu lassen. Er beginnt 1844, also sechzehnjährig, sein Studium mit dem Schwerpunkt Botanik, unter Anleitung der Professoren Heinrich Göppert und Christian Nees von Esenbeck. Bei Johannes E. Purkinje, dem Begründer des ersten tier- und humanphysiologischen Instituts Deutschlands, hat Cohn viele Erfahrungen in der Anwendung des Mikroskops gesammelt und Anregungen zur Beschäftigung mit der Physiologie erhalten. Natürlich werden auch Chemie, Physik, Mathematik, Geodäsie und Zoologie in das Studium eingeschlossen, Englisch und Italienisch gelernt und Vorlesungen über deutsche Literatur, Geschichte, Ästhetik und Philosophie besucht. Er beteiligt sich auch an politischen Seminaren der Studentenschaft und genießt das gesellige Zusammenleben mit Freunden.

Das erste Hindernis in seiner akademischen Laufbahn entstand bei der Beantragung seiner Zulassung zur Promotion. Der auch von der Fakultät unterstützte und wiederholt vorgetragene Antrag an den Minister, seinen Freund Friedmann und ihn selbst trotz ihres jüdischen Glaubens zum Doktorexamen zuzulassen, wurde abgelehnt. Diese judenfeindliche Einstellung des Ministers, die ihm auch später noch Schwierigkeiten bereiten sollte, entmutigte ihn aber nicht. Er ging Ende 1846 nach Berlin, wo ihm Tante Ernestine bei der Suche und Einrichtung einer Wohnung hilft. Der Wechsel nach Berlin war für Cohn die richtige Entscheidung. Denn Berlin bot ihm in jeder Beziehung ein neues Umfeld. Er hörte Vorlesungen und erhielt vielfältige Anregungen durch den Chemiker und Mineralogen Eilhard Mitscherlich, den Botaniker und Sytematiker Karl Sigismund Kunth, den großen Physiologen Johannes Müller und den Mikrobiologen und Mikropaläontologen Christian Ehrenberg. Seine Untersuchungen zur Samenkeimung konnte er im Haus von Mitscherlich fortsetzen. Bei Ehrenberg lernte er mikroskopierend die morphologischen und entwicklungsbiologischen Eigenschaften von Bakterien, niederen Pflanzen und Tieren kennen und wurde dadurch für seine spätere Arbeitsrichtung in Breslau geprägt. Zunächst fühlte er sich in Berlin sehr einsam und erging sich in seinem Tagebuch in Selbstmitleid, schrieb aber auch ironisch nach einiger Zeit über sich selber: „Die Flitterwochen meiner Einsamkeit verfliegen, es scheint nicht einmal zu einer Flitterwoche gekommen zu sein." (Cohn 1901). Er lernte das Berliner Leben in den Cafés und Restaurants kennen und interessierte sich für die kulturellen und politischen Entwicklungen. Im Haus von Mitscherlich hat er nicht nur geforscht, sondern sich auch am geselligen Leben beteiligt. Wie weit er sich auch für die acht Töchter von Mitscherlich interessierte, ist nicht überliefert.

Die Anteilnahme von Mitscherlich an seiner Arbeit hat ihn ermutigt und natürlich auch sehr erfreut. In seinen Dankesworten, die er seiner Dissertation von 1847 anfügte, wurden daher besonders Kunth und Mitscherlich erwähnt (Klemm 2003).

Johannes Müller, der Begründer der modernen, auf experimentellen Arbeiten basierenden Physiologie, hat nicht nur Cohn, sondern auch viele Naturwissenschaftler der jungen Generation maßgeblich beeinflusst. Zu Cohns Berliner Freundeskreis gehörte auch der fünf Jahre ältere Nathanael Pringsheim, der gleich ihm wegen seines jüdischen Glaubens für die Promotion nach Berlin gekommen war. Sie lernten sich im Hause von Mitscherlich kennen. Ihre übereinstimmende Lebensauffassung und gleiche wissenschaftliche Interessen an der Entwicklungsbiologie von Algen begründeten eine lebenslange Freundschaft.

Zur Erlangung des Doktorgrades musste Cohn zwei Prüfungen bestehen. Nach vielen persönlichen Bittgängen und einer kleinen Geldspende an den Pedell gelang es ihm, seine Prüfer zusammenzubringen. Nachdem 34 Professoren die Dissertation eingesehen hatten, konnte er sich, mit dunklem Anzug, weißer Binde und Glacéhandschuhen bekleidet, am 11. August 1847 der Kommission aus 16 Professoren der Fakultät stellen und seine Kenntnisse in Naturwissenschaften und Philosophie überprüfen lassen. Offensichtlich waren er und die Prüfer mit dem Ergebnis zufrieden: seine Leistungen wurden mit *magna cum laude* bewertet. Der wortreiche und salbungsvolle **Text der Doktorurkunde** soll dem Leser nicht vorenthalten werden (deutsche Übersetzung des lateinischen Textes nach Klemm 2003):

> Was glücklich und gedeihlich ist, soll höchster Wille gebieten unter der gnädigen und guten Herrschaft Seiner Durchlaucht, des mächtigsten Fürsten Friedrich Wilhelm IV., König von Preußen etc., unseres Königs und Herren, des weisesten, gerechtesten und mildtätigsten, und in seiner königlichen Autorität durch den Rektor der Friedrich Wilhelm Universität, Magnifizenz Johannes Müller, Dr. med. et chirurg., dem König zur persönlichen Beratung auf dem Gebiet der Anatomie und Physiologie an dieser Universität und der medizinischen, chirurgischen und militärischen Akademie ordentlicher Professor, wegen seiner Verdienste in Wissenschaft und Künsten, Träger des Roten Adler-Ordens 3. Klasse, Direktor der medizinischen Prüfungskommission, verbunden mit der Akademie für Gerichtsmedizin. Auf Beschluss des hoch angesehenen Kollegiums der Philosophen gesetzmäßig beauftragt mit der Durchführung der Promotionen Gustav Magnus, Dr. phil., Magister der freien Künste, Professor der philosophischen Fakultät, ordentlicher Professor, Träger des Roten Adler-Ordens 4. Klasse, z. Z. ehrenhalber Dekan der philosophischen Fakultät, hat rechtmäßig dem berühmten und gelehrten Ferdinand Julius Cohn aus Breslau, dem würdigen Cand. Phil., nachdem er sein Examen *magna cum laude* bestanden und seine kenntnisreiche und gelehrte Dissertation *Symbolam Ad Seminis Physiologiam* öffentlich verteidigt, am 11. November 1847 den Titel und die Ehre eines Dr. phil. und Magister der freien Künste verliehen und dieser öffentlichen Urkunde durch das Siegel Rechtskraft verliehen. (Siegel; Berlin; Gustav Schrade)

Nach einem kurzen Urlaub zu Hause kehrte Cohn nach Berlin zurück und stellte sich am 13. November 1847 zur öffentlichen Verteidigung seiner Dissertation: Vor dem Gremium, bestehend aus Kunth, Mitscherlich, Trendelenburg und Lichtenstein, trägt Cohn seine Thesen in lateinischer Sprache vor und verteidigt sie. Die Thesen, die er aufstellte, waren seine Grundüberzeugungen und zum Teil Maxime seines Lebens. Daher seien sie hier zitiert:

1. *Systema naturale non est finis botanices.* Diese These wendet sich gegen die Vorherrschaft der Systematik in der Botanik, durch welche das Interesse an der Pflanze allein durch das Katalogisieren erfüllt wird.

2. *Natura universa progreditur.* In dieser These sollte Lamarcks Entwicklungs-
   theorie behandelt und verteidigt werden.
3. *Doctrinae physicae ne sint metaphysicae.* Diese These beinhaltet die Ablehnung
   des starken Einflusses der Naturphilosophie auf die biologische Forschung.
4. *Infusorium perscrutatione physiologia generalis maxima promoventur.* Mit dieser These will Cohn sich für die Zellphysiologie einsetzen, die er als eine Schlüs-
   seldisziplin für die Physiologie ansieht.
5. *Laboratoria physiologica in hortis botanicis instituenda censeo.* Hier nimmt
   Cohn seine später mit großer Energie betriebene Forderung vorweg, die erst
   1887 durch den Bau des pflanzenphysiologischen Institutes der Universität Breslau realisiert wurde.

Am gleichen Tag erhielt er die oben zitierte Urkunde. Der Vater war zu diesem Ereignis aus Breslau angereist. Der Tag wurde mit einem Essen zusammen mit seinen
Freunden Pohl, Friedländer, Samoje und Auerbach gefeiert. Der junge, neunzehn-
jährige Dr. phil. setzte mit Unterstützung durch seine Eltern seine Untersuchungen
über die Samenkeimung fort und beteiligte sich an Seminaren, Zirkeln mit bestimmten geistigen Interessen und an Sitzungen der Akademie der Wissenschaften
zu Berlin, auf denen er Alexander von Humboldt kennen lernte. Zu vielen Lehrern
hatte er ein persönliches Verhältnis und führte seine Experimente zum Teil in deren Privathaus durch. In diesen Berliner Jahren hat Cohn nicht nur viel gelernt,
sondern wurde durch die Begegnung mit vielen Menschen und dem kulturellen
Umfeld in Berlin auch in seiner liberalen Haltung und in seiner Einstellung zu den
Problemen der Zeit geprägt.

Durch die Verlängerung seines Aufenthaltes in Berlin wurde Cohn nicht nur Zeu-
ge, sondern auch aktiver Teilnehmer an der Märzrevolution 1848. Die an den König
gerichteten Forderungen auf Abzug des Militärs, Einführung einer demokratischen
Verfassung, Abschaffung der Vorlesungs- und Promotionsgebühren und Absetzung
des Staatsministers Johann von Eichhorn wurden nicht erfüllt, obwohl Johannes
Müller, der wieder gewählte Rektor der Universität, zu vermitteln versuchte. Nach
Streit mit dem Militär verkündete der König in einer Proklamation eine Reihe von
Zugeständnissen. Nach Schießereien und Kämpfen mit dem Militär eskalierte die
Situation. Cohn beteiligte sich enthusiastisch an dem Aufstand. Seine Stimmung
wechselte zwischen Begeisterung über versprochene Freiheiten, Hoffnung auf Re-
formen und tiefer Niedergeschlagenheit über die Ausschreitungen und den Verlust
der Errungenschaften.

1849 kehrte Cohn nach Breslau zurück. Dort fand ein Aufstand statt mit dem
Ziel, die Einheit Deutschlands zu verwirklichen und das Wohl der Arbeiter zu verbessern. Cohn blieb als Sekretär im Deutschen Volksverein politisch aktiv. Die
Erhebung wurde niedergeschlagen, und ein fast vierteljähriger Ausnahmezustand
unterdrückte alle demokratischen Regungen und Hoffnungen. Die Erinnerung an
die Märztage in Berlin klingt noch in Briefen an seinen Freund Pringsheim an, in
denen er über das Schicksal seines Lehrers Nees von Esenbeck, Botaniker und Na-
turphilosoph und Präsident der Caesareae Leopoldino-Carolinae Academiae Naturae Curiosorum berichtet, der wegen seiner politischen Einstellung sein Amt verlor

und daher persönliche Not erlitt. Enttäuscht zog sich Cohn aus dem politischen Leben zurück und widmete sich ausschließlich der Wissenschaft. „Was nachher geschah – es ist viel und wenig. Deutschland todt, Frankreich todt, … Freiheit, Einheit, Gleichheit todt, … und die Cholera und die Standgerichte unsterblich … Ich aus der unfreundlichen Welt da draußen in mich zurückgezogen, in meine Bücher und Studien vergraben; Wenig sehend, viel lernend, nur noch von der Natur begeistert, …"(Cohn 1901, S. 79).

Anlässlich seines fünfzigjährigen Doktorjubiläums relativierte Cohn seine jugendliche Auffassung. Das Erlebnis des Volksaufstands sei verbunden gewesen „mit dem ganzen enthusiastischen Idealismus politischer Unreife, in der damals nicht bloß die Jugend, sondern unser ganzes Volk sich befand." (Cohn 1901, S. 59)

5.2.2   Aktivitäten Cohns in der Forschung und an der Universität Breslau

In Breslau fand der jung promovierte Wissenschaftler, wie in dieser Zeit üblich, keine bezahlte Stelle. Er konnte diese Jahre nur mit finanzieller Hilfe durch das Elternhaus überbrücken. Für seine entwicklungs- und zellbiologischen Arbeiten kaufte ihm sein Vater ein Mikroskop für den horrenden Preis von 312 Gulden. Dieses Plössl'sche Mikroskop war sehr unhandlich. Wegen seiner Größe musste im Stehen mikroskopiert werden. Cohn hat damit aber sehr erfolgreich Untersuchungen über die Entwicklungsbiologie niederer Pflanzen und Tiere durchgeführt und auch Kurse abgehalten – was ihm natürlich nicht vergütet wurde. Schon 1850 konnte Cohn sich mit zellbiologischen Arbeiten habilitieren und erhielt gleichzeitig die Zulassung als Privatdozent.

Infolge der Liberalisierungsgesetze von 1812 wurden Juden zum Studium zugelassen. Für die Erlangung akademischer Ämter mussten sie aber konvertieren. Nach einem Gesetz, erlassen nach der Märzrevolution, konnten in Berlin Juden als Professoren in allen Fakultäten außer der juristischen zugelassen werden. Der Senat der Universität Breslau hatte aber mit knapper Mehrheit beschlossen, die Ausführung des Gesetzes abzulehnen, weil dieses Gesetz nicht mit den Statuten der Universität übereinstimme. Die endgültige Gleichstellung der Juden mit christlichen Bürgern erfolgte durch die preußische Verfassung von 1850 und gesetzliche Regelungen von 1869, die eine Zulassung von Studenten zum Jurastudium und eine Einstellung von jüdischen Akademikern in den Staatsdienst zuließen.

Cohn ist nie zum christlichen Glauben übergetreten, war aber auch kein Anhänger konservativer jüdischer Tradition und Religion. Das streng nach Glaubensregeln ausgerichtete Leben seiner Großeltern beschreibt er in seinen leider unvollendeten Lebenserinnerungen als Poesie des alten jüdischen Familienlebens (Cohn 1901). Er hatte zwar Kontakt zum Oberrabbiner in Breslau und natürlich zu vielen Mitgliedern der jüdischen Gemeinde, lehnte es aber ab, sich an Veranstaltungen jüdischer Organisationen zu beteiligen. Es war sein stetes, aber unauffälliges Bemühen, für alle Juden die Gleichberechtigung als Bürger zu gewinnen (Klemm 2003).

Cohn hat sich während seines ganzen Lebens mit dem geistig-philosophischen Gedankengut seiner Zeit auseinandergesetzt. Darwins Evolutionstheorie und die pflanzliche Zellenlehre, begründet durch Brown, Schleiden und Hofmeister, hatten einen starken Einfluss auf Cohn. Er lehnte alle naturphilosophischen und vitalistischen Theorien ab, die Geist und Materie sowie Weltseele und Erscheinungswelt gleichsetzten und unbestimmte Lebenskräfte als Triebfeder des biologischen Geschehens postulierten (Jahn 2000, S. 290). Seine Forschung basierte auf sorgfältigen mikroskopischen Beobachtungen und physiologischen Experimenten, deren Ergebnisse kritisch ausgewertet wurden. Auf Cohns bedeutende entwicklungsbiologische Untersuchungen an niederen Algen, seine Arbeiten zur Systematik der Kryptogamen (Moose, Farne, Schachtelhalme und Pilze), die systematische Erfassung der Vegetation Schlesiens, die Forschungen zur Phytopathologie und den Krankheiten einzelner Tiere, und seine Untersuchungen an höheren Pflanzen, z. B. zur Sinnesphysiologie, sowie seine vielseitigen ökologischen Untersuchungen kann hier nur hingewiesen werden (Drews 1998, 1999a, 2000; Klemm 2003).

Die akademische Karriere von Cohn verlief trotz seiner bedeutenden wissenschaftlichen Leistungen nicht reibungslos. Dies war aber nur anfänglich auf die gegenüber Juden reservierte Haltung der ministeriellen Bürokratie zurückzuführen. Ein Hauptgrund war wohl die schwierige finanzielle Lage des preußischen Staates, der die Folgen von drei Kriegen, 1864 gegen Dänemark, 1866 gegen Österreich und 1870/1871 zusammen mit anderen deutschen Staaten gegen Frankreich, zu überwinden hatte. Die nach dem letzten Krieg erfolgten Reparationszahlungen von Frankreich kamen auch der Wissenschaft zugute. 1857 wurde Cohn zum außerordentlichen Professor ernannt, allerdings ohne Bezüge, so dass er im Status des Privatdozenten verblieb. Erst nach vielen Gesuchen von Cohn, die von der Fakultät nachdrücklich unterstützt wurden, wurde er 1859 zum außerordentlichen Professor mit Bezügen ernannt (Abb. 5.1). So konnte er einen eigenen Hausstand gründen

Abb. 5.1 Ferdinand Cohn (1828–1898), um 1890. (Quelle: Cohn P, Cohn F (1901) Blätter der Erinnerung)

und 1867 Pauline Reichenbach heiraten. Die Ehe blieb kinderlos. Als ältester Sohn hat sich Cohn sehr fürsorglich um das Wohl seiner Geschwister und Eltern gekümmert.

5.2.3   Gründung des pflanzenphysiologischen Institutes

Schon von Beginn seiner akademischen Laufbahn an hatte Cohn zielstrebig und mit einigem Verhandlungsgeschick die Gründung eines pflanzenphysiologischen Institutes angestrebt. Zu Zeiten Cohns dominierte in der Botanik an fast allen Universitäten die Pflanzenanatomie und Systematik. Das erste Gesuch vom 15. Juni 1864 an das Ministerium für Unterrichtsangelegenheiten, in dem er auf zehn Seiten seine Veröffentlichungen und die zunehmende Zahl seiner Hörer zur Begründung für den Bedarf an Räumen und Hilfsmitteln auflistete, wurde an die Universität zurückgeschickt, weil er den Dienstweg nicht eingehalten hatte! Die Fakultät unterstütze seinen Antrag, schloss sich aber nicht der Meinung Cohns an, dass die pflanzenphysiologische Richtung in der Botanik als die eigentlich wissenschaftliche gegenüber der systematischen und morphologischen anzusehen sei. Die Botanik sei ja von Prof. Göppert hervorragend vertreten (Klemm 2003, S. 175). Die Fakultät unterstützte auch nicht den Wunsch nach einem eigenen Institut (und der Einrichtung einer ordentlichen Professur). Auch widersprach Göppert Cohns Aussage, dass an seinem Institut keine geeigneten Räume und Ausstattung für den pflanzenphysiologischen Unterricht vorhanden seien. Von größter Bedeutung sei zunächst die Systematik (Klemm 2003, S. 178). Diese Meinung wurde in der damaligen Zeit sicher von vielen Professoren vertreten. So wurde das Gesuch 1865 abgelehnt.

Cohn ließ sich aber nicht entmutigen und verfasste im gleichen Jahr einen zweiten Antrag. Erst als Räume im alten Konvikt der Universität frei wurden und der Landwirtschaftsminister sich für die Pläne von Cohn interessierte, wurden ihm diese Räume überlassen und Mittel für eine bescheidene Grundausstattung zur Verfügung gestellt. Vom Unterrichtsministerium erhielt er keine Mittel, aber der Landwirtschaftsminister von Selchow, der von der Bedeutung pflanzenphysiologischer Studien für die Landwirtschaft überzeugt war, stellte ihm 400 Taler zur Verfügung, die ein gutes Startkapital waren – aber natürlich auch in der damaligen Zeit nicht ausreichten, um die leeren Räume auszustatten. Das neue Institut lag fern vom Botanischen Garten mitten in der Stadt. In den folgenden Jahren hat sich Cohn um die Beschaffung der nötigen Mikroskope, die Einrichtung von Arbeitsplätzen, die Herstellung einfacher Apparate und kleiner baulicher Veränderungen bemüht. Jede Anschaffung musste in einer Eingabe ausführlich begründet werden. Dringende Zahlungen wurden zum Teil aus eigener Tasche vorgeschossen. Die Rückerstattung der Vorschüsse erfolgte oft erst nach langer Zeit. Seine Dankesschuld gegenüber der Landwirtschaft hat Cohn durch Beratungen für die Praxis abgetragen. Er verfügte ja über ein umfangreiches Wissen auf dem Gebiet der Pflanzenkrankheiten, die durch Pilze und Insekten hervorgerufen werden. In den bescheidenen Räumen eines Institutes, ohne eigenen Etat, haben Cohn und seine wachsende Zahl an in- und ausländischen Schülern eine Fülle an breit gestreuten Forschungsthemen bearbeitet. Viel Zeit und Mühe widmete er auch dem umfangreichen Programm an Vorlesungen und Praktika (Klemm 2003, S. 77, 192, 267).

5.2.4 Popularisierung von Wissenschaft

Mit Alexander von Humboldt, der 1827/28 in der Berliner Singakademie sechzehn öffentliche Vorträge über aktuelle naturwissenschaftliche Forschung, besonders über physische Geographie, und später seine Kosmosvorlesungen, an der Berliner Universität hielt, begannen Bestrebungen, Wissenschaft in der Öffentlichkeit bekannt zu machen. Die Aktivitäten von Humboldt wurden durch Cohn, den Physiker Hermann von Helmholtz, den Chemiker Justus von Liebig, den Zoologen Ernst Haeckel und den Botaniker Matthias Jakob Schleiden fortgesetzt und erweitert. Die öffentlichen Vorträge entsprachen dem Wunsch und neu erwachten Interesse der Bevölkerung, Neues auf dem Gebiet der Naturwissenschaften zu erfahren. Auch die ab Mitte des 19. Jahrhunderts neu entstehenden botanischen und zoologischen Gärten, Aquarien und die Gründung zahlreicher naturkundlicher Vereine dienten dem Ziel, die Bevölkerung an den Wissensfortschritten teilhaben zu lassen, sie aber auch erzieherisch zu beeinflussen. Zu derartigen Einrichtungen gehörte auch die „Schlesische Gesellschaft für vaterländische Cultur", die 1803 gegründet wurde und bis 1945 bestand (Drews 2000; Klemm 2003). Sie war eine Art Akademie, zu deren Mitgliedern Johann Wolfgang von Goethe, Robert Koch und Johannes Purkinje zählten. Der Begriff „vaterländisch" wurde im Sinne von „heimatländisch" und nicht patriotisch verstanden. Es wurden gemeinverständliche Vorträge und Lehrwanderungen mit geselligem Beisammensein veranstaltet und begabte junge Leute gefördert. Die Berichte über Forschung, Vorträge, Tagungen und naturkundlich-medizinische, aber auch soziologisch wichtige Ereignisse wurden in den „Jahrbüchern der Schlesischen Gesellschaft für vaterländische Kultur" veröffentlicht. Cohn wurde 1849 Mitglied und war seit 1855 erster Sekretär der botanischen Sektion. Aufgrund seines umfassenden Wissens und seiner rhetorischen Begabung hat Cohn im Laufe der Jahre zahlreiche Vorträge nicht nur auf dem Gebiet seiner Forschung, sondern auch zu medizinischen, kulturgeschichtlichen, ökologischen und landwirtschaftlichen Themen gehalten. Seine Vortragsweise sei von „klassischer Schönheit und Klarheit" ließ sein Mitarbeiter Felix Rosen später verlauten. Auch in verschiedenen anderen Vereinen hielt Cohn seit seinem 18. Lebensjahr öffentliche Vorträge. Viele Manuskripte dieser Vortragsthemen wurden als populärwissenschaftliche Abhandlungen veröffentlicht, so die „Geschichte der Gärten" (1856, 1888), „Die Pflanze" (1882) und „Die Pflanze in der bildenden Kunst" (1898).

5.2.5   Neubau des Institutes für Botanik und Pflanzenphysiologie

Die bescheidenen Räumlichkeiten im Konvikt wurden der wachsenden Zahl an Studenten und Mitarbeitern sowie der Durchführung der Forschungsarbeiten bald nicht mehr gerecht. Daher begründete Cohn seit 1873 in seinen Berichten an das Unterrichtsministerium die Notwendigkeit, ein neues Institutsgebäude im Botanischen Garten zu errichten. 1872 wurde er nach vielen vergeblichen Anträgen zum ordentlichen Professor ernannt und damit für die Botanik ein zweites Ordinariat eingerichtet, ein für die damalige Zeit ungewöhnlicher Vorgang. Nach dem Tod seines Lehrers und Kollegen Göppert im Jahre 1884 und der Berufung von Adolf Engler als dessen Nachfolger konnten endlich die Pläne für den Neubau 1887 realisiert werden. Die Einweihung des neuen Gebäudes, in dem neben dem Pflanzenphysiologischen Institut, das Botanische Institut und das Museum untergebracht wurden, erfolgte am 29. April 1888. Cohn betonte in seiner Ansprache die Notwendigkeit der Vernetzung von reiner Forschung und Anwendung auf den Gebieten der Landwirtschaft und Medizin. Pflanzenphysiologie verstand er als Beobachtung der lebenden Pflanze in ihrem Entwicklungsgang. Für Engler war die Systematik Schwerpunkt seiner Forschung. Fragen der angewandten Biologie, die Cohn häufig gestellt wurden, oder die sich ihm bei Beobachtungen der Natur aufdrängten, versuchte er wissenschaftlich zu bearbeiten oder beratend zu beantworten. So hat er während einer Cholera-Epidemie das Trinkwasser mikroskopisch untersucht und als eine mögliche Quelle für die Ausbreitung der Krankheit angesehen (Cohn 1853, 1875a). Die Krankheit der Stubenfliege konnte er durch Isolierung des pilzlichen Erregers und Beiträge zu dessen Entwicklungsgang teilweise aufklären (Cohn 1855). Die in Schlesien an Getreide beobachteten Brandpilze hat er beschrieben (Cohn 1876b).

Zu seinem siebzigsten Geburtstag im Januar 1898 wäre Ferdinand Cohn am liebsten allen Feierlichkeiten aus dem Weg gegangen. Das Semester und die Winterzeit verhinderten aber eine Reise. So hat er es doch genossen, mit seinen Verwandten, vielen Freunden und Abgesandten botanischer Institutionen zu feiern. Im März besuchte das Ehepaar Cohn die Familie des Bruders in Wien, das dortige Kunstmuseum und die Albertina, wo weiteres Material für den Aufsatz über die Pflanzen in der bildenden Kunst gesammelt wurde. An der Riviera erlebten sie den Frühling, in Genua besuchten sie Otto Penzig, den Direktor des dortigen Botanischen Gartens und der Sammlung botanischer Präparate aus dem berühmten Botanischen Garten von Buitenzorg auf Java (heute Bogor). Nach seiner Rückkehr ging Cohn seiner gewohnten Tätigkeit nach. Am 25. Juni 1898 ging er etwas später ins Institut. Es war Samstag und er hatte keine Vorlesung abzuhalten. Er besprach wie gewohnt mit seinen Mitarbeitern die Arbeitspläne der nächsten Zeit. Heimgekehrt starb er an einem Herzschlag, ohne vorher Krankheit und Schmerzen ertragen zu müssen.

In seinen entwicklungsbiologischen- und zellbiologischen Arbeiten war Cohn in seiner Zeit modern. Er hat die Bakteriologie und allgemeine Mikrobiologie auf eine solide naturwissenschaftliche Basis gestellt. Die großen Fortschritte, vor allem auf den Gebieten der Genetik, Biochemie und Entwicklungsbiologie, die sich gegen

Ende des 19. Jahrhunderts anbahnten, hat er wohl erahnt, aber nicht mehr in seine Konzepte eingeschlossen. Gleichzeitig hat sich Cohn einen Blick für das Schöne in der Natur bewahrt und den ästhetisch-philosopischen Aspekt der Naturbetrachtung in Wort und Schrift gepflegt, ohne den Fehler zu machen, beides zu vermengen.

5.3   Cohn, Koch und Pasteur repräsentieren Richtungen bakteriologischer Forschung

5.3.1   Begründung einer modernen Bakteriologie durch Cohn

Wie kommt ein Pflanzenforscher wie Cohn dazu, sich in einer Dekade seines Schaffens vorwiegend mit Bakterien zu beschäftigen und durch seine richtungsweisenden Ergebnisse eine große, internationale Anerkennung zu erfahren, so dass er in einem Nachruf auf sein Leben als „Humboldt des Mikrokosmos" bezeichnet wird? (Neisser 1898). Bei seinen Studien an mikroskopisch kleinen Algen wurde Cohn auch auf Bakterien und Pilze aufmerksam und begann, sich für ihre Gestalt und Funktion zu interessieren. In einer seiner ersten Arbeiten neigte er dazu, die Vibrionen – das sind kurze, leicht gekrümmte Stäbchen – den Pflanzen zuzuordnen, da sie den niederen Algen ähnlich seien, wollte aber noch ihre Entwicklungsgeschichte studieren (Cohn 1854). Die Unfähigkeit Linnés, in seiner *Systema naturae* von 1767 die *Animalcules* zu klassifizieren – er gruppiert sie unter „Vermes" in die Klasse „Chaos" – aber auch die vielen anderen Beschreibungen der Bakterien, wie die von Otto Friedrich Müller (1786) oder C. G. Ehrenberg (1838), ließen viele grundlegende Fragen offen. So die Frage nach der Konstanz und Verschiedenartigkeit der Arten, die ja von Billroth (1874) und Hallier (1868, 1870, 1872) mit verschiedenen Begründungen abgelehnt wurden. Die physiologischen Eigenschaften und die Entwicklung der Bakterien sowie Aspekte der Sterilisation und Infektionszyklen waren weitere Themen, die Cohn in seinen Arbeiten systematisch verfolgte.

Eine Ursache für die unglaubliche Verwirrung in der Klassifizierung und Nomenklatur der Bakterien bis in die achtziger Jahre des 19. Jahrhunderts lag in der Schwierigkeit einer genauen mikroskopischen Beobachtung, wie sie in dem Zitat von Otto Friedrich Müller (Kap. 4.2) zum Ausdruck gebracht wurde. In Suspensionen konnten einzelne Bakterien nur für kurze Augenblicke beobachtet werden, so dass Aussagen über Wachstum und Entwicklung nicht möglich waren oder als Produkte der Phantasie entstanden. Erst die Untersuchung an gefärbten Ausstrichpräparaten oder von Mikrokulturen, in denen die Bakterien durch Gelatine festgelegt waren, erlaubten genauere morphologische Beschreibungen und in Lebendkulturen Beobachtungen der Entwicklung, die dann noch durch Zeichnung oder Photographie dokumentiert wurden (Koch 1877b). Die meisten Wissenschaftler beobachteten ihre Objekte nicht für längere Zeit und konnten so keine Aussagen über Wachstum und Differenzierung einer Zelle machen. Ehrenberg hat Protozoen und Bakterien nicht unterschieden, sondern als Infusorien (Aufgusstierchen) zusammen mit Diatomeen und Desmidiazeen in einer Gruppe zusammengefasst. Die Bezeichnungen *Vibrio*, *Spirillum*, *Spirochaeta*, Bacterium wurden unterschiedlichen Formen zugeordnet. Der Botaniker Carl Nägeli Mägdefrau K (1992) ordnete die Bakterien in die Gruppe der Schizomycetes (Spaltpilze) ein, von der er nicht wusste, ob sie den Pflanzen und Tieren zuzuordnen oder Elementarpartikel von Tieren oder Pflanzen seien. Er hielt eine Einteilung der Bakterien in Gattungen und Arten nicht für sinnvoll: Alle Bakterien können sich, unter dem Einfluss externer Bedingungen, anpassen und die eine oder andere Form und Eigenschaft annehmen. Daher lehnte er sowohl Pasteurs Doktrin über spezifische Verursacher von Gärungen als auch Cohns Klassifizierung der Bakterien ab. Es war ein großer Fortschritt, als die Brüder Tulasne (1861–1865) und der bedeutende Botaniker und Mykologe Anton de Bary (1831–1888) die Entwicklungszyklen pathogener Pilze (de Bary 1861, 1865, 1879) beschrieben und damit auch die Existenz von systematischen Einheiten bestätigten. Tulasne nannte die Abfolge bestimmter morphologischer Entwicklungszustände eine Art Pleomorphismus.

Leider wurde dieser Begriff für ein ganz anderes Phänomen missbraucht. Ernst Hallier (1831–1904) hat sehr früh auf die Keimtheorie von Krankheiten aufmerksam gemacht, aber bei der Beschreibung der Organismen sehr viel Verwirrendes und Falsches verkündet. Die verschiedenen mikroskopischen Formen der Parasiten waren für ihn nicht verschiedene Gattungen oder Arten, sondern Stadien (Morphen) in der Entwicklung von Pilzen, die durch Änderungen des Kulturmediums, der Feuchtigkeit oder der Temperatur und anderer Faktoren hervorgerufen werden (Hallier 1867, 1868). Er war nicht in der Lage, Verunreinigungen seiner Kulturen durch Fremdorganismen zu vermeiden, und zwischen den Bakterien – als Erreger von Infektionen – und den Pilzen zu unterscheiden. So isolierte er aus den Ausscheidungen an Cholera Erkrankter einen Reis-Pilz. Die Micrococcen des enterischen Fiebers wurden bei ihm zu einem Entwicklungsstadium von *Rhizopus nigricans* (ein zu den Zygomycetes (Jochpilze) gehörender Pilz) (Hallier 1870). Hier gilt wieder der Ausspruch von Brefeld „wenn einer nicht mit Reinkulturen arbeitet, da kommt nur Unsinn und *Penicillium glaucum* heraus". Auch Ray Lankester (1873) glaubte nicht an die Konstanz der Arten: Das von ihm beschriebene pfirsichfarbene *Bacterium rubescens*, welches den Farbstoff Bakteriopurpurin (heute Bakteriochlorophyll) bildet, komme in verschiedenen Form-Spezies vor (Lankester 1885). Der Chirurg Theodor Billroth (1874), verkündete neben vielen korrekten mikroskopischen Beobachtungen über Infektionserreger aus Leichenmaterial die These, dass alle runden oder stäbchenförmigen bakteriellen Formen Stadien der Alge *Coccobacteria septica* seien, die alle an Fäulnisprozessen beteiligt sind.

Cohn beginnt seine Untersuchungen mit dem Vorsatz, „über die biologischen Verhältnisse der Bacterien, so wie über die Unterscheidung der Species ein selbständiges Urtheil zu gewinnen, dann aber auch die allgemeinen Fragen, und vor allem die Fermentwirkungen der Bacterien mit Hilfe des Experiments zu prüfen" (Cohn 1875b). Er räumt ein, dass die geringe Zahl morphologischer Merkmale eine Einteilung der Bakterien in Formgattungen und Formspezies erschwert, und weitere Untersuchungen zeigen müssen ob diese Taxa in einem entwicklungsgeschichtlichen Zusammenhang stehen. „Alle diejenigen, welche in den letzten 30 Jahren über

Bacterien gearbeitet, haben entweder die Gattungen von Ehrenberg (*Bacterium*, *Vibrio*, *Spirochaeta*, *Spirillum*) und Dujardin ohne weiteres aufgenommen, oder sie bezeichneten die von ihnen beobachteten Formen mit unbestimmten, zum Theil ganz willkürlichen Namen". Cohn stellt die Frage, „ob es bei den Bacterien überhaupt Arten in dem nämlichen Sinne giebt, wie bei den höheren Organismen".

Eine Metamorphosenlehre, „die Alles aus Allem entstehen und zu allem sich entwickeln lassen", lehnt Cohn entschieden ab. Er ist überzeugt, dass auch Bakterien selbstständige Taxa bilden, die sich, wie Pasteur gezeigt hat, oft morphologisch, vor allem aber durch ihre Stoffwechselprodukte sehr stark unterscheiden. Cohn weist auch darauf hin, dass es bei den Kulturgewächsen Varietäten gibt, die „in ihren Vegetations- und Fortpflanzungsmerkmalen wesentlich gleich, doch verschiedenartige Producte liefern". Mit diesen einfachen, aber klaren Sätzen umschreibt Cohn ein richtungweisendes Programm für die Bakteriologie: Es gibt Arten, die sich in wesentlichen Merkmalen unterscheiden. Die Angehörigen einer Art können aber in ihren Eigenschaften variieren. Mit dem ihm zur Verfügung stehenden Methoden und Kenntnissen versucht Cohn für diese These Beweise zu liefern in der Überzeugung, dass sein System einen vorläufigen Charakter hat. Er definiert Bakterien als „chlorophylllose Zellen von kugeliger, oblonger oder cylindrischer, mitunder gedrehter oder gekrümmter Gestalt, welche sich ausschließlich durch Quertheilung vermehren, und entweder isoliert oder in Zellfamilien vegetiren". Das Vorkommen und die Funktion von Bakteriochlorophyllen bei der großen Gruppe der phototrophen Bakterien, von denen zu seiner Zeit schon einige Vertreter z. B. von Ehrenberg und Lankester beschrieben wurden, und von Theodor Engelmann (1843–1909) die Funktion von Bakteriopurpurin als Photosynthesepigment entdeckt wurde (Engelmann 1888a, b), hat Cohn zu seiner Zeit noch nichts gewusst. Bei diesen Bakterien wird die grünliche Farbe des Bakteriochlorophylls durch die rötlichen Carotinoide überdeckt.

Cohn beschreibt die Zellmembran der Bakterien, die Zellteilung einschließlich der „Theilung über's Kreuz durch Scheidewände" bei *Sarcina ventriculi* und die Formgattungen *Leptothrix*, *Zoogloea* (Gallert bildend) sowie eine Bewegung unter Rotation um die Längsachse. Er teilt die Bakterien in vier Gruppen ein: die Sphaero- oder Kugelbakterien, die Micro- oder Stäbchenbakterien, die Desmo- oder Fadenbakterien und die Spiro- oder Schraubenbakterien. Der ausführlichen Beschreibung verschiedener Vertreter dieser Gruppen werden mehrere Kapitel gewidmet. Die Pigmentbildung sei ein spezifisches, vererbbares Merkmal. Die Beschreibung von pathogenen Bakterien entspricht dem Wissensstand seiner Zeit. Cohn beschreibt oder benennt die von medizinischen Autoren isolierten Bakterien als *Micrococcus vaccinae* (aus Pockenlymphe), *Micrococcus diphthericus* (von Schleimhäuten an Diphtherie Erkrankter) und *Micrococcus septicus* (aus Wundsekreten bei Septicaemie). Die eigentlichen Erreger dieser Krankheiten wurden erst 10 bis 20 Jahre später, und die Pockenviren erst im 20. Jahrhundert nachgewiesen bzw. ihre Virusnatur analysiert. Die Bewegung der Stäbchenbakterien sei von Nahrung und Sauerstoff abhängig. Dem *Bacterium Termo* wird das Ferment der Fäulnis zugeschrieben.

Der Begriff Ferment wird in dieser Zeit noch allgemein als Beschreibung der physiologischen Eigenschaft einer Zelle verwendet. So ist im Sinne von Pasteur die

Zelle z. B. das Ferment der Milchsäuregärung. Das Wort „Enzym" nach heutiger Definition, verwendet für ein Protein, das einen Schritt in der Umsetzung eines Stoffes katalysiert, wurde von Willy Kühne zwar 1878 eingeführt, ohne aber diesem Begriff eine andere Deutung als die des Ferments geben zu können. Verschiedene Gärungen und deren Produkte wie Äthanol, Milchsäure, Buttersäure, Methan, und Kohlensäure wurden in der zweiten Hälfte des 19. und zu Beginn des 20. Jahrhunderts beschrieben und auf die Tätigkeit von Bakterien und Hefen zurückgeführt. Der Prozess der Gärung konnte aber noch nicht in die einzelnen Teilreaktionen aufgelöst werden (Schlegel 1999, S. 58–65). So liegt Cohn auf diesem Gebiet ganz im Trend seiner Zeit. Er möchte die verschiedenen Eigenschaften wie Morphologie, Bewegung, Gärung, Fäulnis, Pigmentbildung bestimmten Formarten zuordnen und eine Aussage über ihre Stellung im Reich der Organismen treffen. Die Bakterien gehören nach seiner Auffassung zu den Pflanzen, weil sie eine Verwandtschaft zu den Algen aufweisen und in ihrem „gesammten morphologischen und entwicklungsgeschichtlichen Verhalten mit den Phycochromaceen (heute: Cyanobakterien) übereinstimmen, deren Zellen Phycochrom, d. h. ein Gemenge eines grünen Farbstoffs (Chlorophyll) mit einem blauen (Phycocyan) enthalten und daher in der Regel spangrün gefärbt sind" (Cohn 1875b, S. 185). „Die Bacterien bilden den Anfang der Phycochromaceenreihe; sie sind vermutlich eine der ältesten Gestaltungen des organischen Lebens". Mit dieser These hat Cohn moderne Erkenntnisse vorausgeahnt, denn die Phycochromaceen wurden für weit über hundert Jahre nach Cohn noch als Blaualgen bezeichnet und erst im 20. Jahrhundert den Bakterien zugeordnet.

Wir wissen heute, dass die Cyanobakterien zusammen mit anderen Bakterien zu den ältesten Bewohnern dieser Erde gehören und seit etwa 3 Milliarden Jahren viele Habitate erobert haben. Die Cyanobakterien sind die ersten Organismen, die mit Hilfe der Photosynthese Sauerstoff bildeten (Cavalier-Smith 2002), während die oben genannten phototrophen Bakterien mit ihrem Photosyntheseapparat unter Ausnutzung des Lichtes Stoffwechselenergie erzeugen, aber keinen Sauerstoff bilden: sie sind anoxygen. Cohn sieht eine nahe Verwandtschaft zwischen dem fädigen Bakterium *Beggiatoa*, einem farblosen Bakterium, dessen Arten Cohn beschrieben hat, und *Oscillatoria*, einem fädigen Cyanobacterium, das sich durch einen Photosynthesestoffwechsel ernährt. Beide können sich durch eine gleitende Kriechbewegung fortbewegen, einer Fähigkeit, die es auch im Pflanzenreich gibt. Eine Verwandtschaft zwischen Bakterien und Hefen sowie Schimmelpilzen kann Cohn nicht erkennen.

Durch Wachstumsexperimente hat Cohn herausgefunden, dass Bakterien auch in Eiweiß- und Zucker-freien Nährlösungen wachsen, wenn ihnen eine mineralhaltige Nährlösung mit einer Kohlenstoffquelle angeboten wird. Er irrt allerdings in der Aussage, dass Bakterien keine Kohlensäure assimilieren können. Abgesehen von den photosynthetischen Bakterien gibt es eine große Gruppe so genannter chemoautotropher Bakterien, die mit CO_2 als einziger Kohlenstoffquelle wachsen. Dieser *Modus Vivendi* wurde von Sergej N. Winogradsky (1856–1953) an den nitrifizierenden Bakterien entdeckt (Winogradsky 1890).

In dem Streit zwischen Liebig, der „Gährung als eine Bewegung annimmt, welche von den todten und in spontaner Zersetzung begriffenen Eiweissstoffe auf einen

gährungsfähigen Stoff, zum Beispiel auf Zucker übertragen wird; es sei daher Gährung ein correlatives Phänomen des Todes" und Pasteur, der behauptet, dass „Gährung nur dann erregt werde, wenn mikroskopische, meist pflanzliche Organismen
sich auf Kosten eines Teils der gährungsfähigen Substanz ernähren und vermehren;
alle Gährung sei von Leben begleitet" entscheidet sich Cohn für die Thesen von
Pasteur und Moritz Traube (1826–1894). „Fäulniss ist ein correlatives Phänomen
nicht des Todes, sondern des Lebens" (Cohn 1875b, S. 204). Traube bezeichnet
die in den Organismen enthaltenen Proteinstoffe als Fermente, die die Gärung auslösen und unterscheidet die Fäulnisfermente, die eine Reduktion durchführen, von
den Verwesungsfermenten, die Sauerstoff übertragen. „Da die Chemie, welche die
Phänomene der Fäulnis nur wenig studiert hat, uns im Stich lässt", versucht Cohn
seine eigenen Gedanken zur Fäulnis zu entwickeln: Erstens: Bakterien können ei-
weißhaltige Substanzen dadurch zersetzten, dass sie dieselben ganz oder teilweise
assimilieren und durch eine Art Stoffwechsel in die Substanz ihrer eigenen Zellen
umformen. Zweitens: Bakterien können in ihren Zellen auch einen besonderen Stoff
erzeugen und wieder ausscheiden, welcher als ungeformtes, flüssiges Ferment auf
das Eiweiß lösend und chemisch verändernd wirkt, so wie die Zellen des Gersten-
korns Diastase erzeugen und ausscheiden, welche Stärkekörner löst und in Zucker
umwandelt. Als dritten Gesichtspunkt führt Cohn den Sauerstoff an, der entweder
den Eiweißstoffen entzogen oder auf diese übertragen wird (Cohn 1875b, S. 204).
Eigene Beobachtungen zeigen, dass „der Alcoholhefepilz sich am stärksten vermehrt, wenn er an der Oberfläche zuckerhaltiger Flüssigkeit möglichst reichlich mit
Luft in Berührung kommt, …, aber die Fermenttätigkeit des Hefepilzes bei weitem
größer ist, d. h. es wird durch ihn bei weitem mehr Zucker in Alcohol umgewandelt,
wenn er bei Ausschluss der Luft vegitirt".

Die Pigmentbildung der Bakterien sei ein artspezifischer Prozess und gelänge
auch, wenn statt einer eiweißhaltigen Nährlösung eine mineralische Nährlösung
mit einer Kohlenstoffquelle angeboten wird, d. h. der Ammoniumstickstoff in organische Eiweißverbindungen assimiliert wird. Bei der Fäulnis würden Eiweißverbindungen durch Bakterien gespalten und die flüssigen oder gasförmigen Produkte
an das Medium abgegeben. Obwohl Cohn noch keine Kenntnisse über die makro-
molekulare Struktur der Proteine besaß, hat er richtig überlegt, dass diese Stoffe,
wenn sie den Bakterien als Nahrung dienen, zerlegt und in die Zelle aufgenommen
werden müssen. Wir wissen heute, dass Proteine durch Exoenzyme der Bakterien
gespalten und die Produkte, also Peptide oder einzelne Aminosäuren, durch spezifische Aufnahmesysteme in die Zelle transportiert werden.

Cohns Untersuchungen über den Einfluss der Temperatur ergaben, dass tiefe
Temperaturen ($\leq 0°C$) zu einer Kältestarre, aber nicht zum Absterben der Bakterien
führen, Erwärmung auf Temperaturen über $60°C$ eine Hemmung oder Abtötung bewirken (Cohn 1875b, S. 220).

In der Einleitung zu seiner zweiten ausführlichen Veröffentlichung über Bakterien bemerkt Cohn, dass inzwischen die Literatur über Bakterien „derart ange-
schwollen sei, dass ein vollständiger Überblick selbst dem Spezialforscher kaum
noch möglich ist" (Cohn 1875c). Das ist natürlich nach heutigen Maßstäben eine zu
relativierende Aussage. Denn die Zahl der Zeitschriften und Artikel war damals im

Vergleich mit heute sehr viel geringer. Veröffentlichungen in der Art, wie sie noch zu Cohns Zeiten erschienen (oft mehr als 60 Seiten), die aus einer Mischung von eigenen Beobachtungen und Experimenten mit ausführlicher Diskussion in fast epischer Breite bestanden, wären heute nicht mehr möglich. Cohn konzentriert sich auf die Systematik und einige biologische Fragen. Er wiederholt seine Aussage, dass die Bakterien eine natürliche Familie bilden, die zwar zu den Pflanzen eine gewisse Verwandtschaft zeigen, sich aber von diesen deutlich unterscheiden. Er hält die Aufstellung von selbstständigen Arten und Gattungen mit vererbbaren Merkmalen für gerechtfertigt. Das Auftreten von Variationen der Eigenschaften innerhalb einer Art sei durch veränderte Lebensbedingungen verursacht. Die Genetik der Bakterien entwickelte sich erst hundert Jahre später. So konnte Cohn noch keine Beweise für seine Theorie liefern. Aber seine Ausführungen waren in dieser Zeit ein großer Schritt vorwärts, weil Behauptungen wie die von Billroth, dass alle Bakterien nur Vegetationsformen des *Coccobacteria septica* seien, eine systematische Forschung spezieller Leistungen von Bakterien nicht sinnvoll erscheinen ließen. Auch andere Forscher, wie Lister und Nägeli, vertraten die Auffassung, dass Bakterien verschiedene Formen und Eigenschaften annehmen können: „Spaltpilze" bilden keine Spezies. Die Infektionspilze rufen durch Anpassung und aufgenommene und anhaftende Stoffe Störungen hervor (Nägeli 1884).

Cohn vergleicht in seinen systematischen Untersuchungen in der Literatur beschriebene Arten oder von Kollegen erhaltenes Material mit eigenen Befunden. Die „pfirsichblüthrothen" Organismen werden besonders hervorgehoben, sind sie doch auch heute noch Objekte, die ökologisch arbeitende Mikrobiologen oder Kursteilnehmer immer wieder begeistern, vor allem die relativ großen, von Ehrenberg als *Monas okenii* und *Ophidomonas jenensis* beschriebenen Arten (heute *Chromatium okenii* und *Thiospirillum jenense*). Meist sind es Gewässer, in denen über moderndem Pflanzenmaterial rot gefärbte Schichten zu erkennen sind. Cohn beschäftigt sich ausführlich mit der Morphologie und Bewegung dieser Organismen und versucht sie systematisch einzuordnen. Physiologisch-biochemische Untersuchungen führt er nicht durch. So erkennt er nicht, dass es sich um photosynthetische Bakterien handelt, die alle einen Typ von Bakteriochlorophyll und Carotinoide enthalten, unter Sauerstoffausschluss durch Photosynthese Energie erzeugen, CO_2 als einzige Kohlenstoffquelle assimilieren können, aber keinen Sauerstoff wie die grüne Pflanze produzieren. Ihm bleibt auch verborgen, dass viele dieser „Purpurbakterien" den im anaeroben Schlamm entstehenden Schwefelwasserstoff zu Schwefel oxidieren, um Reduktionsäquivalente für die Kohlendioxidreduktion zu gewinnen. Cohn unterscheidet Bakteriopurpurin von Prodigiosin (roter Farbstoff bei *Serratia marcescens*, von Cohn *Micrococcus prodigiosus* genannt), erkennt aber nicht in Bakteriopurpurin das Chlorophyll-verwandte Photosynthesepigment.

Das Prodigiosin-bildende Bakterium hat im Mittelalter durch das Auftreten eines roten, schleimigen Überzugs auf Hostien und anderem Gebäck, das in feuchter Luft aufbewahrt wurde, Angst und Schrecken hervorgerufen. An feuchten Stellen aufbewahrte Hostien begannen zu „bluten". Das „Wunder der blutenden Hostien" führte zu vielen Verfolgungen, bis 1823 Bartolomeo Bizio in seinem Bericht die „Bluttropfen" als stiellose Pilzkörperchen beschrieb und ihnen den Namen *Serratia marcescens* zu Ehren seines Lehrers Serrafino Serrati gab. Ehrenberg, der diese Erstbeschreibung nicht kannte, nannte um 1848 den nun als Bakterium eingestuften Organismus der blutenden Hostie *Monas prodigiosa* (Schlegel 1999, S. 34/35).

Cohn, der Ansammlungen von Mikroorganismen an vielen Standorten untersuchte, hat natürlich auch die weißlichen Überzüge in schwefelwasserstoffhaltigen Gewässern beobachtet und mikroskopisch untersucht. Diese bestanden aus farblosen, fädigen Bakterien mit lichtbrechenden Schwefeltröpfchen im Zellinnern. Diese Chlorophyll- und Phycocyan-freien Organismen seien den Oscillarien der Phycochromaceen verwandt und leben in schwefelwasserstoffhaltigen Gewässern, in denen sie sich von mineralischen Stoffen ernähren und Schwefelwasserstoff bilden (Cohn 1866a, b, 1875b). Das Bakterium wurde von W. R. Strohl 1842 Beggiatoa nach dem Arzt F. S. Beggiato benannt. Die Vermutung, dass Beggiatoen Schwefelwasserstoff bilden, stammt von L. Meyer, der nachwies, dass der H_2S-Gehalt des Thermalwassers nach Zugabe von Beggiatoa zunahm. Es blieb Winogradsky (1887) vorbehalten, die Oxidation – nicht die Bildung – von Schwefelwasserstoff durch Beggiatoa als Prozess der Energiegewinnung nachzuweisen.

Schwefelwasserstoff entsteht durch die Tätigkeit Sulfat-reduzierender Bakterien am gleichen Standort bei fehlendem Sauerstoff. Das ist thermodynamisch sinnvoll und heute in den einzelnen enzymatischen Schritten aufgeklärt. Genauere Untersuchungen am Standort und in Reinkulturen von Beggiatoa haben gezeigt, dass sich diese Organismen durch Gleitbewegung in der Grenzschicht zwischen der anaeroben, sauerstofffreien und schwefelwasserstoffhaltigen und der mikrooxisch (sehr niedrige Sauerstoffkonzentration) Zone einnisten. Beggiatoa ist ein chemoautotropher Organismus, der durch Oxidation von Schwefel Energie gewinnt und mit CO_2 als einziger Kohlenstoffquelle wachsen kann, aber auch organische Substrate verwertet. In den lichtbrechenden Tröpfchen, die in Beggiatoen und Schwefel-Purpurbakterien im Zellinneren gespeichert werden, hat Cohn aufgrund von Literaturdaten und der Auflösung dieser Zelleinschlüsse durch Schwefelkohlenstoff Schwefel nachgewiesen. Er findet es bemerkenswert, dass in diesem sauerstofffreien und schwefelwasserstoffhaltigen Milieu Bakterien leben können. Auch ein anderes fädiges, scheidenbildendes Bakterium, *Crenothrix polyspora*, hat Cohn in Trinkwasserbrunnen entdeckt und seinen Entwicklungszyklus beschrieben (Cohn 1875a). Dessen Fähigkeit zur Methan-Oxidation wurde kürzlich nachgewiesen (Stoecker et al. 2006).

Cohn, der sich oft mit angewandten Problemen der Mikrobiologie befasste, hat auch der Käsebereitung einen Abschnitt in seinem Artikel gewidmet (Cohn 1875a, S. 191–196). Er bezieht Kälber Labmagen von einem Schweizer Käsehersteller und untersucht die Bakterien, die sich in Milch, mit Labauszug versetzt, entwickeln. Er beobachtet aber Buttersäure bildende Clostridien – das waren sicher nicht die Lactobacillen, die für die Käsereifung verantwortlich sind.

Cohn untersucht auch zwei *Spirochaeten*-Arten: die das Rückfallfieber verursachende, nach seinem Entdecker *Spirochaete obermeieri* benannte, und die zuerst von Ehrenberg 1835 beschriebene *Spirochaeta plicatilis*. Spirochaeten bilden schraubenförmig gewundene Zellen, die sich, wie wir heute wissen, durch Kontraktion von Geißeln unter Rotation um die Längsachse fortbewegen. Die Geißeln sind nicht frei beweglich, sondern im periplasmatischen Raum zwischen Zellwand und cytoplasmatischer Membran lokalisiert und fixiert. Dadurch entsteht eine charakteristische, wellenförmige, schraubende Bewegung, die sich von der normalen Geißelbewegung unterscheidet. Cohn ordnet die Spirochaeten unter den Nematogenae, den Zellfäden bildenden Bakterien, ein und zwar unter den schraubenförmigen Zellen, zusammen mit *Vibrio* und *Spirillum*. Heute werden die Spirochaeten in die Ordnung der Spirochaetales eingeordnet. *Spirochaeta plicatilis* Ehrenberg 1835 ist sehr flexibel und zeigt neben der schraubenförmigen Bewegung auch Krümmungen (Blakemore u. Canale-Parola 1973). Der Erreger des Rückfallfiebers heißt heute *Borrelia recurrentis*.

Bei der Auseinandersetzung über die Urzeugung, die sich bis in die achtziger Jahre des 19. Jahrhunderts hinzog, spielte das Thema der Hitzeresistenz von Mikroorganismen eine entscheidende Rolle. Cohn hat sich mit seinen Mitarbeitern an dieser Diskussion beteiligt und wiederholt Experimente durchgeführt (Cohn 1875b, c; Eidam 1875; Roberts 1874). Seine breit angelegten Versuche kamen zu dem Ergebnis, dass die meisten Bakterien schon durch ein Erhitzen auf 50 bis 60°C so geschädigt werden, dass sie sich nicht mehr vermehren können. Das Erhitzen eines sauren oder neutralen Heuaufgusses auf 100°C für die Dauer von 5–180 Minuten überstanden nur wenige Organismen. Dies waren in den Cohn'schen Untersuchungen die Sporen von *Bacillus subtilis*, die nach dem Erhitzen zu stäbchenförmigen Bakterien auskeimten (Cohn 1876a). Diese Bakterien können sich noch bei Temperaturen von 47–50°C vermehren, aber nicht mehr bei Temperaturen über 50°C. Die beobachteten Eigenschaften von *Bacillus subtilis* gelten auch für *Bacillus anthracis*, den Erreger von Milzbrand. Cohn fand heraus, dass die genannten Bazillen Sauerstoff für Wachstum und Entwicklung benötigen. Er entdeckte andere Arten von Bazillen, die auch bei Sauerstoffentzug, also anaerob, wachsen können, wie z. B. die Buttersäurebildner. Cohn schließt mit der Feststellung, dass künftige genetische Untersuchungen zeigen müssen, wieweit diese verschiedenen Arten sich unterscheiden und diese Merkmale vererben. Heute kennen wir eine große Zahl von aerob wachsenden Sporenbildnern (*Bacillus*) und auch von anaerob wachsenden Clostridien, die eiweiß- oder kohlenhydrathaltige Nährstoffe unter Luftabschluss, je nach Spezies, zu Buttersäure, Lösungsmitteln wie Butanol und Aceton sowie Gasen wie Wasserstoff und Kohlendioxid abbauen. Die thermophilen Bakterien wurden erst in den siebziger Jahren des 20. Jahrhunderts entdeckt.

Cohn verdanken wir eine Reihe wichtiger Entdeckungen auf dem Gebiet der Bakteriologie, wie den Nachweis hitzeresistenter Sporen und deren Bildung und Keimung bei Bazillen. Seine herausragende Leistung auf diesem Gebiet war es aber, der Mikrobiologie ein solides Fundament gegeben zu haben. Die Welt der Mikroorganismen besteht nach seinem Konzept aus einer großen Zahl von Arten, die sich durch morphologische und physiologische Merkmale unterscheiden, die genetisch fixiert sind, aber durch Umwelteinflüsse variiert werden können. Auf dieser Basis konnten gegen Ende des 19. Jahrhunderts zahlreiche Bakterien, Pilze und Protozoen als Erreger von Krankheiten oder als Organismen mit speziellen stoffwechselphysiologischen Leistungen entdeckt werden.

5.3.2   Edwin Klebs (1834–1913)

Klebs war von der These Henles überzeugt, dass Krankheiten durch eine Infektion von Mikroorganismen übertragen werden. Daher versuchte er, durch Filtration von bakterienhaltigen Flüssigkeiten durch poröse Tonzellen, die auslösenden Keime zu isolieren (Klebs 1873). Offensichtlich entsprachen aber seine experimentellen Fertigkeiten nicht seinen guten gedanklichen Ansätzen. Die vermeintlichen Infektionserreger wie *Micrococcus septicus* oder *Microsporon diphtheriae* waren alles andere als die eigentlichen Erreger (Klebs 1875). Obwohl er auch mit Eiweiß verfestigten Nährböden zur Isolierung von Keimen arbeitete, konnte er keine Reinkulturen erhalten. Kritik an seinen Ergebnissen lehnte er „in temperamentvoller Selbstüberschätzung" ab (Heymann 1932). Wie Klebs haben viele Zeitgenossen, die von der Existenz pathogener Keime überzeugt waren, Bakterienkulturen, die aus einem Gemisch verschiedener Bakterien bestanden, als Erreger von Infektionskrankheiten beschrieben.

5.3.3   Koch revolutioniert die Infektionsbiologie

Es blieb Robert Koch (1843–1910) vorbehalten, einen Durchbruch in der medizinischen Mikrobiologie zu erzielen. Nach einem normal verlaufenden Medizinstudium und beruflichen Tätigkeiten, die für eine Forscherkarriere keine Voraussetzungen boten, begann Koch, sich in Wollstein, wo er als Kreisphysikus tätig war, neben seiner Praxis und den Pflichten als Amtsarzt ab 1873 für den Milzbrand zu interessieren. Durch Teilung seines Sprechzimmers mit einem Vorhang richtete er sich ein kleines Labor ein, das er zuerst mit einem sehr einfachen Mikroskop, einem Weihnachtsgeschenk seiner Frau, und selbst gebastelten oder mit Hilfe eines befreundeten Apothekers angefertigten Geräten für Tierversuche, für die Herstellung von Präparaten und die Kultur von Bakterien ausrüstete (Abb. 5.2) (Heymann 1932; Möllers 1950). Seine Frau Emma war von dieser „Nebentätigkeit" nicht begeistert, weil diese die Zeit für das Geldverdienen und das Zusammensein mit seiner Familie stark reduzierte.

Die schon bei verschiedenen Forschern geschilderten Schwierigkeiten bei der Beobachtung und Untersuchung von Bakterien überwand Koch, indem er bakterienhaltige Flüssigkeiten auf Deckgläsern ausstrich und anfärbte. Die Form der Bakterien dokumentierte er durch Zeichnung und später durch Mikrophotographie. Das erste Ziel seiner Arbeiten war der Nachweis des Erregers der Milzbranderkrankung bei Rindern und Schafen. Der Name Milzbrand oder Anthrax (gr.: Kohle) ist auf die schwarze Verfärbung von befallenen Hautabschnitten oder Gewebe zurückzuführen. Die Krankheit kann auch auf den Menschen übertragen werden und ruft – je nach Art der Infektion – einen ödematösen Befall der Haut, Ödeme und Nekrosen der Lunge oder schwere Gastroenteritis hervor, die, wenn sie nicht behandelt werden, innerhalb von wenigen Stunden oder Tagen zu einer Sepsis und zum Tode führen. Milzbrand trat in Kochs Bezirk besonders häufig auf und führte zum

Koch im Januar 1871   Kochs Gattin und Tochter, 1870

Kochs Wohnhaus in Wollstein (Posen), 1872-1880

Abb. 5.2 Robert Koch 1871; *rechts:* seine Frau Emma mit Tochter; *unten:* Wohnhaus und Labor in Wollstein. (Quelle: Heymann B (1932) Robert Koch, 1. Teil)

Verlust sehr vieler Tiere, besonders von Schafen (Heymann 1932; Koch 1877a). Schon Davaine hatte 1863 im Blut an Milzbrand erkrankter Tiere Bakterien ge- funden, die er für den Erreger hielt, aber nicht isolieren konnte. Die auf dem 1875 stattgefundenen Kongress der englischen Pathologen in London und während der

Tagung der Deutschen Chirurgen in Berlin ausgetragene Diskussion über die Rolle der Bakterien bei Infektionskrankheiten war noch nicht zu einem allgemeinen Konsens gekommen. Thiersch formulierte es so: „Es ist immer noch nicht entschieden, ob die Fäulnis den Bakterien folgt oder ob erst da, wo etwas faul ist, Bakterien auftreten." … „Fermente, welche die Fäulnis einleiten, und solche, welche septische Wundkrankheiten hervorrufen, sind in der Luft vorhanden, ebenfalls im Wasser und an unreinen Händen, Geräthen, Instrumenten, und zwar körperliche, organische Fermente; ob sie organisiert sind, oder nur Reste zerfallender thierischer und pflanzlicher Gewebe, Proteinsplitter, ob belebt oder unbelebt, das ist vorläufig nicht zu entscheiden." (Heymann 1932) Weigert hatte in seiner Habilitationsschrift „über pockenähnliche Gebilde in parenchymatösen Organen und deren Beziehung zu Bacteriencolonien" (Breslau 1875) Kriterien für das Vorkommen pathogener Bakterien aufgestellt: Die nachgewiesenen Gebilde müssten von Zerfallsprodukten menschlicher Gewebebestandteile unterschieden werden. Welche Beziehungen bestehen zwischen Bakterien und krankhaften Prozessen? Werden die krankhaften Produkte oder Prozesse von den Bakterien ausgelöst und ist das, was an den Bakterien krankmachend ist, ein Lebensprodukt der Bakterien oder haftet es ihnen nur zufällig an? (nach Löffler 1887, S. 203).

Koch konnte die Beobachtungen von Davaine bestätigen. Im Blut und Gewebe an Milzbrand verendeter Tiere waren die stäbchenförmigen Bakterien nach Antrocknung eines Ausstriches auf Deckgläsern und Färbung mit verschiedenen Anilinfarbstoffen unter dem Mikroskop in großer Zahl nachzuweisen. Koch gelang es, die Bakterien in Serum, Augenflüssigkeit von Rindern oder Blut auf Hohlschliffobjektträgern oder in feuchten Kammern unter Luftzutritt auf einem heizbaren Objekttisch bei 35–37°C zu vermehren und ihre Zellteilung zu beobachten. Wachstum, Zellteilung und Sporenbildung fanden zwischen 18 und 35°C statt. Unter 12°C und über 42°C hörte das Wachstum auf. Luftzutritt war für die Vermehrung erforderlich. Blut mit Milzbrandbakterien war nur für einige Wochen, sporenhaltiges Material noch nach Jahren infektionsfähig. Mit vielen Sporen infizierte Mäuse starben nach 24 Stunden Die Verfütterung von Milzbrandmaterial an Mäuse und Kaninchen führte zu keiner Erkrankung. Frösche, Rebhuhn, Sperling oder Hund erkrankten nicht nach Infektion mit Milzbrandbakterien. Der wirtschaftliche Schaden durch Milzbrand war beträchtlich. So verlor der Mansfelder Seekreis jährlich Schafe im Wert von 180.000 Mark. Rinder wurden seltener befallen. Das übliche Eingraben der Kadaver förderte die Ausbreitung der Krankheit, weil die Sporen der Bazillen für viele Jahre keimungs- und infektionsfähig blieben. Die Isolierung der Erreger aus den erkrankten Tieren war schon mehrfach versucht worden.

Koch führte die entscheidenden Experimente durch, die die ursächlichen Beziehungen zwischen Erreger und Erkrankung aufdeckten. Er isolierte aus den an Milzbrand erkrankten Schafen *Bacillus anthracis* und injizierte diese Bakterien in Versuchstiere, meist Mäuse. Die aus den erkrankten Mäusen isolierten Bazillen wurden mit den ursprünglich aus den Schafen gewonnenen Keimen verglichen, ihre Wachstumseigenschaften in Abhängigkeit von Temperatur, Sauerstoffgehalt und Nährboden bestimmt und ihre Entwicklung unter mikroskopischer Kontrolle verfolgt. Das Prinzip, das später als die Koch-Henle Postulate in die Geschichte der

Infektionsbiologie einging, war die Basis aller Entdeckungen auf dem Gebiet der Infektionskrankheiten, die sich nun in rascher Folge einstellten:

1. Aus dem erkrankten Lebewesen, Mensch oder Tier, wird der Erreger isoliert und eine Reinkultur hergestellt. Das ist relativ einfach, wenn die Bakterien in dem befallenen Gewebe in großer Zahl auftreten und gegenüber anderen Bakterien dominieren, ist aber extrem schwierig, wenn neben dem Erreger noch zahlreiche andere Bakterien anwesend sind, wie bei Befall des Darmes mit Typhus- oder Cholera- Bakterien. Die Herstellung von Reinkulturen gelang Koch erst in Berlin durch Ausstreichen auf feste Nährböden nach mehrstufiger Verdünnung der Ausgangssuspension. Der isolierte Keim wurde mit den Mitteln der damaligen Zeit taxonomisch bestimmt (meist durch mikroskopische Untersuchung und seine pathologischen Eigenschaften, heute durch serologische oder genetische Analyse).
2. Der aus dem erkrankten Organismus isolierte Keim wird nach Vermehrung auf einem künstlichen Nährboden in ein Versuchstier übertragen. In diesem Tier sollten die gleichen Symptome auftreten wie bei dem erkrankten Organismus.
3. Die aus dem Versuchstier isolierten Keime müssen die gleichen morphologischen und pathologischen Eigenschaften haben wie der ursprünglich isolierte Keim.

Bei den Infektionskrankheiten, die in den folgenden Jahren nach den Koch'schen Postulaten untersucht wurden, traten viele Probleme auf, vor allem bei der Kultur und dem Nachweis der Bakterien und der Suche nach einem geeigneten Versuchstier. Heute werden die Erreger nach ihrer Isolierung durch physiologische, immunologische und molekulargenetische Testverfahren identifiziert.

Als Koch seine Untersuchungen in Wollstein abgeschlossen hatte, bestand für ihn das Problem, die neue Erkenntnis der medizinischen Fachwelt überzeugend zu vermitteln. Als unbekannter Kreisphysikus musste er sich in der Fachwelt erst Anerkennung verschaffen. Daher schrieb Koch im April 1876 an Prof. Cohn in Breslau, der damals schon als ein berühmter Experte auf dem Gebiet der Bakteriologie angesehen wurde. Der Bitte von Koch, seine Ergebnisse in Breslau demonstrieren zu dürfen, entsprach Cohn durch eine Einladung nach Breslau. Koch reiste mit dem gesamten Material, einem umfangreichen Gepäck, mit der Bahn an und demonstrierte während mehrerer Tage in Gegenwart von Cohn und den herbeigeeilten Wissenschaftlern Moritz Traube (1826–1894), Carl Weigert (Assistent von Cohnheim; 1845–1904), Julius Cohnheim (Pathologe und experimenteller Physiologe; 1839–1884), Leopold Auerbach (Arzt, Biologe, Histologe; 1828–1897) und E. Eidam (Mitarbeiter Cohns) seine Ergebnisse. Die lückenlose Beweisführung für die Auslösung der Milzbranderkrankung durch den Anthrax-Bacillus löste bei den Anwesenden Begeisterung aus. Koch kehrte erfreut und um einige Methoden, die er bei Cohn und Weigert lernen konnte (Färbung von Gewebeschnitten), bereichert nach Wollstein zurück und fasste seine Ergebnisse in der Arbeit über „die Aetiologie der Milzbrandkrankheit, begründet auf der Entwicklungsgeschichte des *Bacillus anthracis*" zusammen, die in der Zeitschrift „Cohns Beiträge zur Biologie der Pflanzen" veröffentlicht wurde (Koch 1877a).

Das Photographieren gefärbter Ausstriche von bakterienhaltiger Flüssigkeit war in der damaligen Zeit, und besonders für Koch, mit seinen sehr beschränkten Mitteln, eine große Herausforderung. Eine geeignete Färbemethode musste erst entwickelt werden, um den notwendigen Kontrast zu erhalten. Das Konservieren der Präparate geschah durch Einbettung in Kanadabalsam. Der von Seibert und Krafft, Wetzlar, erworbene photographische Apparat musste an die Bedingungen der Mikrophotographie erst angepasst werden. Ein Lehrbuch der mikroskopischen Photographie von Reichardt und Stürenburg (Leipzig 1868) war zwar schon auf dem Markt verfügbar. In der damaligen Zeit wurden aber alle Geräte, auch die Mikroskope, noch nicht routinemäßig mit gleicher Qualität hergestellt. Die Geräte waren Einzelstücke und zum Teil mit Fehlern behaftet, was einen langwierigen Prozess der Reklamation und Wartezeit auf das neue, verbesserte Gerät mit sich brachte. Mit Hilfe eines Objektmikrometers (1 mm in 100 Teile = 10 µm/Teilstrich) konnten die Maße der mikroskopischen Objekte bestimmt werden. Für die mikroskopische Untersuchung kaufte sich Koch ein neues Mikroskop von Seibert und Krafft, ausgestattet mit einem Hartnack-Immersionsobjektiv mit einer 100fachen linearen Auflösung, und einen Beleuchtungsapparat mit einer optischen Bank und einem Heliostat, mit dessen Hilfe das Sonnenlicht in die Präparatebene des Mikroskopes gelenkt werden konnte. Durch Öffnen und Schließen eines Schiebers am Fenster, den Kochs Frau auf Zuruf bediente, wurde die Belichtungszeit reguliert. Die Herstellung druckfähiger Aufnahmen der Objekte war ein weiterer Schritt, der viel Zeit und Mühe kostete (Koch 1877b). Cohn war von der Qualität der Aufnahmen von *Bacillus anthracis* mit Sporen, die ihm Koch zur Verfügung stellte, so begeistert, dass er sie auf Veranstaltungen der Gesellschaft für vaterländische Kultur vorführte. Robert Koch, der durch die Anerkennung seiner Entdeckung Selbstvertrauen gewonnen und neue Impulse für seine Arbeit gewonnen hatte, wandte die von ihm entwickelten Prinzipien auf andere Infektionskrankheiten an (Koch 1878a, b) und begann, sich an der Diskussion über die Ursachen von Infektionskrankheiten zu beteiligen. So kritisierte er die Veröffentlichung von Carl Wilhelm von Nägeli (1817–1891), der in dieser Zeit immer noch die Ansicht vertrat, dass Spaltpilze (Bakterien) keine Arten bilden, sondern als Infektionspilze durch Anpassung und aufgenommene Stoffe Störungen hervorrufen (von Naegeli 1877, 1882; Schlegel 1999; Lechevalier und Solotorovsky 1965). „Es ist mir selten ein Buch vorgekommen, welches so viel Unrichtigkeiten und Unsinn und dabei garnichts enthält, was unser Wissen bereichern könnte". „Die Experimente, auf welche er sich beruft, sind für die Fragen, welche er beantworten will, unbrauchbar, da er nur Massenkulturen angestellt, also mit soviel unbekannten Größen operiert hat, dass die Infektionsstoffe, welche vielleicht die kleinste und unsichtbare unter diesen Größen bilden, unmöglich in diesem Gemenge verfolgt und bestimmt werden können." (Koch 1878b, 1881b)

Der Stil dieser Publikation von Koch lässt einen rechthaberischen und cholerischen Charakterzug von Koch erkennen, der bei aller Liebenswürdigkeit und wissenschaftlicher Könnerschaft oft zu einer unnötigen Schärfe in der Auseinandersetzung mit Kollegen und Behörden führte. Koch konnte aufgrund seiner Erfahrungen feststellen, dass Infektionskrankheiten durch Erreger mit artspezifischen Merkmalen ausgelöst werden. Diese Aussage deckte sich mit der Auffassung von Cohn, der Bakterien als eine Gruppe selbstständiger Arten mit spezifischen Merkmalen postuliert hatte.

Die hohe Qualität der Koch'schen Präparationstechnik konnte an einem ungleich schwierigeren Objekt, der Recurrens Spirochaete (*Borrelia recurrentis*), dem Erreger des Rückfallfiebers, demonstriert werden (Koch 1879). Diese, im Vergleich mit den relativ großen und leicht zu färbenden Anthrax-Bazillen, zarten und schwer zu färbenden Spirochaeten konnte Koch isolieren, mikroskopisch darstellen, durch Mikrophotographie dokumentieren und durch Reinfektion von Affen ihre pathogene Wirkung nachweisen (Koch 1879). Cohn, der die Fähigkeiten, aber auch die begrenzten Forschungsmöglichkeiten Kochs in Wollstein erkannte, bemühte sich, für Koch in Breslau eine Professur oder eine andere geeignete Stelle zu erwirken. Trotz Unterstützung durch die Fakultät konnte Koch nur die Stelle eines Gerichtsphysikus angeboten werden, die dieser 1879 annahm, aber sich noch im gleichen Jahr nach Wollstein zurückversetzen ließ, weil die Einkünfte der Breslauer Stelle nicht ausreichten, um Koch und seiner Familie die notwendigen Lebenshaltungskosten zu garantieren.

Nach der Reichsgründung 1871 wurde, ausgelöst durch eine Pockenepidemie, eine hohe Säuglingssterblichkeit und die endemische Tuberkulose, die gesundheitspolitische Forderung laut, eine zentrale medizinische Behörde einzurichten (Münch 2003, S. 30). In der Regierung begannen gleichzeitig die Vorbereitungen für eine umfassende Krankenkassen- und Unfallversicherungs-Gesetzgebung. Diese gesundheitspolitischen Überlegungen führten 1876 zur Gründung des Kaiserlichen Gesundheitsamtes, dem späteren Reichsgesundheitsamt, zu dessen erstem Direktor Johann Heinrich Struck berufen wurde. Das Amt sollte zunächst nur beratende Funktionen haben. Nach Erweiterung der Amtsaufgaben ab 1879 setzte sich Struck dafür ein, Robert Koch nach Berlin zu holen.

5.3.4 Der Nachweis von Infektionserregern durch Koch und Mitarbeiter

Koch nahm das Angebot gerne an und war ab Juli 1880 als Regierungsrat am Kaiserlichen Gesundheitsamt tätig (Harms 1966). Die Berufung in dieses Amt war wohl weniger auf die Leistungen von Koch als vielmehr auf das sozialmedizinische Engagement der Oberbürgermeister von Berlin, Hobrecht und Forckenbeck, zurückzuführen, die sich beim Kultusminister Robert von Puttkamer für eine Forschungsförderung auf diesem Gebiet einsetzten. Neben dem pathologisch-anatomischen Labor wurde ein chemisch-hygienisches Labor eingerichtet. Beide Laboratorien waren für damalige Verhältnisse gut mit Räumen und Apparaten ausgestattet. Koch erhielt nur ein kleines, einfenstriges Zimmer, das er aber alsbald mit Leben und weiteren Mitarbeitern füllte, unter denen Friedrich Löffler (1852–1915) und Georg Gaffky (1850–1918) die Ersten waren (Löffler 1903). Dieser kleine Raum war die Keimzelle für das von Koch breit angelegte Forschungsprogramm mit dem Ziel, die Erreger der wichtigsten Infektionskrankheiten zu isolieren, ihre pathogene Wirkung nachzuweisen und Maßnahmen zu ihrer Bekämpfung und Verhütung zu entwickeln.

> Die Erinnerung an jene Zeit, als wir noch in diesem Zimmer arbeiteten, in der Mitte Koch und wir zu seinen Seiten, als fast täglich neue Wunder der Bakteriologie sich vor unseren Augen auftaten und wir, dem leuchtenden Beispiel unseres Chefs folgend, vom Morgen bis zum Abend an der Arbeit saßen und keine Zeit fanden, den leiblichen Bedürfnissen Rechnung zu tragen – die Erinnerung an jene Zeit wird uns unvergesslich bleiben (Löffler 1903, S. 938).

Es wurden einheitliche Verfahren für die Durchführung der Experimente, die Verwendung der Nährböden, die Reinkulturtechnik und die Auswertung der Versuchsergebnisse erarbeitet (Koch 1877b, 1878a, b, 1881b). Jeder Mitarbeiter bearbeitete seine eigenen Themen; die Ergebnisse wurden aber gemeinsam diskutiert. Aus den Untersuchungen des Amtes erwuchsen auch praktische Aufgaben für die Sterilisation, die Desinfektion und hygienische Maßnahmen.

Das Fach Hygiene wurde in Deutschland durch Max von Pettenkofer (1818–1901) in München etabliert, der international Anerkennung fand, wenngleich sich seine miasmatische Bodentheorie für die Entstehung seuchenhafter Krankheiten als unhaltbar erwies. Koch und Mitarbeiter hatten bei Untersuchungen von Typhusepidemien richtig erkannt, dass verunreinigtes Trinkwasser eine Quelle für die Ausbreitung von typhusähnlichen Krankheiten sein kann. Auf diesen Gebieten bestand eine enge innerbehördliche Zusammenarbeit mit dem chemischen Laboratorium von Bernhard Proskauer (1851–1915) und dem Hygienelaboratorium unter Leitung von Gustav Wolffhügel (1845–1929). Die Sterilisation im strömenden Dampf wurde eingeführt und viele Desinfektionsmittel getestet (Koch 1881a).

Die Orientierung der Arbeit an den Erfordernissen der Zeit und die Erfolge pragmatischer Forschung (z. B. die Umsetzung kostengünstiger Desinfektionsverfahren) führten zur Anerkennung durch international renommierte Wissenschaftler wie Joseph Lister (1827–1912) und Louis Pasteur (1822–1895), aber auch durch die Berliner Behörden und die Regierung. Es entstand aber auch Neid und offene Kritik. Schon bei seinem ersten Besuch in Berlin hatte Koch bei dem kühlen Empfang durch Virchow gemerkt, dass dort seine Theorie der Infektionskrankheiten nicht anerkannt wurde. Ein Mitarbeiter Virchows, Paul Grawitz, kritisierte offen die Arbeiten von Koch: „Alle Versuche, die Bakterien irgend einer Krankheit so genau zu beschreiben, dass man sie von Organismen, welche bei anderen Infektionskrankheiten oder als Fäulniserreger vorkommen, unterscheiden könnte, sind als misslungen anzusehen; es gibt keine Form, welche ganz ausschließlich einer pathogenen Spezies zukäme und dieser als untrügliches Erkennungsmerkmal diente" (Grawitz 1880, zitiert nach Münch 2003, S. 38). Grawitz bestritt die Originalität und Wirksamkeit der Methoden von Koch und die Eigenständigkeit der Bakteriologie. Koch nannte Grawitz' Theorie der Anpassung (der Mikroorganismen an den Wirt) ein leeres Hirngespinst. Diese heftig geführten Diskussionen sind darauf zurückzuführen, dass in der damaligen Zeit die taxonomische Charakterisierung von Bakterien unzureichend war. Die verschiedenen Bazillen, pathogen oder apathogen, waren morphologisch nicht zu unterscheiden und konnten nur als Reinkulturen durch ihre pathophysiologischen Eigenschaften nachgewiesen werden. Heute stehen für die

Diagnose neben physiologischen Tests, wie dem Wachstum auf Selektivnährböden, vor allem die serologischen und molekulargenetischen Methoden zur Verfügung, die in der Regel eine eindeutige Zuordnung sogar zu Subspezies und Typen erlauben. Diskussionen um Grundsätzliches und Methodisches gab es auch weiterhin. Aber die klaren Erfolge Kochs bei der Aufklärung von Infektionskrankheiten, seine Strategien bei der Seuchenprävention und -bekämpfung und seine Arbeit als praktischer Sozialarbeiter fanden auch in medizinischen Kreisen breite Anerkennung (Münch 2003, S. 39).

5.3.5 Gärungsphysiologie und Immunisierungsversuche im Labor von Pasteur

Eine andere Richtung der Mikrobiologie schlug Louis Pasteur (1822–1895) ein, der nach seiner akademischen Ausbildung als Chemiker sein Augenmerk hauptsächlich auf die Produkte mikrobiologischer Aktivitäten richtete und technische Verfahren zur Bekämpfung von Infektionskrankheiten entwickelte. Seine ersten wissenschaftlichen Arbeiten waren der Spiegelbildisometrie der Weinsäuren gewidmet. Er hat die schon von Mitscherlich beobachteten Unterschiede in der Kristallstruktur von Tartraten (Salze der 2,3-Dihydroxybernsteinsäure, Weinsäure) untersucht und gefunden, dass sie optisch links- bzw. rechtsdrehende Formen unterschiedlicher Kristalle sind. Pasteurs stetige Bereitschaft, sich aktuellen Problemen zuzuwenden, führte zur Beschäftigung mit den **Weinkrankheiten**. Die durch verschiedene Bakterien hervorgerufenen Fehlgärungen führten zu einer Geschmacksbeeinträchtigung des Weines. Durch vorsichtiges Erhitzen auf 55°C (Pasteurisieren) wurden die säurebildenden oder -abbauenden oder den Geschmack beeinträchtigenden Bakterien abgetötet, ohne das Aroma des Weines zu verändern. Pasteur entwickelte auch Techniken für das Pasteurisieren einer größeren Anzahl von Flaschen.

Als Chemiker befasste sich Pasteur mit der Rolle des Sauerstoffs im Stoffwechsel und dem Verlauf von Gärungen bei Abwesenheit von Sauerstoff. So beobachtete er, dass Hefe Zucker aufnimmt, in Gegenwart von Sauerstoff (aerob) zu CO_2 abbaut und mit der gewonnenen Energie wachsen kann. Bei Fehlen von Sauerstoff (anaerob) wird der Zucker zu Alkohol und CO_2 umgesetzt, die Hefe wächst aber kaum noch. Er hat auch den Umsatz von Zucker und die Bildung der Produkte quantifiziert (Pasteur 1857, 1858a, b). Neben der alkoholischen Gärung und ihrem Hauptprodukt Äthanol, sowie Nebenprodukten wie Fuselölen, Glycerin und Bernsteinsäure, hat er sich auch mit der Bildung von Milchsäure durch Lactobazillen und Buttersäure durch Clostridien beschäftigt. Durch die Erforschung von Gärungsvorgängen und den Nachweis, dass diese ohne Luftsauerstoff ablaufen, wurde die Grundlage für die im 20. Jahrhundert sich entwickelnde Fermentationsindustrie gelegt, die zur Herstellung zahlreicher Produkte wie Aceton und Butanol durch Clostridien unter anaeroben Bedingungen und – in Gegenwart von Sauerstoff – zur Herstellung von Essigsäure, Aminosäuren, Steroidhormonen, Antibiotika, Insulin und Vitaminen führte. Pasteur stellte die These auf, dass jedes Gärungsprodukt durch ein spezifisches Bakterium oder einen bestimmten Pilz erzeugt wird. Allerdings konnte er dafür noch keinen klaren Nachweis führen, denn er arbeitete als Chemiker nur mit Anreicherungskulturen, die meist aus mehreren Arten bestanden.

Pasteur hat sich auch aktiv in die Debatte über die Urzeugung eingeschaltet, wie in einem früheren Kapitel (Kap. 4.3.1) erläutert wurde, und postuliert, dass jede Infektionskrankheit durch einen bestimmten Organismus ausgelöst wird.

Die mit dem 13. Jahrhundert in Frankreich beginnende Seidenraupenzucht und Seidenindustrie erlitt in der zweiten Hälfte des 19. Jahrhundert einen herben Rückschlag, weil nach Ausbruch einer Krankheit viele Seidenraupen starben. 1865 erhielt Pasteur den Auftrag, die Ursache für diese Krankheit und einen Weg zu ihrer Bekämpfung zu finden. Durch familiäre Probleme verzögerte sich die Untersuchung. Schließlich entdeckte er, dass es mehrere **Seidenraupenkrankheiten** und verschiedene Erreger gibt: Pebrine (Erreger *Nosema bombycis*; Protozoe; Bekämpfung durch mikroskopische Untersuchung der Eier und Aussonderung der mit Korpuskeln infizierten Eier); Flacherie (verursacht durch ein Virus, das die Prädisposition der Seidenraupe für die Infektion durch *Bacillus bombycis* erhöht); die Muscardin-Krankheit (wird durch den Pilz *Beauveria bassiana* hervorgerufen). Pasteur fand praktische Lösungen für die Bekämpfung dieser Krankheiten.

Nach der Veröffentlichung von Robert Koch über die Ätiologie der Milzbrandkrankheit begann Pasteur (Abb. 5.3), sich mit den tierischen Infektionskrankheiten zu befassen – was zu einer großen und heute kaum noch verständlichen Rivalität zwischen Koch und Pasteur führte. Pasteur veröffentlichte zwischen 1878 und 1880 mehrere Arbeiten über Anthrax. Den Erreger nannte er in Anlehnung an Davaine *Bacteridia* und erwähnte nur in einer Fußnote Kochs Arbeit über *Bacillus anthracis*. Beide Forscher, Koch und Pasteur, begründeten die Keimtheorie von Infektionskrankheiten, nach der eine spezifische Krankheit nur selektiv durch einen bestimmten Mikroorganismus ausgelöst werden kann. Während die Schule um Robert Koch mit großem Erfolg nach den gleichen Prinzipien die Erreger verschiedener Infektionskrankheiten entdeckte, und erst nach ihrer Isolierung und Charakterisierung

Abb. 5.3 Louis Pasteur
(1822–1895). (Quelle:
Wikipedia)

sich ihrer Bekämpfung zuwendete, hat sich die französische Schule der Mikrobiologie unter dem dominierenden Einfluss von Pasteur auf die Bekämpfung der Krankheiten durch Immunisierung konzentriert.

Pasteur entwickelte Immunisierungsverfahren gegen Milzbrand mit Kulturen von Anthraxbazillen, die durch Wachstum bei 43°C in ihrer Virulenz (mit Virulenz bezeichnet man den Ausprägungsgrad der die Krankheit erzeugenden Eigenschaften eines Erregers) abgeschwächt, „attenuiert" waren (lat. *attenuere*: verdünnen, abschwächen). Durch Verimpfung dieser Kulturen an Schafe konnte er die schützende Wirkung des Impfstoffs nachweisen. 1881 führte er einen Großversuch mit 70 Schafen durch. Die Schafe wurden zunächst mit einem Stamm sehr niedriger Virulenz und nach 12 Tagen mit einer Kultur abgeschwächter, aber höherer Virulenz infiziert, und nach weiteren zwei Wochen mit einem hoch virulenten Stamm beimpft. Eine Kontrollgruppe wurde nur mit den hoch virulenten Bazillen infiziert. Diese Tiere starben alle nach wenigen Tagen, während viele der geimpften Tiere überlebten. Pasteur beobachtete auch, dass attenuierte Erreger der Geflügel-Cholera ihre pathogenen Eigenschaften verloren oder nur noch schwache Virulenz zeigten und diese reduzierte Virulenz über mehrere Generationen beibehielten. Mit diesen Kulturen geimpfte Hühner wurden resistent gegen die virulenten Stämme. Zusammen mit seinem Mitarbeiter Émile Roux (1853–1933) wurde ein Impfstoff gegen die Tollwut entwickelt. Die Tollwut oder Rabies wird durch das zu den Rhabdoviren gehörende Tollwutvirus hervorgerufen. Viren waren als Erreger zur Zeit Pasteurs noch unbekannt.

5.3.6 Unterschiedliche Forschungsstrategien in den Schulen von Koch und Pasteur

Joseph Lister lud Koch und Pasteur im Sommer 1881 ein, an dem 7. internationalen Kongress für Medizin in London teilzunehmen. Pasteur berichtete über seine Versuche mit attenuierten Milzbrandkulturen und seinem Erfolg bei der Impfung von Schafen. Koch demonstrierte seine Plattentechniken zur Isolierung von Reinkulturen und deren Färbung. Pasteur war sehr beeindruckt: „C'est un grand progrès, Monsieur:" Bald jedoch sollte die gegenseitige Anerkennung in einen Streit und persönliche Feindschaft ausarten, die durch die nationalistische Gesinnung beider verstärkt wurde. Pasteur war wegen des verlorenen deutsch-französischen Krieges kein Freund der Deutschen, Koch vertrat eine nationalistische Auffassung vom Deutschtum. Es gab wohl auch Verständigungsschwierigkeiten, weil keiner von beiden die Sprache des anderen gut beherrschte.

In den Mitteilungen des Kaiserlichen Gesundheitsamtes (I, 1881, gesammelte Werke, S. 112–163) veröffentlichte Koch die von ihm entwickelten Techniken der Reinkultur, sowie der Färbung und Lebendbeobachtung von Bakterien unter dem Mikroskop, und bemängelte darin auch das Fehlen einer Reinkultur und der sorgfältigen mikroskopischen Untersuchung der Infektionskeime in der Pasteur-Schule. 1882 startete Koch einen Generalangriff (Schwalbe et al. 1912, S. 207–231).

Er warf Pasteur vor, dass dieser keine Reinkulturen der Erreger isoliert hätte und bei der Herstellung der Anti-Tollwut-Vakzine nicht das Gewebe der Sublingualdrüse, sondern den Speichel erkrankter Tiere verwendete, der ja viele andere Bakterien enthielt. Im Falle der Tollwut ging die Kritik an der fehlenden Isolierung des Erregers ins Leere, weil zu dieser Zeit die Viren als Krankheitserreger noch unbekannt waren und nicht isoliert werden konnten. Koch wiederholte die Versuche von Pasteur zur Milzbrandimpfung und stellte fest, dass sporenfreie Kulturen von *Bacillus anthracis* zu keiner Erkrankung führen, weil sie wahrscheinlich die Magenpassage nicht überleben. Koch fand bei eigenen Versuchen, dass nach Präventivimpfung die Verluste an Tieren viel höher waren als von Pasteur angegeben und sich nicht signifikant von Verlusten mit nicht geimpften Tieren unterschieden. Toussaint hätte schon vor Pasteur gefunden, dass Blut von Milzbrand erkrankten Tieren nach Behandlung mit Karbolsäure und Erhitzen auf 55°C in seiner Virulenz abgeschwächt wird. Koch sei nicht gegen das Prinzip der Virulenzabschwächung, nur müssten die Bedingungen genau untersucht werden. Pasteur hätte seine Protokolle nicht veröffentlicht. Koch konnte mit Milzbrandbazillen, die für 9 Tage auf 42–43°C erhitzt wurden, keine sichere Immunisierung erreichen (Schwalbe et al. 1912, S. 232–270).

Pasteur stellte in einer Rede auf dem 4. Internationalen Kongress für Hygiene und Demographie in Genf im September 1882 in Erwiderung der Koch'schen Kritik seine Versuche zur Attenuation und Vakzination vor. Koch hatte die Rede wegen Sprachschwierigkeiten nicht voll verstanden und reagierte aufgrund eines Übersetzungsfehlers sehr aggressiv: Pasteur hatte die von Koch publizierten Arbeiten als „*recueil allemand*" (Zusammenstellung der deutschen Arbeiten) bezeichnet. Prof. Lichtheim, der neben Koch saß, hatte in der Eile diese Worte als „*orgueil allemand*" verstanden und als „Deutsche Arroganz" übersetzt (Ullmann 2007). Koch fasste diese Wortwahl als Beleidigung auf und protestierte entsprechend heftig. Pasteur, dem die Ursache dieser Reaktion nicht verständlich war, blieb ruhig. Leider hat Koch in einer schriftlichen Äußerung (Schwalbe et al. 1912, S. 207–231) die unsachlich scharfe Form seiner Kritik an der Milzbrandimmunisierung im Arbeitskreis von Pasteur beibehalten. Er, Pasteur, hätte die Keime nicht isoliert, und das was vorgetragen wurde seien nutzlose Daten, außerdem sei Pasteur kein Mediziner, und das Material diene nur als ein Mittel zur Polemik gegen ihn, Koch. Bei Überprüfung der Originalvakzine aus dem Institut Pasteur stellte Koch große Schwankungen der Eigenschaften fest, die er auf Verunreinigungen durch andere Erreger und auf Nichteinhaltung des Temperaturprogramms zur Abschwächung der Virulenz zurückführte (Schwalbe et al. 1912, S. 207–270). 1885 veröffentlichte Pasteur seine Arbeit über die Entwicklung des Impfstoffs gegen die Tollwut. Auch hier versuchte Koch, die Bedeutung der Ergebnisse zu relativieren, benutzte aber später ähnliche Methoden, um seinerseits eine Vakzine zu entwickeln. Bei der Gründung des Instituts für Infektionskrankheiten in Berlin war Koch aber doch so fair, das Institut Pasteur in Paris als Vorbild für das neue Institut zu bezeichnen. Beispiele eines unsachlichen und polemischen Stils in der wissenschaftlichen Diskussion waren in dieser Zeit keine Ausnahme. Letztendlich diente die Auseinandersetzung dem Fortschreiten der Erkenntnis, vielleicht sogar der Selbstkritik, und führte zu neuen Überlegungen für weitere Versuche und neue experimentelle und gedankliche Ansätze.

Pasteur war der Erste, der das **Prinzip der aktiven Immunisierung** mit lebenden, in ihrer Virulenz abgeschwächten Erregern entdeckt, und die Möglichkeit einer Schutzimpfung durch Herstellung von Antiseren gegen Erreger der Hühnercholera, des Schweinerotlaufs, des Milzbrandes (Anthrax) und der Tollwut (Rabies) erprobt hat. Die Einführung der Schutzimpfung beim Menschen verdanken wir Edward Jenner (1749–1823), der als Erster die Lymphe von an Kuhpocken Erkrankten zur prophylaktischen Impfung gegen die humanen Pocken anwandte.

5.3.7 Entdeckung des Erregers der Tuberkulose durch Robert Koch

Tuberkulose (Phthisis) war im 19. Jahrhundert neben Cholera, Diphtherie und Typhus eine der am meisten gefürchteten Infektionskrankheiten, die nicht nur unter der ärmeren Bevölkerung eine hohe Sterblichkeit verursachte, sondern auch für alle anderen Bevölkerungsschichten ein großes soziales und medizinisches Problem darstellte. Gute Ernährung, Ruhe und frische Luft waren die einzigen Maßnahmen, die der ärztlichen Kunst zur Verfügung standen und in der damaligen Zeit überwiegend von den Wohlhabenden genutzt werden konnten. Die Phthisis galt als eine von konstitutionellen Anomalien ausgehende, nicht infektiöse Krankheit. Cohnheim und Salomonsen, und vorher Klencke und Villemin, hatten tuberkulöses Material aus erkranktem Gewebe auf Tiere übertragen und damit die Vermutung gestärkt, dass die Tuberkulose eine Infektionskrankheit sei. Da aber keine Reinkulturen erhalten werden konnten und die üblichen Färbemethoden bei dem Erreger der Tuberkulose versagten, konnte die Krankheitsursache nicht bewiesen werden. Die Perlsucht der Rinder und die Tuberkulose des Menschen wurden als gleiche Krankheiten angesehen.

Es war ein sensationeller Erfolg für die wissenschaftliche Forschung, als Robert Koch 1882 über die Entdeckung des Erregers der Tuberkulose (Phthisis) in einem sachlichen und überzeugenden Vortrag berichten konnte (Koch 1884). Mit Hilfe einer neuen Färbetechnik, der Züchtung des infektiösen Materials auf neuen, geeigneten Nährböden und der Übertragung und Auslösung charakteristischer Gewebeveränderungen im Versuchstier, gelang der lückenlose Beweis. Die Nachricht von der Isolierung des Tuberkuloseerregers *Mycobacterium tuberculosis* verbreitete sich in kurzer Zeit über den Erdball und wurde mit der Erwartung verbunden, die Geißel dieser Volkskrankheit in kurzer Zeit bekämpfen zu können. Koch sah in Tuberkulin, einem Glycerinextrakt aus Reinkulturen von *M. tuberculosis*, ein Mittel zur Bekämpfung der Tuberkulose. Unter dem Erwartungsdruck der Medien und der vorgesetzten Behörde hat Koch seine vorläufigen Ergebnisse der Behandlung der Tuberkulose mit Tuberkulin bekannt gegeben und damit einen Taumel der Begeisterung und Anforderungen von Tuberkulin ausgelöst. Es folgte eine tiefe Enttäuschung und Vorwürfe gegen Koch, als der erhoffte Erfolg bei der Behandlung ausblieb. Dies ist ein frühes Beispiel dafür, dass die Einmischung von Politik und öffentlicher Meinung in laufende Forschungsarbeiten oft zu Missverständnissen und Enttäuschung führen kann.

Koch zog sich zunächst von der weiteren Entwicklung eines Therapeutikums zur Bekämpfung der Tuberkulose zurück und widmete sich anderen Infektionskrankheiten. Tuberkuline unterschiedlicher Zusammensetzung dienten später für die Entwicklung einer diagnostischen Methode. Nach subkutaner Applikation von Tuberkulin tritt eine Hautreaktion als Immunantwort auf. In Fortsetzung dieser 1907 entwickelten Diagnose- und Prophylaxemaßnahme wurde 1926 die BCG-Impfung gegen die Tuberkulose Erkrankung eingeführt. BCG (*Bacille-Calmette-Guérin*) sind lebende Bakterien von *Mycobacterium bovis* (Erreger der Rindertuberkulose), die nach vielen Passagen auf Galle-Glycerin-Kartoffel-Agar in ihrer Virulenz abgeschwächt sind. Leider traten später aufgrund der Impfung Todesfälle bei Kindern auf. Daraufhin wurden 1931 Richtlinien über Heilbehandlungen und Versuche am Menschen aufgestellt und verkündet. Die BCG-Impfung wird heute wegen unzureichendem Impfschutz kaum noch angewandt. Ein wirksamer Impfstoff gegen Tuberkulose fehlt auch heute noch.

Eine Bekämpfung der Tuberkulose gelang erst nach Auffindung geeigneter Antibiotika. Leider gibt es heute multiresistente Stämme gegen diese Antibiotika, so dass die Tuberkulose in bestimmten Regionen der Welt wieder eine gefährliche Seuche darstellt. Dieses Lehrstück zeigt, dass der Kampf gegen Infektionskrankheiten nur sehr selten zu einem vollständigen und dauerhaften Sieg über die Krankheit führt und der Weg von der Entdeckung des Erregers bis zu einer wirksamen Bekämpfung immer sehr lang und mühsam ist. Als Beispiele seien Malaria und AIDS, die erworbene, durch HIV (human immunodeficiency virus) ausgelöste Immunschwäche, genannt.

5.3.8   Infektionskrankheiten und ihre Bekämpfung

1883 gelang es Koch (Abb. 5.4) und seinem Mitarbeiter Georg Gaffky (1850–1918) in Indien den Erreger der Cholera, Vibrio *cholerae*, zu isolieren. Es war vor allem Gaffky, der bei der Choleraepidemie in Hamburg nachweisen konnte, dass mit Fäkalien verunreinigtes Trinkwasser die Hauptursache der seuchenartigen Verbreitung der Krankheit war und nicht die Ausdünstungen des Erdbodens, wie Max von Pettenkofer (1818–1901), der Inhaber des ersten Hygienelehrstuhls in München, behauptete. Pettenkofer hatte in einem Selbstversuch eine kleine Menge an Choleraerregern geschluckt: Er wollte beweisen, dass diese nicht die Krankheit auslösen, sondern Miasmen aus dem Erdboden. Zum Glück hatte er einen schwach virulenten Stamm erwischt, so dass nur eine leichte Erkrankung auftrat. Choleraepidemien treten auch heute noch in Gebieten mit mangelnder Hygiene, wie z. B. in Indien im Gangesgebiet, auf.

Die Entdeckung und Isolierung weiterer Infektionserreger gelang in rascher Folge: 1884 wurde *Salmonella typhi*, der Erreger des Typhus abdominalis, durch

Abb. 5.4 Robert Koch
(1843–1910) im Jahr 1883.
(Quelle: Henneberg G et al.
(Hrsg.) (1997) Heymann B,
Robert Koch, 2. Teil)

Gaffky isoliert; *Corynebacterium diphtheriae*, der Erreger der Diphtherie, wurde 1883 durch Klebs entdeckt und 1884 von Löffler isoliert, der auch das Diphtherietoxin nachweisen konnte. *Neisseria gonorrhoeae*, der Erreger der Geschlechtskrankheit Gonorrhö, wurde durch Albert Neisser 1879 entdeckt, und 1885 *Clostridium tetani*, der Erreger des Wundstarrkrampfes, durch F. Rosenbach (1842–1923). Kitasato isolierte und beschrieb zusammen mit dem Schweizer Bakteriologen Alexandre J. E. Yersin (1863–1943) den Erreger der Pest, der heute *Yersinia pestis* genannt wird. Nach einem Bericht der Deutschen Pestkommission von 1897 spielen die Ratten bei der Übertragung eine große Rolle. Sie erkranken auch an der Pest. Wie wir heute wissen, wird *Y. pestis* von den Ratten auf den Menschen durch den Biss des Rattenflohs übertragen.

Diese großen Erfolge bei der Aufklärung von Infektionskrankheiten, die letztlich der Entwicklung neuer Methoden und der Verfolgung der Koch'schen Postulate zu verdanken sind, resultierten in hygienischen Maßnahmen zur Verhinderung von Seuchen. An vielen Universitäten wurden Hygiene-Institute eingerichtet. So wurde Gaffky 1879 Professor für Hygiene in Giessen und 1904 Nachfolger von Koch in der Leitung des Institutes für Infektionskrankheiten in Berlin. 1901 wurde in Hamburg das Institut für Schiffs- und Tropenkrankheiten gegründet. Koch erhielt für die Entdeckung, den wissenschaftlich begründeten Nachweis und die seuchenhygienische Bekämpfung von Erregern der Infektionskrankheiten 1905 den Nobelpreis für Medizin.

Koch war nicht nur der Begründer der modernen medizinischen Bakteriologie. Er hat sich auch stets für die **Bekämpfung von Infektionskrankheiten**, und als Hygieniker und Beamter des staatlichen Gesundheitswesens, für die Verhinderung von Seuchen eingesetzt. So war er an der Ausarbeitung des Reichsgesetzes zur Bekämpfung der gemeingefährlichen Krankheiten (Seuchengesetz) und der Impfgesetze beteiligt. Das kommt auch in seinen Anstellungsverhältnissen zum Ausdruck. Von 1880–1885 war er am Kaiserlichen Gesundheitsamt tätig, von 1885–1891 übernahm er die Professur für Hygiene an der Berliner Universität und war von 1891–1904 Direktor des neu gegründeten Institutes für Infektionskrankheiten in Berlin. Die bakteriologischen Untersuchungen am Institut waren eng mit der Betreuung der Kranken in den Infektionsabteilungen mehrerer Krankenhäuser, so dem Rudolf Virchow-Krankenhaus und der Charité, sowie der Arbeit in der pathologischen Abteilung verknüpft (Möllers 1950, S. 243–252).

5.3.9 Die Entwicklung von Antikörpern gegen Krankheitserreger

In Zusammenarbeit von Forschung und der sich auf dem Gebiet der Seuchenbekämpfung spezialisierenden Industrie wurden die Arbeiten zur Gewinnung und Herstellung von Antiseren gegen Tuberkulose, Cholera, Diphtherie, Typhus und Tetanus in Verbindung mit der Industrie fortgesetzt. Die Entwicklung eines Impfstoffes zur Bekämpfung der Diphtherie gelang Emil von Behring (1854–1917), einem Schüler von Koch, zusammen mit S. Kitasato (1852–1931) 1895 durch Herstellung von Antikörpern im Pferdeserum gegen *Corynebacterium diphtheriae*, dem Erreger der Diphtherie und später die Tetanusprophylaxe durch Antiseren gegen *Clostridium tetani* (Behring u. Kitasato 1890). Diese Leistung wurde 1901 mit der Verleihung des Nobelpreises an Behring gewürdigt. Beide Erreger bilden Exotoxine – das sind hoch toxische Proteine, die von den Bakterien ausgeschieden werden. Zur Herstellung von Antikörpern gegen die Diphtherie wurden Pferden steigende Dosen an Diphtherietoxin verabreicht. Das bereitete anfänglich Schwierigkeiten, da bei diesem Antigen die letale und die immunstimulatorische Wirkung dicht beieinander liegen. Heute werden die immunogenen Gruppen der Toxinproteine von den toxophoren Gruppen abgetrennt, oder die toxische Wirkung durch Behandlung mit Formaldehyd und Erwärmung neutralisiert, und die Immunisierung mit dem unschädlichen Toxoid durchgeführt. Es ist auch möglich, die Gene der immunogenen Gruppen des Toxins in Bakterien oder Zellkulturen zu exprimieren, also das Antigen durch molekulargenetische Methoden in Fremdorganismen herzustellen und mit diesem Antikörper zu produzieren.

5.3.10 Paul Ehrlich und die Chemotherapie

Paul Ehrlich (1854–1915) postulierte durch seine Seitenkettentheorie die Bildung von Antikörpern gegen spezifische Gruppen von Stoffen und die Auslösung einer Immunität (humorale Immunität) (Ehrlich 1891). Er entwickelte theoretische Ansätze zur Erklärung der passiven Immunisierung und Methoden für die Standardisierung von Toxinen und Antiseren. Somit legte er den Grundstein für eine rationale Therapie mit Immunseren und für die quantitative Analyse der Wirksamkeit von Antikörpern. Er ist auch der Begründer der Chemotherapie nach dem Prinzip

Abb. 5.5 Paul Ehrlich
(1854–1915) Arzt und
Immunologe, Begründer der
Chemotherapie. (Quelle:
Internet)

der selektiven Toxizität, das heißt, der Entwicklung von chemischen Stoffen, die
die Erreger von Krankheiten hemmen oder abtöten, den menschlichen Organismus
aber nicht oder nur schwach schädigen. Nach langen Versuchen gelang es ihm in
Zusammenarbeit mit Shibasaburo Kitasato (1852–1931) Neosalvarsan, eine Arsen-
verbindung zur Therapie der Syphilis 1914 auf den Markt zu bringen. Paul Ehrlich
hatte verschiedene Professuren in Berlin, Göttingen und Frankfurt inne und war
zuletzt Direktor des Instituts für experimentelle Therapie in Frankfurt. 1908 erhielt
er zusammen mit Elias Metschnikow, der die Theorie der Phagozyten (der Fress-
zellen im Serum, die eingedrungene Bakterien aufnehmen und vernichten; zelluläre
Immunität) entwickelte, den Nobelpreis für Medizin (Abb. 5.5).

5.3.11 Kochs zweite Ehe

Zwischen Robert Koch und seiner Frau Emmy, geb. Fraatz, mit der er seit 1867
verheiratet war, trat in den Berliner Jahren eine Entfremdung ein. Sie hatte wenig
Verständnis für seine wissenschaftlichen Arbeiten und die immer geringere Zeit,
die er dem häuslichen Bereich widmete. Den Ausschlag gab aber die Bekannt-
schaft des 50jährigen mit der über 30 Jahre jüngeren Hedwig Freiberg, die er im
Atelier des Porträtmalers Graef kennen und lieben gelernt hatte. Seine Frau willig-
te in die Scheidung ein und kehrte 1893 nach Clausthal zurück, wo ihr Koch sein
Elternhaus zurückgekauft hatte. Die einzige Tochter von Emmy und Robert Koch,
Gertrud (Trudchen), heiratete den Oberstabsarzt und Professor Pfuhl. Emmy Koch
besuchte in Straßburg oft ihre Tochter und ihre drei Enkelkinder. 1893 heiratete
Koch Hedwig Freiberg, die ihn auf den vielen Forschungsreisen der späteren Jah-
re begleitete. Nach dem Tod von Robert Koch unternahm sie noch mehrere Ost-
asienreisen, um Religion, Kunst und Philosophie in Japan und China zu studieren
(Möllers 1950).

5.3.12   Kochs Untersuchungen tropischer Infektionskrankheiten

Im Anschluss an die Expedition nach Indien reiste Koch nach Ostafrika, um dort Pest, Malaria, Texasfieber und die Schlafkrankheit zu studieren. 1899 war Koch in Batavia (Java, Indonesien) und Neuguinea. In einem Brief an Pfeiffer berichtet er anschaulich über seine Tätigkeiten unter den Bedingungen des tropischen Klimas:

> Wir mussten recht angestrengt arbeiten, um die so nothwendigen Massenuntersuchungen (Malaria und andere Infektionskrankheiten) durchführen zu können. Daneben noch ärztliche Praxis, da wir während unseres langen Aufenthaltes in Stephansort den Plantagenarzt vertreten mussten, der bei unserer Ankunft krank nach Europa geschafft werden musste, um bald darauf zu sterben. Ich speciell habe noch zwei Monate lang bei meinen Fahrten in der Südsee den Schiffsarzt spielen müssen. Da können Sie sich ungefähr vorstellen, wie es uns ergangen ist. Eine Erholungsreise war es wahrlich nicht, dagegen sehr anstrengend, mitunter auch gefährlich; denn zweimal bin ich mit knapper Noth dem feuchten Grab in den Meereswellen entgangen; aber alles in allem, namentlich in der Erinnerung, wenn man wieder trocken und sicher daheim sitzt, hochinteressant (Möllers 1950, S. 253).

Es ging Koch vor allem um die Bekämpfung der Malaria. Die Übertragungsmechanismen des Erregers – das sind verschiedene Plasmodium-Arten (Protozoen, Klasse Apicomplexa) – durch die Stechmücke *Anopheles* war schon bekannt; Koch hat zusammen mit anderen Forschern die Biologie der Mücken, ihre Verbreitung in den Malariagebieten und die Bekämpfung der verschiedenen Formen der Malaria untersucht.

Auf dem Tuberkulosekongress, der 1901 in London stattfand, konnte Robert Koch berichten, dass der Erreger der menschlichen Tuberkulose sich von dem Erreger der Rindertuberkulose unterscheidet und nicht auf das Rind übertragen werden kann. Es ist schon erstaunlich, dass Koch in diesen Jahren seine Reisen in die Tropen – um Infektionskrankheiten, vor allem Malaria, aber auch Typhus, Tierseuchen wie die Rinderpest, und Überträger wie Zecken, zu studieren und Antiseren herzustellen – mit den Arbeiten am Institut verbinden konnte. Aus Afrika schreibt er an Gaffky: „Bei uns zu Hause ist nun schon so gründlich aufgearbeitet und die Concurrez eine so gewaltige, dass es sich wirklich nicht mehr lohnt, dort zu forschen. Hier draußen aber, da liegt noch das Gold der Wissenschaft auf der Straße … Ich habe diesmal nicht mit der Rinderpest, sondern mit einer Gruppe von Krankheiten zu thun, deren Parasiten zu den Protozoen gehören". Er ist bestrebt, in Rhodesien ein Schutzimpfungsverfahren zu entwickeln. Seinen 60. Geburtstag begeht Koch mit seiner Frau in Bulawayo. In Berlin ließ ein Festkomitee eine Marmorbüste von Koch herstellen, die im Institut für Infektionskrankheiten aufgestellt werden sollte; und in einer umfangreichen Festschrift, die ihm übersandt wurde, wurden die Arbeiten zahlreicher Mitarbeiter und Kollegen (v. Drigalski, Saarbrücken; Frh. v. Dungern, Freiburg i. Br.; P. Ehrlich, Frankfurt a. M.; P. Frosch, Trier; C. Flügge, Breslau: C. Fraenkel, Halle a. S.; A. Gärtner, Jena; R. Pfeiffer, Königsberg; F. Hueppe, Prag und viele andere) zusammengestellt. In einem Brief an seine Tochter („Frau Generaloberarzt Pfuhl") schreibt er: „Liebes Trudchen, … Es ist doch eine eigene Sache mit diesem Tage, von dem das eigentliche Alter beginnt … hin und wieder habe ich, wie mir scheint, auch schon leise Andeutungen davon, Herzbeschwerden verbunden mit

Kurzatmigkeit, die zwar immer bald wieder vorübergehen, aber doch zur Vorsicht mahnen" (Möllers 1950, S. 276). Er berichtet in diesem Brief auch von einer Reise nach Pretoria und Bloemfontgain zu einer Rinderpestkonferenz, die hin und zurück eine zehntägige Eisenbahnreise erforderte. Nach Untersuchungen am Küstenfieber und der Pferdesterbe kehrt Koch nach Berlin zurück. Schon von Afrika aus hatte er sein Abschiedsgesuch vom Posten des Direktors des Institutes für Infektionskrankheiten an die vorgesetzte Behörde geschrieben. Bei seiner Rückkehr von Ägypten nach Neapel musste er mit einem überfüllten und keinen Komfort bietenden Schiff vorlieb nehmen. Sein Hauptgepäck mit dem Sammlungsmaterial und seinen Aufzeichnungen, das mit dem Dampfer „Kurfürst" verunglückte, konnte gerettet werden.

Koch wurde von seinem Amt als Direktor des Institutes entbunden, konnte aber bei voller Bezahlung weiter seiner Forschungstätigkeit nachgehen. Im Dezember 1904 kehrte Koch nach Afrika zurück, wo es ihm gelang, die Rekurrensspirochaeten in einer Zeckenart (*Ornithodorus savignyi*) und die Übertragung der Trypanosomen (*Trypanosoma brucei, var. brucei, var. gambiense, var. rhodesiense*), die Erreger der Schlafkrankheit, durch die Tsetsefliege nachzuweisen. Als praktische Maßnahmen zur Bekämpfung der Krankheit sieht Koch die Vernichtung der Fliegen und die Verabreichung von Atoxyl- und Trypanrot-Präparaten: die ersten Chemotherapeutika.

Um zu den verschiedenen Krankheitsherden zu gelangen, scheute er sich auch nicht vor einem Marsch von Daressalam durch das von Regen triefende Schilfgras und die Überquerung eines Flusses mit einem Einbaum, um nach Iringa zu gelangen. Er sammelt dort verschiedene *Glossina*-Arten (Tsetsefliegen) für Spezialisten daheim. Am 12. Dezember 1905 wurde Robert Koch in Stockholm der Nobelpreis überreicht. 1906 reiste Koch erneut nach Deutsch- und Englisch- Ostafrika und Uganda, um vor allem die Schlafkrankheit zu studieren. Er wohnte, wo es die Verhältnisse erforderten, in einfachen Holzhütten oder in Zelten. Dabei kam es zu Lymphangiten durch vernachlässigte Wunden, verursacht durch Sandflohbisse. 1907 kehrte er nach Berlin zurück. In Berlin wurde die Robert-Koch-Stiftung zur Bekämpfung der Tuberkulose gegründet. Private Spender, die Industrie und der Kaiser spendeten namhafte Beträge, so auch der Amerikaner Carnegie.

5.3.13 Reise nach Japan

Im Anschluss an eine internationale Konferenz zur Bekämpfung der Schlafkrankheit in London trat Koch mit seiner Frau eine mehrmonatige Reise nach Japan an. Nach einer stürmischen Fahrt über den Atlantik erreichten sie New York, wo die Deutsche Medizinische Gesellschaft ein Bankett zu seinen Ehren veranstaltete. Koch bedankte sich für die Ehrung und die finanziellen Beiträge zur Robert-Koch-Stiftung. Es folgten Besuche am Niagarafall, in Chicago und Keystone, wo Kochs Bruder lebte und eine Farm betrieb. Weiter ging es nach San Francisco und mit dem Schiff nach Honolulu, wo sie zwei Wochen blieben, um sich von dem Trubel, den die Besuche, die Reporter und das Reisen mit sich brachten, zu erholen. Am 1. Juni fuhren die Kochs weiter nach Yokohama, wo sie am 12. Juni eintrafen und von Professor Kitasato und vielen japanischen Wissenschaftlern begeistert empfangen und in Tokio mit großem Aufwand gefeiert wurden. Am 25. Juni 1908 wurde Koch mit seiner Frau vom Kaiser empfangen. Kitasato und seine Mitarbeiter begleiteten das Ehepaar Koch auf ihrer Rundreise durch Japan, um in Kyoto, Nara, Kobe, Osaka, Yokohama und vielen anderen Stätten kulturelle und landschaftliche Sehenswürdigkeiten des Landes zu besichtigen und die Gastfreundschaft verschiedener ärztlicher Vereinigungen zu genießen. In mehreren Briefen berichtet Koch an Kollegen und seine Tochter über die große Gastfreundschaft und Liebenswürdigkeit der Japaner und seine Eindrücke vom Land. Von Japan aus wollten die beiden eigentlich nach China weiterreisen. Aber Koch erhielt von seiner vorgesetzten Behörde den Auftrag, nach Washington zurückzukehren, um dort als Delegierter an einem internationalen Kongress teilzunehmen. Es ist verständlich, dass Koch über diese behördliche Anweisung nicht begeistert war. Er folgte aber der Aufforderung und reiste von Yokohama bei ruhiger See mit dem Schiff nach Vancouver, und von dort per Bahn über Banff in den Rocky Mountains, Denver nach Montreal und Washington, wo er an dem Kongress teilnahm und über seine Tuberkulosearbeiten berichtete. Nach der Rückkehr von seiner Reise bedankte sich Koch in Briefen an Kitasato für die vielen Geschenke und die große Gastfreundschaft.

Die wissenschaftlichen Beziehungen zwischen Japan und Deutschland begannen 1871 auf medizinischem Gebiet durch die Beteiligung einer Reihe von Medizinern aus Deutschland an der Reorganisation der Medizinerausbildung in Japan, ausgelöst durch Bitten der japanischen Regierung. Der Unterricht wurde in deutscher Sprache abgehalten und das Staatsexamen nach der damals in Deutschland üblichen Form durchgeführt. Japanische Mediziner reisten nach Deutschland, um sich in Spezialdisziplinen auszubilden. So kam auch Shibasaburo Kitasato 1885 auf einer zweimonatigen, beschwerlichen Reise als Zwischendeckpassagier über den Indischen Ozean nach Deutschland, um bei Robert Koch zu lernen und zu arbeiten. Wie oben berichtet, hat er während seines Aufenthaltes in Deutschland den Tetanuserreger isoliert, das Tetanustoxin nachgewiesen und zusammen mit Behring die Tetanus- und Diphtherie-Immunisierung entwickelt. 1892 kehrte er nach Japan zurück, um dort die bakteriologische Forschung aufzubauen und sich an vielen Forschungsprojekten zu beteiligen. Das Kaiserliche Institut für Infektionsforschung und später das Kitasato Institut gehen auf seine Aktivität zurück. 1909 erwiderte Kitasato den Japanbesuch von Koch und wurde während seines mehrmonatigen Aufenthaltes auch von Kaiser Wilhelm II. empfangen.

5.3.14 Kochs letzte Lebensjahre

Nach seiner Rückkehr musste sich Koch mit Vorwürfen von Tierschützern auseinandersetzen, weil er angeblich die Ausrottung des Großwildes in Afrika empfohlen hätte. Koch ging es aber um eine Begrenzung von Wildtierarten in Gegenden, in denen Rinderzucht betrieben wurde, mit dem Ziel, die Tsetsefliege auszurotten, die verschiedene Wildtiere als Zwischenwirt benutzt. Sein wissenschaftliches Interesse galt weiterhin der Tuberkulose und der Entwicklung eines Impfstoffes gegen diese Krankheit. Er arbeitete an diesen Problemen im Institut für Infektionskrankheiten und in den Kliniken.

1910 mehrten sich bei Koch Anfälle mit Unregelmäßigkeiten der Herztätigkeit und einem Lungenödem. Er reiste daher mit seiner Frau nach Baden-Baden, wo sich zunächst sein Zustand besserte, aber am 27. Mai 1910 der Tod eintrat. Auf seinen Wunsch hin wurde er eingeäschert und die Urne seiner sterblichen Reste nach Berlin überführt, wo sie in einem Mausoleum im Institut für Infektionskrankheiten beigesetzt wurde.

Vorbereitet durch die wissenschaftlichen Fortschritte der vergangenen Jahrhunderte war das letzte Drittel des 19. Jahrhunderts eine für die Infektionskrankheiten, ihre Bekämpfung und die allgemeine Mikrobiologie entscheidende Periode. Die Schilderung des Lebens und Wirkens einiger Vertreter sollte zeigen, dass in dieser Zeit die Basis für die moderne Mikrobiologie des 20. Jahrhunderts geschaffen wurde, die dann wieder durch die molekulargenetische Periode am Ende des 20. Jahrhunderts abgelöst wurde.

Kapitel 6
Die vielfältigen Aktivitäten von Bakterien in der Natur

6.1   Entwicklung von Methoden und Denkansätzen

Im 18. und 19. Jahrhundert wurden viele morphologische und physiologische Eigenschaften von Bakterien und anderen Mikroorganismen erforscht. So wurde über Unterschiede in den Ansprüchen der Bakterien an Temperatur, Sauerstoffgehalt, Nahrungsstoffe und andere Lebensbedingungen, sowie bei Symbionten oder Parasiten über deren Wirtsspezifität berichtet. Zunächst wurden diese unterschiedlichen Merkmale noch nicht als konstante Eigenschaften einer Art angesehen, da es Vergleichsuntersuchungen mit den Proben verschiedener Autoren noch nicht gab. Jeder beschrieb, was er beobachtet hatte. Da die Bakterien ähnlich aussahen, auch wenn sie aus verschiedenen Umweltbereichen entnommen wurden, entstanden oft widersprüchliche Befunde. Trotzdem bildete dieses Wissen eine Voraussetzung für die weitere Erforschung der Rolle von Mikroorganismen in der Umwelt und als Erreger von Krankheiten. Ein entscheidender Fortschritt konnte erst durch die Herstellung von Reinkulturen aus den vorliegenden Mischkulturen der Organismen erreicht werden. Viele Missverständnisse und fehlerhafte Ergebnisse waren auch darauf zurückzuführen, dass es keine, für Vergleichsuntersuchungen so wichtige Stammkultursammlungen gab und jeder, der mit Mischkulturen arbeitete, über andere Ergebnisse berichtete.

Erst die **Herstellung von Reinkulturen** der Mikroorganismen und der Nachweis, dass diesen bestimmte Eigenschaften zugeordnet werden können, eröffnete die Möglichkeit, die Aktivitäten einzelner Organismen in einem ökologischen System und in ihrer Wechselbeziehung zu anderen Organismen zu untersuchen. Die Fragestellungen entstanden oft aus den Bedürfnissen des täglichen Lebens heraus. So wurde das Auftreten von Krankheiten bei Mensch, Tier und Nutzpflanze – wie Milzbrand der Schafe, Tuberkulose und Cholera des Menschen, Flacherie der Seidenraupen, Fehlgärungen bei der Weinherstellung und die Mehltauerkrankung der Reben – von den Forschern des 19. Jahrhunderts untersucht. Voraussetzung dafür war die Überwindung alter, überlieferter Vorstellungen wie der Spontanzeugung, dem Glauben an das Einwirken übernatürlicher Kräfte auf das Naturgeschehen und die spekulative Begründungen für Verhaltensweisen, wie die Miasmentheorie für das Entstehen von Krankheiten oder die Ansicht, dass die verschiedenen

G. Drews, *Mikrobiologie,* DOI 10.1007/978-3-642-10757-3_6,
© Springer-Verlag Berlin Heidelberg 2010

Mikroorganismen nur Anpassungsformen eines Organismus an ihre Umgebung seien. Die stetige Zunahme des rational-kausalen Denkens und die Entwicklung der kritisch-analytischen Experimentierkunst, die im 19. Jahrhundert durch die Fortschritte auf chemisch-physikalischem Gebiet gefördert wurde, waren weitere Voraussetzungen für die erfolgreiche Entwicklung der Naturwissenschaften. Einen enormen Einfluss auf die biologische Forschung hatte seit der zweiten Hälfte des 19. Jahrhunderts die **Theorie der Evolution**, begründet vor allem durch Charles Darwin (1809–1882), die die große Artenvielfalt auf der Erde und das Entstehen und Verschwinden neuer Arten auf die Variation (Veränderungen im Genom) und die natürliche Selektion – das heißt, die Begünstigung oder Behinderung von Entwicklung und Vermehrung einzelner Vertreter der Arten durch Faktoren der Umwelt und die Interaktionen innerhalb von Populationen – zurückführte (Mayr 1982, 1994). Eine Stütze der Evolutionsforschung war die Geologie, deren Vertreter in den Ablagerungen früherer Erdperioden Versteinerungen von Tieren und Pflanzen entdeckten, die sich deutlich von den in der Jetztzeit lebenden Arten unterschieden. Durch die Reihenfolge der Schichten konnte auf die zeitliche Abfolge im Auftreten der verschiedenen Arten geschlossen werden. Eine absolute Zeitbestimmung des Alters dieser Fossilien wurde erst in unserer Zeit durch Anwendung der Isotopentechnik möglich. Auch die Entdeckung neuer Arten in den verschiedenen Klimazonen und Habitaten erlaubten Rückschlüsse auf die Anpassung an Standortbedingungen durch Selektion und Variation. Hier sei, neben Darwin, Alfred Russel Wallace (1823–1913) genannt, der vor allem in Südamerika und im Malaiischen Archipel Material gesammelt hatte. Er hatte durch die Entdeckung der Verbreitung verschiedener Tierarten und -gattungen im indonesischen Archipel gleichzeitig mit Darwin das Prinzip der Evolution aus seinen Untersuchungen abgeleitet.

Die Mikroorganismen wurden in dieser Zeit noch nicht in die ökologisch-evolutionsbiologischen Untersuchungen eingeschlossen. Erst nach Entwicklung analytisch-biochemischer Methoden im 19. Jahrhundert, konnte der Stoffwechsel der Bakterien untersucht werden. Die genaue Analyse der Stoffwechseltypen der inzwischen in Reinkulturen vorliegenden und in Stammsammlungen allen Forschern zur Verfügung stehenden Mikroorganismen erfolgte erst im 20. Jahrhundert. Parallel zu der Bestimmung der artspezifischen Merkmale wurden die natürlichen Standorte in ihren physikalischen und chemischen Eigenschaften und den darin vorkommenden Arten der Mikroorganismen charakterisiert. Die Erkenntnis, dass zwischen einem Lebensraum und den darin lebenden Organismen Wechselbeziehungen bestehen, führte zunächst bei Botanikern und Zoologen zur Einführung des Begriffes **Ökosystem**. Dieses Konzept der am Ökosystem orientierten Betrachtungsweise leitete die Erforschung der **Stoff- und Energiekreisläufe** in der Natur ein.

Die Mikrobenökologie untersuchte zunächst das Vorkommen einzelner Stoffwechseltypen im Boden und in den Gewässern. Diese Forschung entwickelte sich nur langsam und führte eigentlich nur zu einer Art Bestandsaufnahme und Registrierung der Artenverteilung, aber auch schon zum Begriff der Stoffkreisläufe. Erst die moderne Molekularbiologie und molekulare Genetik und die mit ihnen entwickelten, immer effizienter werdenden Techniken erlauben es in der heutigen Zeit, die Dynamik des Stoffwechsels der Mikroorganismen, ihre Interaktionen mit der

Umwelt und die Regulation ihrer Aktivitäten in der Wechselwirkung mit den biotischen und abiotischen Umweltfaktoren genauer zu analysieren. Vor allem waren es die Methoden der Sequenzierung der DNA, der Desoxyribonukleinsäure, dem Speichermaterial des Erbgutes, die auf der Basis von Sequenzen entwickelte Sondentechnik, mit deren Hilfe man heute einzelne Gattungen oder Arten sowie nicht kultivierbare Bakterien und deren spezifische Gene nachweisen kann. Die Expressionsanalytik, welche die Messung der Messenger-RNA (m-RNA: Botenribonukleinsäure, die die Information zur Bildung von Proteinen von der DNA an die Ribosomen weiterleitet) ermöglicht, erlaubte die Bestimmung der Stoffwechselaktivitäten unter natürlichen Umweltbedingungen.

Die **Stoffkreisläufe** bestehen aus einer abiotischen und einer biologischen Komponente. **Geochemische Transformationen** entstehen durch geothermale Prozesse in der Erdrinde, dort wo Wasser, durch unterirdische Magmakammern aufgeheizt, mit Sedimenten oder Eruptivgesteinen zusammentrifft. So können metallische Verbindungen, Wasserstoff, Methan und Ionen wie HS^- und SO_3^{2-} gebildet werden. Andere Stoffe entstehen durch Diagenese: das sind chemische Umwandlungen von Gesteinsmineralien und tektonische Prozesse sowie Erosion durch Verwitterung. Auch in der Atmosphäre finden abiotische Stoffumwandlungen statt. So entsteht hier aus N_2 und $O_2 \rightarrow 2NO_x$. In den biologischen Kreisläufen sind Mikroorganismen die ausschließlichen oder wichtigsten Akteure. Sie haben im Laufe der Evolution während >3,7 Milliarden Jahren fast alle ökologischen Habitate erobert. Abgestorbenes organisches Material, niedermolekulare Verbindungen sowie Ionen (CO_2, HS^-, SO_3^{2-}, H_2, PO_4^{3-}, FeS_2, SiO_3, CO_3^{2-}) werden unter oxischen und anoxischen Bedingungen (oxisch: Vorhandensein von Sauerstoff; anoxisch: Fehlen von Sauerstoff) umgesetzt und die Endprodukte den Pflanzen als Nährstoffe für die Primärproduktion zur Verfügung gestellt (Falkowski et al. 2008).

6.2   Der Stickstoffkreislauf

6.2.1   Fixierung elementaren Stickstoffs

Stickstoff (N_2) ist neben Kohlenstoff eine der Hauptkomponenten organismischer Baustoffe. Pflanzen und die meisten Mikroorganismen können anorganische Stickstoffquellen (unter anderem NO_3^-, NH_4^+, N_2) verwerten. Höhere Organismen, fast alle Tiere, benötigen eine organische Stickstoffquelle – beim Menschen sind es vor allem die Proteine. Daher muss in der Natur ein Kreislauf der Stickstoffverbindungen stattfinden, damit die erforderlichen Ausgangsstoffe für die Nahrungsaufnahme zur Verfügung stehen.

Jean Baptiste Boussingault entdeckte, dass Nitrat-Stickstoff (NO_3^-) den Pflanzen als eine anorganische Stickstoffquelle dienen kann und deren Wachstum fördert. Es war eine alte Erfahrung der Landwirte, dass sich der Anbau von Schmetterlingsblütlern (Leguminosen; Erbse, Bohne, Luzerne, Klee) positiv auf die Bodenfruchtbarkeit auswirkt und keine Stickstoffdüngung erfordert. Erste Hinweise darauf, dass die Leguminosen ihren Stickstoffbedarf aus dem Stickstoff der Luft decken können, erhielt Boussingault schon 1837 durch Messung der Zunahme an pflanzlichem Stickstoff in Gefäßkulturen, die nicht mit Nitrat oder Ammonium gedüngt wurden. E. Lachmann beobachtete 1858 und M. Woronin 1866 die mit Bakterien gefüllten Knöllchen an den Wurzeln der Leguminosen. Der Norweger J. Brunchhorst hat in seiner in Tübingen angefertigten Doktorarbeit nachgewiesen, dass die Wurzelknöllchen der Erle nach Infektion der Wurzeln mit Bodenbakterien gebildet werden. H. Hellriegel und H. Wilfarth haben 1888 an der landwirtschaftlichen Versuchsstation in Bernburg die Bildung von Wurzelknöllchen nach Infektion mit Bakterien beobachtet und die gleichzeitige Reduktion von N_2 aus der Luft zu Ammoniak gemessen. Der gebildete Ammonium-Stickstoff wird an die Pflanze abgegeben. Martinus W. Beijerinck (1851–1931) konnte in Delft 1888 nach Kenntnisnahme der Hellriegel'schen Versuche ein Bakterium isolieren, das die Knöllchenbildung verursacht. Er gab diesem Bakterium den Namen *Bacillus radicicola* (Beijerinck 1888). Die Untersuchungen an verschiedenen, Wurzelknöllchen-bildenden Pflanzen ergaben eine hohe Spezifität für das symbiontische Verhältnis zwischen Bakterien und Wirtspflanze (Fred et al. 1932). Heute wissen wir, dass z. B. *Rhizobium leguminosarum, biovar vicia* Stickstoff in Erbse, Linse und Wicke fixiert. *Bradyrhizobium japonicum* katalysiert diesen Prozess in den Knöllchen der Sojabohne. Die Infektion der Wurzel durch diese Bakterien, die Auslösung der Knöllchenbildung, die Stickstofffixierung sowie die Stoffwechselprozesse in den Knöllchen und der Austausch von Informationen zwischen Wirt und Bakterium sind hoch spezifische und streng regulierte Vorgänge, die sich im Laufe der Evolution zu einer perfekten Symbiose, also einem engen Zusammenleben zweier Organismen, entwickelt haben, das beiden Partnern Vorteile bringt. Die Pflanze erhält von den Bakterien den für ihre Entwicklung notwendigen Stickstoff und liefert an das Bakterium Kohlenhydrate und verzweigtkettige Aminosäuren. Ein konstant niedriger Sauerstoffpartialdruck in dem pflanzlichen Gewebe der Knöllchen ermöglicht die Stickstofffixierung durch das Sauerstoff-empfindliche Enzym Nitrogenase der Bakterien und erlaubt gleichzeitig die Atmung über die Atmungskette mit Hilfe einer speziellen Cytochromoxidase. Neben den symbiontischen Stickstofffixierern wurde eine große Anzahl freilebender Bakterien entdeckt, die diese Fähigkeit im Laufe der Evolution erworben haben (Kap. 13.9).

6.2.2 Sergej Nikolaevitch Winogradsky (1856–1953)

Winogradsky (Abb. 6.1) verlebte seine Kindheit in Kiew und studierte in St. Petersburg Botanik. Angezogen von den durch Pasteur, Cohn und de Bary auf mikrobiologischem Gebiet erzielten Fortschritten arbeitete er ab 1885 in Straßburg bei de Bary. Nach dessen Tod ging er nach Zürich, um dort selber bedeutende Entdeckungen zu machen. Von 1891 bis 1917 arbeitete er wieder in St. Petersburg und folgte 1922 einer Einladung von Émil Roux, dem Direktor des Institut Pasteur in Paris, um sich dort den bodenbewohnenden Bakterien zuzuwenden. Durch seine Arbeiten wurde er

Abb. 6.1 Nikolaevitch
Winogradsky (1856–1953).
(Quelle: Wikipedia)

einer der bedeutenden Bakteriologen im ausgehenden 19. und beginnenden 20. Jahrhundert. Angeregt von den neuen Erkenntnissen über symbiontische Stickstofffixierer suchte er nach freilebenden Bakterien, die N_2 reduzieren können. Dazu füllte er in
eine Flasche Zuckerlösung ohne eine Stickstoffquelle und fügte eine Erdprobe hinzu.
Nach dem Verbrauch des Sauerstoffs in der Flasche entwickelte sich eine Population
von Buttersäuregärern. Das isolierte Bakterium wurde *Clostridium pasteurianum*
genannt und war das erste freilebende Bakterium, das nachweislich unter Luftaus-
schluss, also anaerob, Stickstoff zu Ammoniak reduziert (Winogradsky 1902). 1902
wurde das erste aerob lebende Bakterium isoliert, das Stickstoff fixiert. Es wurde
Azotobacter chroococcum genannt (Beijerinck u. van Delden 1902). Heute kennen
wir eine große Zahl von Bakterien aus verschiedenen systematischen Gruppen, die
Stickstoff fixieren können. Im Meer, aber auch in vielen terrestrischen Bereichen,
gehören viele Cyanobakterien zu den Stickstofffixierern. Durch Anwendung der
Mikrorespirometrie konnte der Gasverbrauch in einem geschlossenen Gefäßsystem
gemessen und die Rate der Stickstofffixierung bei definierten Gasdrucken bestimmt
werden. Mit Verfeinerung der analytischen Methoden und Einführung der Isotopentechnik im 20. Jahrhundert wurde es schließlich möglich, den enzymatischen Prozess der N_2-Reduktion aufzuklären.

6.2.3 Nitrogenase und Stickstoffreduktion

Die Reduktion von molekularem Stickstoff (N_2) zu Ammoniak mit Wasserstoff ist
eigentlich ein Prozess, bei dem Energie frei wird (exergon) ($N_2 + 3H_2 \rightarrow 2NH_3$;
$\Delta G^{0'} = -53$ kJ). Die stabile Dreifachbindung des Distickstoffmoleküls erfordert
aber eine sehr hohe Aktivierungsenergie. Daher gelingt die großtechnische Herstellung von Ammoniak nach dem Haber-Bosch-Verfahren nur mit Hilfe eines Katalysators und unter Anwendung hoher Temperaturen (450°C) und Drucke (300 bar).

Die Bakterien, die zur N_2-Reduktion befähigt sind, verwenden ATP – die allgemeine zelluläre Energiequelle –, um das notwendige negative Potential zu erzeugen (N_2 + 8[H] + 16ATP → $2NH_3$ + H_2 + 16ADP + 16Phosphat). Die Elektronen für die Reduktion von N_2 werden durch verschiedene Prozesse, z. B. über das Photosystem I bei den Cyanobakterien oder durch Oxidation von Pyruvat, H_2 oder Formiat, bereitgestellt und durch das Eisen-Schwefelprotein Ferredoxin oder Flavodoxin auf die Nitrogenase übertragen. Die Nitrogenase ist ein Enzymprotein, das aus der Nitrogenasereduktase, einem Eisen-Schwefel (FeS) -Protein und der eigentlichen Nitrogenase mit zwei FeS-Zentren und den Eisen-Molybdän-Cofaktoren besteht. An den zwei Metallzentren findet die schrittweise Reduktion des Stickstoffs statt. Das Enzym wird durch Sauerstoff irreversibel inaktiviert und muss daher vor Sauerstoff geschützt werden. Das geschieht durch Leben in sauerstofffreiem Milieu, wie bei den Clostridien oder durch eine starke Reduktion des Sauerstoffpartialdruckes in den Knöllchen der Leguminosen, einer Verhinderung von Sauerstoffbildung und Diffusion von Sauerstoff in die Heterocysten der Cyanobakterien oder durch starke Sauerstoffzehrung bei aeroben Bakterien, z. B. bei *Azotobacter*. Der Energiebedarf für die Reaktion ist sehr hoch. So benötigt ein anaerob lebendes Bakterium wie *Clostridium pasteurianum* ungefähr 1 g einer organischen Kohlenstoffquelle um 1 mg Stickstoff zu binden und zu reduzieren; aerobe Bakterien wie *Azotobacter chroococcum* benötigen sogar 30 g Zucker für den gleichen Prozess. Die Fähigkeit zur Stickstofffixierung wurde während der Evolution der Lebewesen nur von den Prokaryoten, also den Eubakterien, Archaebakterien und Cyanobakterien, entwickelt. Durch die Symbiose mit Bakterien können die Schmetterlingsblütler 100–500 kg N_2 pro Hektar und Jahr fixieren. Der Prozess ist also ökologisch und landwirtschaftstechnologisch von großer Bedeutung. Es ist bisher den Chemikern nicht gelungen, ein ähnlich hoch effektives System durch Synthese von organischen Metallverbindungen nachzubilden. In Kap. 13.9.1 und 13.9.2 wird der Vorgang der Knöllchenbildung bei der Leguminosen-Symbiose beschrieben.

6.2.4 Nitrifikation

In den Stickstoffkreislauf in der Natur greifen aber noch andere Bakterien ein. Das durch freilebende Stickstofffixierer oder Düngung in den Boden eingebrachte Ammoniak kann in der Konkurrenz mit der Pflanze durch Nitrifikanten zu Nitrit und Nitrat mit Sauerstoff als Elektronenakzeptor oxidiert werden. *Nitrosomonas* oxidiert NH_3 zu Nitrit und *Nitrobacter* Nitrit zu Nitrat. Diese Bakterien gewinnen durch diese Oxidationsprozesse Energie für ihren Stoffwechsel. Im anoxischen Milieu kann der umgekehrte Prozess, die Nitratatmung, stattfinden.

$$NH_4^+ + 1{,}5O_2 \rightarrow NO_2^- + H_2O;$$
$$\Delta G^{0'} = -275 \text{ kJ/mol } \textit{Nitrosomonas, aerob}^*$$

$$NO_2^- + 0{,}5O_2 \rightarrow NO_3^- + H_2O;$$

$$\Delta G^{0'} = -74 \text{ kJ/mol } \textit{Nitrobacter}, \text{ aerob}$$

$$NO_3^- + 5e^- + 6H^+ \rightarrow \frac{1}{2}N_2 + 3H_2O;$$

$$E^{0'} = +753 \text{ mV Nitratatmung, dissimilatorisch,}$$

$$\text{anaerob, } \textit{Thiobacillus denitrificans.}^*$$

* − siehe Box 12.1

Die Prozesse der Nitrifikation und Denitrifikation dienen ausschließlich der Gewinnung von Energie und nicht der Assimilation von Stickstoff für die Ernährung.

Durch Denitrifikation wird der Stickstoff aus dem Abwasser, aber auch Stickstoffdünger aus dem Boden entfernt, wenn bei Staunässe der Sauerstoffgehalt des Bodens durch Bakterien stark reduziert wird.

Die zu den β- und γ-Proteobakterien (Proteobakterien bilden eine große phylogenetische Gruppe der gramnegativen Bacteria) gehörenden Nitrifizierer wurden von S. N. Winogradsky (Abb. 6.1) isoliert. Er entdeckte, dass diese Bakterien Kohlendioxid aus der Luft als einzige Kohlenstoffquelle für den Zellstoffwechsel assimilieren, also chemolithoautotroph wachsen (Winogradsky 1890). Winogradsky war der Erste, der nachwies, dass nicht nur Pflanzen, sondern auch Bakterien autotroph wachsen können. Später haben sich Horst Engel (1901–1986) und seine Schüler in Hamburg mit der Biologie und Physiologie der nitrifizierenden Bakterien beschäftigt. An dem ersten Schritt der aeroben Nitrifikation im Boden und in den Ozeanen sind auch Vertreter der Crenarchaeota, einer Gruppe von Archaebakterien, beteiligt. Im Nordatlantik sind diese, meist heterotroph lebenden Ammonium-Oxidierer vor allem zwischen 200 und 1.000 m Tiefe nachweisbar, fanden sich aber auch bis zu einer Tiefe von 4.000 m. Sie wurden durch den Besitz einer für Archaea typischen Ammonium-Monooxygenase und ihre ribosomale RNA identifiziert (Agogué et al. 2008).

6.2.5   *Dissimilatorische Nitratreduktion, Denitrifikation*

Der Nitratsauerstoff ist im anaeroben Bereich ein wirksamer Elektronenakzeptor. Man spricht daher von Nitratatmung oder dissimilatorischer Nitratreduktion, weil die Oxidation von Substrat mit der Reduktion von Nitrat gekoppelt, und dadurch Energie gewonnen werden kann. Die Denitrifikanten sind in der Regel fakultative Nitratreduzierer, die in Gegenwart von Sauerstoff über eine Atmungskette (Kap. 6.4.1) mit Sauerstoff als Elektronenakzeptor Energie gewinnen.

Nitrat ist nach Sauerstoff der beste Elektronenakzeptor bei der Atmung.

$$\text{Glucose} + 4{,}8NO_3^- + 4{,}8H^+ \rightarrow 6CO_2 + 2{,}4N_2 + 8{,}4H_2O;$$

$$\Delta G^{0'} = -2715 \text{ kJ/mol Glucose; } \textit{Pseudomonas}, \text{ fakultativ anaerob.}$$

Die Reduktion von Nitrat zu N_2 oder NH_4^+ unter anaeroben Bedingungen verläuft nach Aufnahme von Nitrat durch ein spezifisches Transportsystem (Nitrat-

Nitrit-Antiporter) schrittweise über NO_2^-, NO und N_2O mit Hilfe der Enzyme Nitrat-, Nitrit- und NO-Reduktase. An den enzymatischen Umsetzungen sind Eisen, Molybdän und Kupfer in den katalytischen Zentren beteiligt. Natürlich gibt es bei den Bakterien, wie bei den Pflanzen auch, eine assimilatorische Nitratreduktion, bei der das aufgenommenen Nitrat zu NH_4^+ reduziert und dieses als Stickstoffquelle für die Synthese von Aminosäuren und anderen N-haltigen Zellbestandteilen verwendet wird.

6.2.6 Anaerobe Ammoniumoxidation

Vor wenigen Jahren wurde die anaerobe Ammoniumoxidation **(Anammox)** entdeckt. Die Anammox-Bakterien sind im Abwasser, aber auch in Ozeanen für den Verlust von Stickstoff verantwortlich.

$$NO_2^- + e^- + 2H^+ \rightarrow NO + H_2O \qquad \Delta G^{0'} = -0,2 \text{ kJ/mol mit } e^- \text{ von Cyt c}$$

$$NO + NH_4^+ + 3e^- + 2H^+ \rightarrow N_2H_4 + H_2O \qquad \Delta G^{0'} = -24 \text{ kJ/mol mit } e^- \text{ von Ubichinol}$$

$$N_2H_4 \rightarrow N_2 + 4e^- + 4H^+ \qquad \Delta G^{0'} = -304 \text{ kJ/mol mit } e^- \text{ von Ubichinol}$$

$$\overline{NO_2^- + NH_4^+ \rightarrow N_2 + 2H_2O \qquad \Delta G^{0'} = -358 \text{ kJ/mol}}$$

Damit das giftige Hydrazin (N_2H_4) nicht den Zellstoffwechsel beeinträchtigt, findet der Anammox-Prozess in einem Kompartiment der Zelle statt (Anammoxosom), das durch Laderane, die durch Etherbindungen mit der Membran verbunden sind, die Diffusion von Hydrazin verhindert (Fuerst et al. 2006).

Die im sauerstofffreien Milieu stattfindenden Reaktionen der dissimilatorischen Nitratreduktion (Denitrifikation) und der anaeroben Ammoniumoxidation dienen beide der Gewinnung von Energie, und führen zu einem Verlust an Stickstoff, da der gebildete Distickstoff als Gas entweicht. Im östlichen Teil des tropischen Südpazifiks gibt es vor Peru Regionen mit sehr niedrigem Sauerstoffgehalt ($\leq$10 µmol oder 0,25 ml O_2 pro Liter). Der Stickstoffverlust in diesen Gebieten ist überwiegend auf die Anammox-Bakterien zurückzuführen und weniger auf Denitrifikation. Eine Ausgangsverbindung der Anammox-Reaktionen, das NO_2^-, entsteht in diesem Gebiet zu $\geq$67% durch Nitratreduktion und zu $\leq$33% durch aerobe Ammoniumoxidation. NH_4^+, das in der Anammox-Reaktion umgesetzt wird, entsteht zu einem Teil durch dissimilatorische Nitratreduktion bis zum Ammonium, zum anderen Teil durch Remineralisierung organischen Materials, hier symbolisiert in der Summenformel $(CH_2O)_{106}(NH_3)_{16}H_3PO_4$:

$$(CH_2O)_{106}(NH_3)_{16} H_3PO_4 + 212NO_3^- + 16H^+ \rightarrow 106CO_2 + 16NH_4^+$$
$$+ 212NO_2^- + 106H_2O + H_3PO_4$$

(Lam et al. 2009).

6.2.7 Ökologische Aspekte des Stickstoffkreislaufes

Die biochemischen Umsetzungen im Stickstoffkreislauf (Abb. 6.2) entstanden im Laufe der langen Evolution der Bakterien in Anpassung zunächst an die, durch geochemische Prozesse gebildeten, und später an die durch Zersetzung von organischem Material entstandenen, anorganischen Stickstoffverbindungen. Die Assimilation von Ammonium geschieht bei Bakterien und Pflanzen über das GOGAT System (Abb. 6.3). Die Stickstofffixierung durch die Nitrogenase wurde wahrscheinlich später nach Verarmung von Böden und Meeren an Stickstoff durch Zunahme von Organismen entwickelt.

Anorganische Stickstoffverbindungen entstehen neben den oben genannten abiotischen Prozessen vor allem durch schrittweisen Abbau der stickstoffhaltigen organischen Verbindungen durch Mikroorganismen, aber auch durch Verdauungsprozesse höherer Organismen.

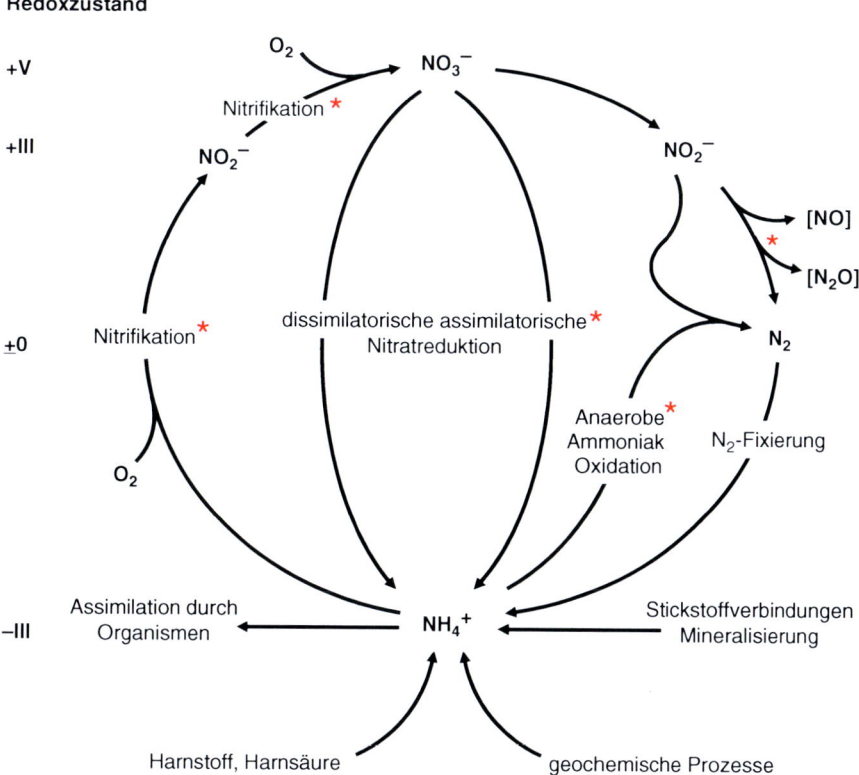

Abb. 6.2 Stickstoffkreislauf. Die *rot* markierten Reaktionsabläufe werden nur von Prokaryoten katalysiert

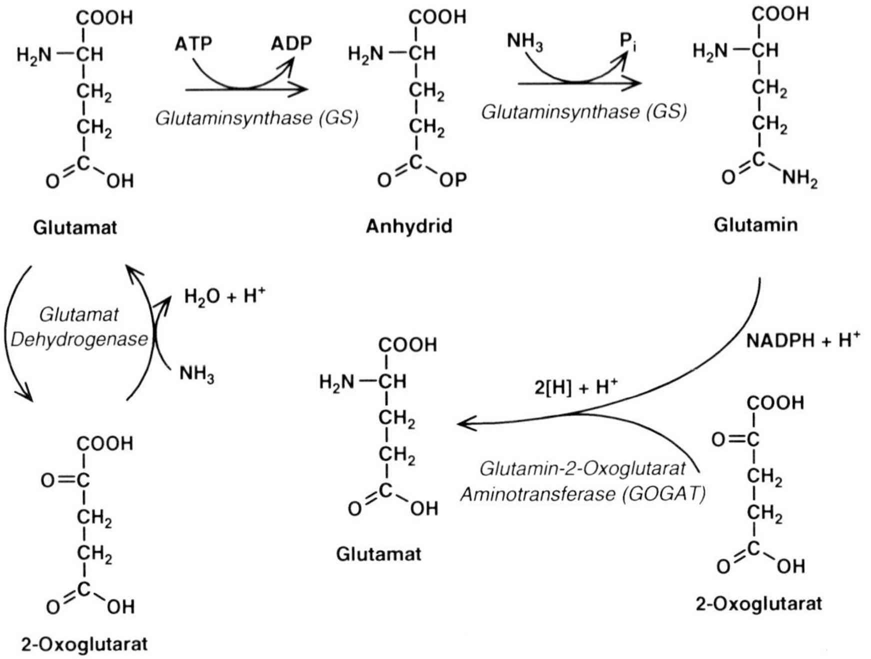

Abb. 6.3 Assimilation von Ammoniumionen für den Stoffwechsel. *GS* Glutaminsynthase; *GOGAT* Glutamatsynthase; *NADP+* Nicotinsäureamid-Adenin-Dinukleotidphosphat

In den Ozeanen werden erhebliche Mengen an Stickstoff durch Bakterien, vor allem *Trichodesmium, Crocosphaera* und auch kleine kokkoide Cyanobakterienarten gebunden. Der Verlust durch Denitrifikation und Anammox, vor allem in sauerstoffarmen Zonen, ist ebenfalls erheblich. Er beträgt etwa 35 % der ozeanischen N_2-Produktion und davon die Hälfte in dem Arabischen Meer. Die Arabische See gehört zu den größten ozeanischen Zonen mit minimalem Sauerstoffgehalt. In diesem Gebiet dominiert die dissimilatorische Nitratreduktion durch die Anammox-Bakterien (Ward et al. 2009). Ein gewisser Ausgleich wird durch Zustrom aus stickstoffhaltigen Gewässern und durch atmosphärische Ablagerungen erreicht (Galloway et al. 2004; Capone 2008). Das Wachstum der autotrophen Primärproduzenten (Algen und Cyanobakterien) in den Ozeanen wird also durch den verfügbaren Stickstoffgehalt, aber auch durch Eisen und Phosphat limitiert. Allerdings liegen noch nicht genügend Messungen in den einzelnen Bereichen der Ozeane vor, um eine Gesamtaussage machen zu können. Eisen- oder Phosphat-Düngung wurden experimentell in kleinen Bereichen der Ozeane vorgenommen. Da die Dynamik der Prozesse in den Ozeanen sehr komplex ist, und zahlreiche Faktoren sich auf das Wachstum der Primärproduzenten auswirken, ist die Diskussion über das Ausmaß der Aufnahme des Treibhausgases CO_2 durch die Ozeane und ihre Änderung unter verschiedenen CO_2-Partialdrucken und limitierenden Wachstumsfaktoren noch in vollem Gange.

6.3   Der Kreislauf des Schwefels

Bakterien sind auch Hauptakteure bei der Umsetzung des Schwefels in der Natur. Das Element Schwefel war schon in der Frühzeit der Erde als HS^-, SO_3^{2-}, FeS_2, SO_4^{2-} und elementarem Schwefel vorhanden und wurde schrittweise in den sich entwickelnden Kreislauf einbezogen (Falkowski et al. 2008). Schwefel ist für alle Organismen ein lebenswichtiges Element, das in katalytisch wirksamen Metallkomplexen (FeS), schwefelhaltigen Aminosäuren und Cofaktoren von Enzymen vorkommt. Nach Besiedelung der frühen Habitate wurden durch Zersetzung organischer Substanzen die Mercaptogruppen (-SH) als H_2S, Schwefelwasserstoff, abgespalten. H_2S entstand später, nachdem sich Sulfat in den Ozeanen angereichert hatte, im großen Umfang unter anaeroben Bedingungen im Faulschlamm oder in sauerstofffreien Gewässern, wie im Schwarzen Meer, unterhalb 100 m durch Reduktion von Sulfat auf dem Weg der Sulfatatmung. Auch hier gilt das Gleiche wie beim Stickstoff: Nicht jedes Lebewesen kann anorganische Schwefelverbindungen assimilieren. Es kommt hinzu, dass in der Frühzeit der Erde nur anorganische Schwefelverbindungen vorhanden waren, die von Prokaryoten nicht nur als Nahrungsstoff genutzt wurden, sondern auch als Substrat für die Energieerzeugung.

6.3.1   Dissimilatorische Sulfatreduktion

Die dissimilatorische Sulfatreduktion (Dissimilation, Abbauprozesse zur Energiegewinnung) ist von der assimilatorischen Sulfatreduktion (Assimilation, Aufnahme von Stoffen zum Einbau in körpereigene Verbindungen) in Pflanzen und Mikroorganismen zu unterscheiden, bei der Sulfat zur Synthese schwefelhaltiger Aminosäuren reduziert wird. Tiere müssen reduzierte Schwefelverbindungen mit der Nahrung aufnehmen. Schwefelwasserstoff wurde als Produkt mikrobieller Umsetzungen von F. Hoppe-Seyler 1878 im Kloakenschlamm nachgewiesen. Beijerinck hat als Erster ein sulfatreduzierendes Bakterium isoliert (Beijerinck 1895). Die dissimilatorische Sulfatreduktion wird auch als Sulfatatmung bezeichnet, weil diese Bakterien, vor allem aus der Gattung *Desulfovibrio*, unter anoxischen Bedingungen Sulfat statt Sauerstoff als Elektronenakzeptor verwenden, und durch diesen Prozess Energie gewinnen. Wegen der hohen Sulfatkonzentration im Meerwasser ist die Sulfatreduktion in marinen Sedimenten und sauerstofffreien Zonen, aber auch in Schichten von Gewässern, die nicht durch Umwälzung des Wassers mit Sauerstoff versorgt werden, von großer ökologischer Bedeutung.

Biochemie der Sulfatatmung Die Biochemie und Energetik der Sulfatreduktion wurde erst in neuerer Zeit aufgeklärt. Sulfat muss zunächst durch eine energieabhängige Sulfataufnahme in die Zelle transportiert werden. Bei diesem Prozess wird Sulfat mit Hilfe von ATP über die Bildung von Adenosin-5′-Phosphosulfat zu Sulfit und AMP reduziert. Das gebildete Sulfit wird dann zu Schwefelwasserstoff unter

Energiegewinn reduziert:

$$HSO_3^- + 6e^- + 6H^+ \rightarrow HS^- + 3H_2O; \ E^{0'} = -116 \ mV$$

Box 6.1   Redoxpotential E^0

Das Redoxpotential wird mit einer Elektrode in einer 1 M Lösung eines Oxidants und einer 1 M Lösung eines Reduktans relativ zur Standard-Wasserstoffelektrode bei pH 7 und Normaldruck gemessen.

Das Redoxpotential ist ein Maß für die Bereitschaft von Verbindungen, Elektronen abzugeben. Bei pH 7,0 hat die Wasserstoffelektrode ein Potential von $E^{0'} = -0,42$ V, und bei pH 0 hat die mit Wasserstoff umspülte Platinelektrode ein Potential von 0 V. Das Redoxpotential ist auch ein Maß für die freie Energie ΔG^0. Die Normalpotentiale der Atmungskette liegen zwischen $-0,32$ V für NAD$^+$/NADH und $+0,81$ V für ½O$_2$/H$_2$O in der Cytochromoxidase. Siehe auch Box 12.1.

Der gesamte Prozess in der Atmungskette führt zur Bildung eines Protonengradienten (ΔH^+) und eines elektrischen Potentials über die cytoplasmatische Membran. Sulfat ist energetisch ein schlechter Elektronenakzeptor, weil Sulfat erst unter Energieverbrauch aktiviert werden muss. Der Gesamtprozess bringt aber für das Wachstum der sulfatreduzierenden Bakterien genügend Energie. Einige Arten wie *Desulfobacterium autotrophicum* können sogar chemolithoautotroph leben. Die meisten Sulfatreduzierer benutzen aber Gärungsprodukte wie Laktat als Kohlenstoffquelle.

$$2 \text{Laktat}^- + SO_4^{2-} + 2H^+ \rightarrow 2 \text{Acetat}^- + 2CO_2 + H_2S + 2H_2O;$$

$$\Delta G^{0'} = -160 \ kJ/mol \quad \textit{Desulfovibrio vulgaris}$$

Schwefelwasserstoff ist für höhere Organismen toxisch. Es riecht nach faulen Eiern und hemmt Enzyme der Atmungskette. Ab 500 ppm (parts per million; 1 g/t) treten akute Vergiftungen auf.

6.3.2   *Oxidation von Schwefelwasserstoff (H₂S), Sulfurikanten*

In neuester Zeit hat man gelernt, Zonen im Sediment im Millimeterbereich mit Hilfe von elektronischen Sonden zu charakterisieren. So gelang es, an schmalen Grenzschichten, wo Schwefelwasserstoff aus dem Faulschlamm aufsteigt und von oben geringe Mengen Sauerstoff eindiffundieren, Bakterien nachzuweisen, die H₂S unter Energiegewinn oxidieren können – beispielsweise das fädige Bakterium *Beg-*

giatoa, das Cohn zuerst beschrieben und benannt hat (*Beggiatoa mirabilis*). Diese Bakterien werden auch als Sulfurikanten bezeichnet. Cohn hat die gespeicherten Zelleinschlüsse richtig als Schwefeltröpfchen beschrieben, aber fälschlich vermutet, dass *Beggiatoa* H_2S bildet.

Winogradsky konnte nachweisen, dass *Beggiatoa* durch Oxidation von H_2S Energie gewinnt (Winogradsky 1887). Durch Oxidation von H_2S entsteht elementarer Schwefel, der in den Zellen in Form lichtbrechender Tröpfchen gespeichert wird. Diese können weiter zu Sulfat oxidiert werden. *Desulfovibrio* kann auch eine Schwefeldisproportionierung durchführen: Thiosulfat wird zu Schwefelwasserstoff und Sulfat disproportioniert: $S_2O_3^{2-} \rightarrow H_2S + SO_4^{2-}$.

H_2S wird durch anaerob lebende, phototrophe Bakterien zu Schwefel und Sulfat oxidiert. Die reduzierten Schwefelverbindungen dienen bei diesen Bakterien als Elektronendonatoren für die Reduktion von CO_2 bei der anoxygenen, nicht Sauerstoff produzierenden Photosynthese. Nicht nur H_2S, sondern auch elementarer Schwefel und andere reduzierte Schwefelverbindungen werden von einer Vielzahl von Bakterien unter aeroben oder mikroaeroben Bedingungen zur Gewinnung von Energie oxidiert. Diese Stoffwechselprozesse werden ausschließlich von Bakterien durchgeführt, wie in der Abb. 6.4 schematisch dargestellt ist.

Redoxzustand

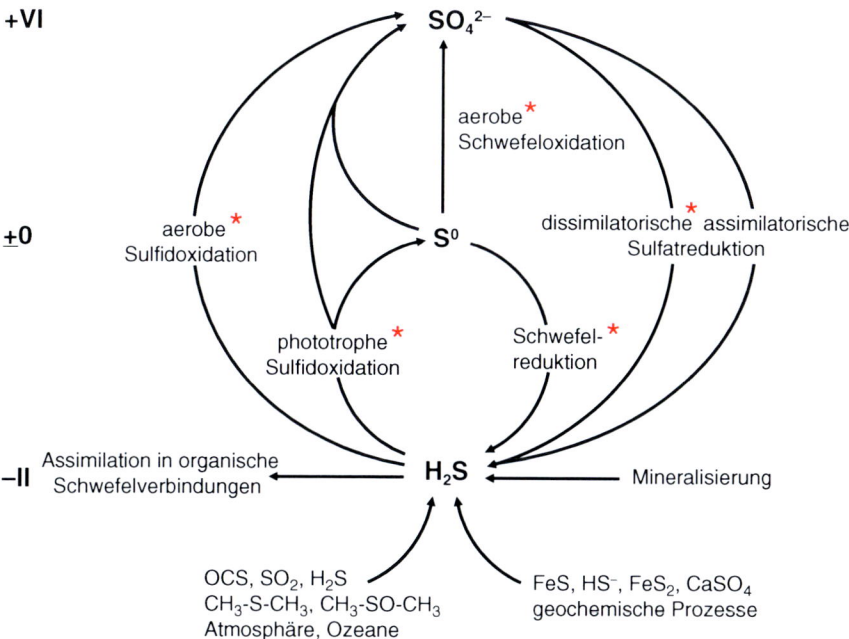

Abb. 6.4 Schwefelkreislauf. Die *rot* markierten Reaktionsabläufe sind auf Prokaryoten beschränkt

6.4   Die Kreisläufe von Sauerstoff und Kohlenstoff

6.4.1   Die Entstehung der Erdatmosphäre und ihr Einfluss auf die Biosphäre

Die Erdatmosphäre war in der Frühzeit frei von Sauerstoff. Sauerstoff gelangte durch die Tätigkeit von Bakterien in die Atmosphäre. Die ersten Produzenten waren die Cyanobakterien, die durch die oxygene Photosynthese seit etwa 2.700 Ma Sauerstoff bildeten (Knoll 2003). Die Anreicherung der Luft mit Sauerstoff bis zu der heutigen Konzentration benötigte einen sehr langen Zeitraum (Knoll 2003; Raymond u. Segré 2006; Kaufmann et al. 2007; Anbar et al. 2007; Goldblatt et al. 2006). 2.300 Ma vor unserer Zeit war der atmosphärische Sauerstoffgehalt von 10^{-5} auf 10^{-1} des heutigen Wertes angestiegen. Die gegenwärtige Konzentration an Sauerstoff in der Atmosphäre wurde erst vor etwa 570 Ma erreicht (Knoll 2003; Kaufmann et al. 2007; Anbar et al. 2007; Goldblatt et al. 2006). Die Meere waren noch weitgehend anoxisch. Atmung entstand aber schon früh unter niedrigen Sauerstoffkonzentrationen.

In der Frühzeit der Erdgeschichte dominierten zunächst abiotische Prozesse – wie das Entstehen von gebänderten Eisenoxidablagerungen (Knoll 2003). Die Evolution der Prokaryoten in der archaischen und frühen proteozoischen Ära verlief in Anpassung an die sehr langsam steigende Sauerstoffkonzentration in zwei Richtungen: zum einen in der Entwicklung von Schutzmechanismen gegen die toxische Wirkung von Sauerstoff und Sauerstoffradikalen (z. B. auf die Nitrogenase), zum anderen in Richtung der Nutzung von Sauerstoff für die Energiegewinnung, vor allem für die Atmung, aber auch für Mechanismen des oxidativen Abbaues organischer Moleküle mit Hilfe von Oxygenasen (Kaufmann et al. 2007; Goldblatt et al. 2006). Die Entwicklung einer effektiven Atmungskette zur Energiegewinnung ging einher mit dem Entstehen höherer Lebewesen, den Eukarya (Raymond u. Segré 2006). Die Entwicklung aerober Stoffwechselwege begann erst nach dem Auftreten einer großen Vielfalt an prokaryotischen Lebensweisen (Raymond u. Segré 2006).

6.4.2   Die Atmungskette

Mit dem langsamen Anstieg des Sauerstoffs in der Atmosphäre entwickelte sich in Bakterien das hoch effektive System der Atmungskette aus verschiedenen membrangebundenen Redoxsystemen. Organismische Redoxsysteme sind Proteine mit katalytischen Zentren, an denen Oxidations- und Reduktionsprozesse katalytisch gefördert werden. Durch einen Elektronentransport entlang dem Potentialgefälle der membrangebundenen Redoxsysteme in der Atmungskette entstehen ein elektrochemischer Protonengradient ΔH^+ über die Membran und ein Membranpotential $\Delta \Psi$. Mit diesem Potential können, wie in einer Batterie, energieverbrauchende Prozesse, beispielsweise der Transport von Stoffen über

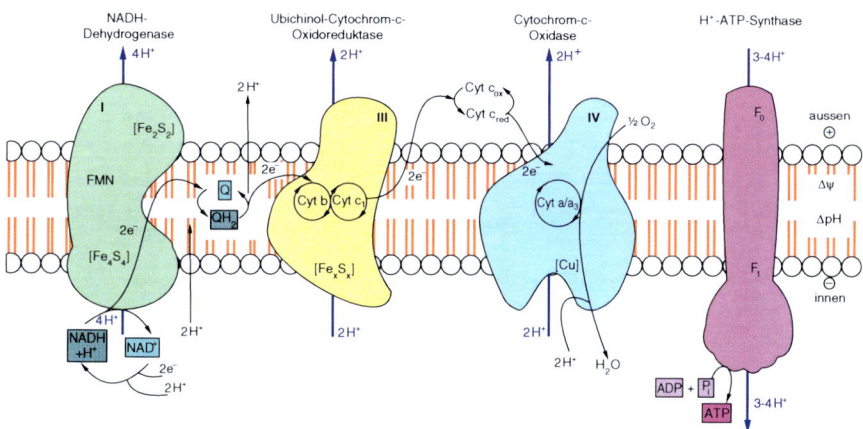

Abb. 6.5 Bestandteile der Atmungskette: Komplex I = NADH-Dehydrogenase; Komplex II = Succinat-Dehydrogenase; Komplex III = Ubichinol-Cytochrom b/c$_1$-Oxidoreduktase; Komplex IV = Cytochromoxidase, Komplex V = ATP-Synthase. Die an die innere Membran der Mitochondrien und die cytoplasmatische Membran der Prokaryoten gebundenen Enzymkomplexe führen Redoxreaktionen durch, die dem Potentialgefälle vom NADH+H$^+$ zum Sauerstoff folgend zur Bildung eines elektrochemischen Potentials über die Membran führen, das zur ATP-Synthese und anderen energieverbrauchenden Prozessen genutzt werden kann.

die Membran und die Bildung von ATP an der ATP-Synthase, betrieben werden (Abb. 6.5).

An der Analyse der membrangebundenen Enzymkomplexe und der Aufklärung der biophysikalischen Prozesse der Energiegewinnung haben zahlreiche namhafte Wissenschaftler viele Jahrzehnte geforscht. Hier seien nur Otto Warburg, der seit den 20er Jahren des 20. Jahrhunderts die Funktion der Atmungsenzyme untersuchte und für diese Leistung 1931 den Nobelpreis erhielt, Peter D. Mitchell, der die Kopplung von Elektronen- und Protonentransport untersuchte und die chemiosmotische Theorie entwickelte (Nobelpreis 1978), sowie John Walker, der die Kristallstruktur des F1-Teils der ATP-Synthase mit seinem Team aufklärte und 1997 den Nobelpreis erhielt, genannt. Der Komplex I der Atmungskette, die NADH-Dehydrogenase, bindet Nikotinsäureamid-Adenin-Dinukleotid, ein Wasserstoff-übertragendes Coenzym zahlreicher Dehydrogenasen und Reduktasen. NADH + H$^+$ → NAD$^+$ (E$^{0'}$– 0,32 V). Die dabei frei werdenden Elektronen werden über Schwefel-Eisen-Zentren und Flavoprotein im Enzym auf das in der Membran lösliche Ubichinon auf der Cytoplasmaseite der Membran übertragen. Pro Reaktion werden 4 Protonen (H$^+$) über die Membran nach außen, also vom Cytoplasma in den periplasmatischen Raum der Zelle, gepumpt. Ubichinon wird nach Aufnahme von 2H$^+$ aus dem Cytoplasma und den zwei von der NADH-Oxidation übertragenen Elektronen zum Ubichinol reduziert (Q + 2e$^-$ + 2H$^+$ → QH$_2$). Ubichinol gelangt durch Diffusion in der Membran zur Chinol-Akzeptorseite der Ubichinol-Cytochrom-c-Oxidoreduktase (b/c$_1$ Komplex). Dieser Komplex enthält zwei b-Typ-Cytochrome mit unterschiedlichen Redoxpotentialen sowie ein Rieske-Schwefel-Eisen-Zentrum. Elektronen werden sowohl über das Rieske Zentrum auf Cytochrom-c auf der periplasmatischen Seite als auch über die b-Cytochrome auf die Chinon-Bindungsseite übertragen. Während des Q-Zyklus werden $2H^+$ aus dem Cytoplasma nach außen transportiert. Wie Komplex I wirkt Komplex III als Protonenpumpe. Gleichzeitig nimmt das Membranpotential (innen minus, außen plus) zu. Der Komplex II überträgt Elektronen von Succinat auf Ubichinon, pumpt aber keine Protonen. In der Cytochromoxidase (Komplex IV) werden die Elektronen vom reduzierten Cytochrom c verwendet, um Sauerstoff zu reduzieren ($\frac{1}{2}O_2 + 2H^+ + 2e^- \rightarrow H_2O$; $E^{0'} = +0,81$ V). Die Cytochromoxidase enthält Cytochrom a, Cytochrom a_3 und drei Kupferatome. Pro Sauerstoffatom werden zwei Protonen nach außen gepumpt (Abb. 6.5, Atmungskette). Der über die Atmungskette gebildete Protonengradient und das damit verbundene Membranpotential können verwendet werden, um an der ATP-Synthase ATP aus ADP und Phosphat zu bilden (Kap. 12.1).

Im Laufe der Evolution entstanden verschiedene Typen von Atmungsketten mit unterschiedlichen Dehydrogenierungsenzymen und Endoxidasen, die verschiedene Affinitäten für Sauerstoff haben. So besitzen die Stickstoff-fixierenden Knöllchenbakterien zwei Endoxidasen: eine mit hoher Sauerstoffaffinität, aktiv während der Stickstoffreduktion unter sehr niedrigem Sauerstoffpartialdruck in den Wurzelknöllchen, und eine mit niedrigerer Sauerstoffaffinität bei Wachstum im Boden unter Normaldruck des Sauerstoffs. Auch nach Erreichen eines Sauerstoffgehaltes in der Erdatmosphäre, der dem heutigen Wert entsprach, blieben viele Habitate in der Natur frei von Sauerstoff oder erreichten nur sehr niedrige Sauerstoffpartialdrucke infolge von Sauerstoffzehrung durch Atmung und abiotische Oxidationsprozesse, oder weil weder durch oxygene Photosynthese Sauerstoff erzeugt, noch durch Konvektionsprozesse Sauerstoff in das Habitat transportiert wurde. So entwickelten sich neben den obligat aeroben Bakterien, die auf Sauerstoff angewiesen sind, eine große Zahl an fakultativ anaeroben Bakterien, die bei fehlender Sauerstoffversorgung entweder auf Gärung umschalten, wie viele im Darm lebende Enterobakterien, oder die einen anderen Elektronenakzeptor, beispielsweise Nitrat, verwenden. Die Sauerstoff-verbrauchende Atmung und die Sauerstoff-bildende oxygene Photosynthese sind die wichtigsten Prozesse im Sauerstoffkreislauf. Daneben gibt es viele biologische und nichtbiologische Prozesse, die Sauerstoff verbrauchen oder erzeugen. So entstehen in der Stratosphäre unter dem Einfluss von kurzwelliger Strahlung NO_x ($N_2 + O_2 \rightarrow 2NO_x$) und Ozon ($O_3$). Ozon schützt in der Stratosphäre die Biosphäre vor der schädlichen UV-Strahlung, vor allem vor UV C. Ozon entsteht in der Atmosphäre auch durch die Einwirkung von Sonnenlicht, Kohlenwasserstoffen und Stickoxiden.

6.4.3   Der Kreislauf des Kohlenstoffs: Fixierung von Kohlendioxid, CO_2

Kohlenstoff ist der Grundbaustein aller organischen Verbindungen. Die Erstbesiedler unserer Erde konnten Kohlendioxid (CO_2), das aus vulkanischen Prozessen zur Verfügung stand, als Kohlenstoffquelle verwerten. Sie waren autotroph. Später entwickelten sich heterotrophe Organismen, die den gebundenen, organischen Kohlenstoff für ihren Bau- und Energiestoffwechsel benutzen konnten. CO_2 ist in der Luft in einer Konzentration von 0,03–0,04% enthalten. In wässriger Lösung bildet sich ein Gleichgewicht ($CO_2 + H_2O \leftrightarrow H^+ + HCO_3^-$), das von dem, bei allen Organismen weit verbreiteten, zinkhaltigen Enzym Carbonsäureanhydrase katalysiert wird.

Gegenwärtig ist CO_2 als Treibhausgas in der öffentlichen Diskussion. Der Anstieg der CO_2-Konzentration in der Atmosphäre wird vor allem durch die Zunahme der Verbrennung fossiler Brennstoffe wie Erdöl und Kohle verursacht. CO_2 wird aber auch bei vulkanischen Prozessen gebildet und war seit Beginn unserer Erde in der Atmosphäre vorhanden. Als Kohlenstoffquelle für die Biosynthese organischer Verbindungen der Archaea und Bacteria war CO_2 schon in der Frühzeit der Erde das wichtigste Substrat. Aber auch andere C_1-Verbindungen wie CO, CHO, CH_3OH oder CH_4 wurden als C-Quelle assimiliert. Organismen, die ausschließlich CO_2 reduktiv in niedermolekulare Vorstufen für biosynthetische Prozesse umwandeln, sind autotroph (selbsternährend). Autotrophe Lebewesen sind, neben den autotrophen Prokaryoten, heute vor allem die Pflanzen. Alle anderen Organismen sind heterotroph. Als Energiequelle für die CO_2-Assimilation dient das Licht (phototroph) oder die Energie aus der Oxidation anorganischer oder organischer Verbindungen (chemotroph). Die Verwendung der anderen C_1-Verbindungen als C- oder Energiequelle wird als Methanotrophie, Methylotrophie, etc. bezeichnet. CO_2 kann auch von heterotrophen Organismen für so genannte anaplerotische Stoffwechselwege verwendet werden. Anaplerotische Enzyme fügen CO_2 direkt in organische Verbindungen ein, um wichtige Zwischenverbindungen des zentralen Stoffwechsels zu regenerieren. Im Laufe der Evolution wurden bei den Prokaryoten mehrere Wege der CO_2-Fixierung entwickelt.

Der reduktive Acetyl-CoA-Weg Der reduktive Acetyl-CoA oder Wood-Ljungdahl-Weg der CO_2-Fixierung ist nicht zyklisch wie die meisten anderen Wege der CO_2-Fixierung, und kann mit Energiegewinn verbunden sein:

$$2CO_2 + 4H^+ + nADP + nP_i \rightarrow CH_3COOH + 2H_2O + nATP;$$

$$\Delta G^0 = -95 \text{ kJ/mol}; \quad (P_i: \text{ Symbol für Phosphat})$$

Diese Reaktion ist für CO_2-Fixierungswege ungewöhnlich. Die Schlüsselenzyme sind die Carbonmonoxid-Dehydrogenase (CODH) mit Nickel oder Molybdän im aktiven Zentrum, und die Acetyl-CoA-Synthase (ACS), auch ein nickelhaltiges Enzym (Abb. 6.6). CoA ist ein Coenzym, an das Carboxysäuren durch eine Thioesterbindung energiereich gebunden werden. Bei den Autotrophen bilden CODH und ACS einen bifunktionalen Komplex (Ragsdale 2004). Dieser CO_2-Fixierungsweg ist charakteristisch für methanogene Archaea, anaerobe Acetogene, wie *Clostridium aceticum* und aerobe Carboxidobakterien, wie *Oligotropha carboxidovorans*.

Kohlendioxid wird zu Acetyl-CoA reduziert. Aus dieser aktiven Verbindung entsteht Pyruvat, Brenztraubensäure, als wichtige Zwischenverbindung für alle weiteren Synthesen organischer Stoffe in den genannten Organismen. Es gibt verschiedene Varianten dieses Weges.

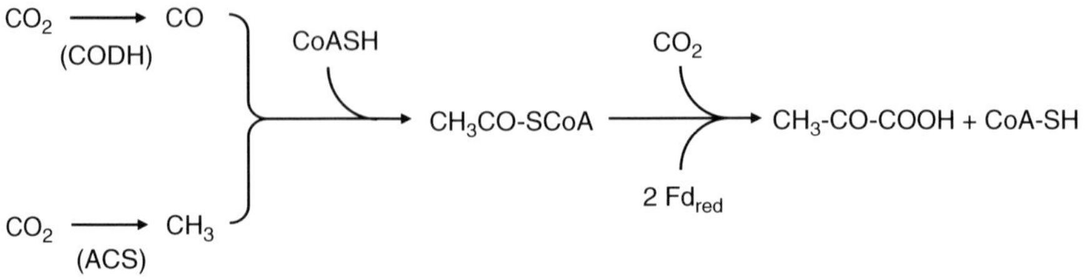

$$CO_2 \longrightarrow CO$$
$$(CODH)$$

CoASH CO_2

$$CH_3CO\text{-}SCoA \longrightarrow CH_3\text{-}CO\text{-}COOH + CoA\text{-}SH$$

$$2\ Fd_{red}$$

$$CO_2 \longrightarrow CH_3$$
$$(ACS)$$

Abb. 6.6 Schema der Acetogenese im reduktiven Acetyl-CoA- oder Wood-Ljungsdahl-Weg. An der Gesamtreaktion sind mehrere Enzyme beteiligt. Ferredoxin (Fd) ist ein Elektronenüberträger CODH, Carbonmonoxid Dehydrogenase; ACS, Acetyl-CoA-Synthese

Der reduktive Tricarbonsäurezyklus (rTCA) Der rTCA ist bei verschiedenen anaeroben (z. B. *Chlorobium tepidum*) und mikroaerophilen Bakterien (z. B. *Aquifex aeolicus*) verbreitet. Der rTCA-Zyklus katalysiert die Umkehr des TCA- oder Zitronensäure-Zyklus, der Acetat zu zwei Molekülen CO_2 oxidiert und Reduktionsäquivalente, z. B. für die Atmungskette, produziert. Über den rTCA wird aus $2CO_2$ und 8[H] 1 AcetylCoA gebildet, welches durch das Ferredoxin-abhängige Enzym Pyruvat-Synthase zu Pyruvat (Brenztraubensäure) umgesetzt wird. Hier treffen wir also wieder auf die aktivierte Essigsäure, die im Stoffwechsel vieler Bakterien eine wichtige Zwischenverbindung ist. Der rTCA-Weg ist im Gegensatz zum Wood-Ljungdahl-Weg endergonisch, braucht also Energiezufuhr, und er ist zyklisch.

Nicht alle Enzyme des rTCA-Zyklus sind identisch mit den Enzymen des TCA-Zyklus. Für die Umkehr des oxidativen Citratzyklus werden 2 ATP und drei neue Enzyme benötigt, um die irreversiblen Schritte des oxidativen Zyklus zu umgehen. Die Enzyme des Wood-Ljungdahl-Weges und des rTCA-Zyklus sind phylogenetisch sehr alt. Sie treten schon bei Vertretern von tief verzweigten Linien des Stammbaumes auf, so bei Knallgasbakterien (Bakterien, die Wasserstoff mit Sauerstoff zu H_2O oxidieren; Knallgasreaktion, weil sie in vitro spontan in Gegenwart eines Katalysators explosionsartig erfolgt), bei autotrophen Crenarchaeota, Sulfat-reduzierenden Bakterien und bei einigen ε-Proteobakterien. Die Pyruvat-Ferredoxin-Oxidoreduktase bildet Pyruvat von Acetyl-CoA in beiden Zyklen, und ist in obligaten und fakultativ anaeroben Bakterien häufig vertreten, so zum Beispiel bei *Methanobacterium thermoautotrophicum, Sulfolobus solfataricus, Clostridium perfringens, Chloroflexus aurantiacus, Chlorobium tepidum* oder *Anabaena variabilis* (Raymond 2005).

Der Calvin-Benson-Bassham (CBB)-Zyklus Der CBB ist der am weitesten verbreitete autotrophe Weg der CO_2-Assimilation. Er ist bei den grünen Pflanzen, den Cyanobakterien, den meisten anoxygenen, phototrophen Purpurbakterien und chemolithotrophen, aeroben Bakterien ausgebildet. Das Schlüsselenzym dieses Weges, die Ribulose-1,5-Biphosphat-Carboxylase/Oxygenase (RuBisCO), hat eine niedrige Umsatzrate und braucht viel Energie, weil das Enzym auch Sauerstoff statt CO_2 als Substrat verwertet. Daher wird es von Pflanzen in großen Mengen synthetisiert. Im ersten Schritt des Zyklus wird Ribulose-5-Phosphat mit Hilfe von ATP zu Ribulose-1,5-Biphosphat durch die Phosphoribulokinase (PRK) phosphoryliert. Der nächste Schritt, die Carboxylierung, ist exergonisch und irreversibel. Es entsteht ein C_6-Zucker, der in zwei 3-Phosphoglycerat gespalten wird. Diese Verbindung wird aktiviert und zum Glycerinaldehyd-3-Phosphat (G3P) reduziert, das eine wichtige Ausgangssubstanz für viele biosynthetische Prozesse bildet, so zur Bildung von Fructose-6-Phosphat. Der reduktive Schritt braucht ATP und NADPH (Nicotinadenindinukleotidphosphat). Pro gebildetem G3P muss der Zyklus dreimal umlaufen, damit die Zwischenprodukte wieder ergänzt werden. Die Regeneration benötigt mehrere ATP-abhängige Aldolasen und Isomerasen, um wieder das Ausgangsprodukt, Ribulose-5-P, zu bilden. Die Oxygenase-Aktivität der RuBisCO verwendet O_2 statt CO_2 um Ribulsoe-1,5-Biphosphat in 3-Phosphoglycerat und 2-Phosphoglycolat zu spalten (Photorespiration). 2-Phosphoglycolat muss mit Hilfe von ATP und NADH in mehreren Reaktionsschritten in 3-Phosphoglycerat umgewandelt werden. So werden Energie und reduzierende Äquivalente verbraucht, ohne Kohlenstoff gebunden zu haben. De CBB-Zyklus verbraucht sehr viel Energie für die Überführung von CO_2/HCO_3^- in organische Bindung. Daher ist er vor allem bei photosynthetisch aktiven Organismen ausgebildet, bei denen Energie unter ausreichender Beleuchtung den Stoffwechsel nicht limitiert.

Box 6.2   Die Gruppen der RuBisCO-Enzyme

Die Form IA der RuBisCo-Enzyme ist charakteristisch für Cyanobacteria, IB für β- und γ-Proteobacteria und marine Cyanobacteria (z. B. *Nitrosomonas europaea, Synechococcus* WH8102); Typ II ist bei α- und β-Proteobacteria (z. B. *Rhodobacter sphaeroides, Rhizobium meliloti*) vertreten, Typ III bei Euarchaeotes (*Methanosarcina barkeri, Pyrococcus furiosus*), Typ IVb bei verschiedenen fakultativ anaeroben Bakterien wie *Rhodospirillum rubrum, Aquaspirillum magnetotacticum*), und Typ IVa bei Bacteria (*Bacillus anthracis, Heliobacillus mobilis*). Die Formen I und II sind die Enzyme des Calvin-Benson-Zyklus, die Formen III und IV sind RuBisCO-ähnliche Enzyme. Die Form III RuBisCO-homologen Enzyme fixieren CO_2 unter Benutzung eines der Phosphoribulokinase analogem Protein, um ein Substrat für die RuBisCO zu bilden. *Methanococcus jannaschi* besitzt keine PRK, aber ein Enzym, das 5-Phospho-D-Ribose-1-Pyrophosphat bildet (PRPP). PRPP wird dann in Ribulose-1,5-Biphosphat umgewandelt, so dass CO_2 fixiert werden kann (Finn u. Tabita 2004). Die Form IV der RuBisCO-homologen Enzyme kann kein CO_2 fixieren. Alle Enzyme des Calvin-Benson-Bassham-Zyklus, außer RuBisCO und PRK, kommen auch in anderen Stoffwechselwegen vor und waren schon vorhanden, als RuBisCO und PRK in der Evolution entstanden. Wahrscheinlich wurde der Calvin-Zyklus etwa gleichzeitig mit der aeroben bakteriellen Atmung und der Photosynthese entwickelt (Raymond 2005).

Der Ribulosemonophosphat-Weg Methanotrophe Bakterien (siehe oxidativer Abbau von Methan) fixieren Formaldehyd über den Ribulosemonophosphat-Weg. Durch diesen Stoffwechselweg werden Formaldehyd und Ribulose-5-Phosphat zu

Hexulose-6-P synthetisiert, aus dem über mehrere Zwischenschritte Glycerinalde-
hyd-3-P entsteht, das zur Synthese weiterer Zellbausteine verwendet wird. Formaldehyd kann auch auf dem Serin-Weg assimiliert werden, der über verschiedene
Zwischenverbindungen zu Acetyl-CoA, einem wichtigen Synthesevorläufer, führt.

Der 3-Hydroxypropionat-Zyklus Der 3-Hydroxypropionat-Zyklus wurde kürzlich in dem anoxygenen, phototrophen Bakterium *Chloroflexus aurantiacus* entdeckt (Herter et al. 2002). Dieser CO_2-Fixierungsweg ist auch bei vielen aeroben,
autotrophen Crenarchaeota verbreitet (Hügler et al. 2003). Der Zyklus enthält eine
Reihe von Enzymen, die auch beim rTCA- und Propionyl-CoA-Weg vorkommen.
Der CO_2 Fixierungszyklus startet von Acetyl CoA mit Acetyl-CoA- und Propio-
nyl-CoA-Carboylasen. Das Endprodukt Pyruvat entsteht in zwei Zyklen von drei
Molekülen Bikarbonat mit 13 Enzymen in 19 ATP-abhängigen Carboxylierungsreaktionen (Herter et al. 2002; Zarzycki et al. 2009). Es ist interessant, dass Ver-
wandte der Chloroflexi CO_2 über den CBB-Zyklus fixieren.

Die hier genannten autotrophen CO_2-Fixierungsmechanismen wurden über den
Zeitraum von 50–60 Jahren, beginnend mit dem CBB Zyklus, entdeckt. Sie sind
alle früh in der Evolution entstanden. Warum gibt es so zahlreiche Wege, auf denen
CO_2 von den Bakterien als Kohlenstoffquelle assimiliert werden kann? Das ist sicher dadurch begründet, dass es im Stoffwechsel viele Carboxylierungsreaktionen
und entsprechende Enzyme gibt. Die Entwicklung der verschiedenen Wege geschah
sicher durch Selektion unter verschiedenen Umweltbedingungen, wie dem Fehlen
anderer Kohlenstoffquellen, der Abwesenheit von Sauerstoff oder der Anpassung
an bestimmte Substrate. Im biologischen Kohlenstoffzyklus entstehen die höchsten
Umsätze an Kohlenstoff durch die CO_2-Assimilation der oxygenen Photosynthese
und die Bildung von CO_2 durch Atmung und Gärung. In der Frühzeit der Erde
fehlte der Sauerstoff. CO_2 entstand zunächst durch abiogene Prozesse, Gärungen
und Abbau organischen Materials. Der Gehalt an CO_2 in der Luft hat im Laufe
der Erdgeschichte mehrfach geschwankt. Die vielfältigen Verbrennungsprozesse in
Einrichtungen der menschlichen Gesellschaft haben heute die Bilanz in Richtung
einer CO_2-Anreicherung verschoben, was zu einer Erhöhung der durchschnittlichen
Jahrestemperatur geführt hat.

Über die präbiotische Phase der Entstehung der Organismen gibt es mehrere
Theorien (Raymond 2005), ebenso für die Entstehung der Organismen (Wächterhäuser 1992).

Die Methanogenese Neben der Funktion von CO_2 als Kohlenstoffquelle entstand
schon vor etwa 3.700 Ma die Methanogenese als energieerzeugender Prozess (Battistuzzi et al. 2004). Methanbildung geschieht ausschließlich durch Vertreter der
phylogenetisch abgegrenzten Gruppe der streng anaeroben Euryarchaeota. Der
Energiestoffwechsel dieser Organismen ist auf die Bildung von Methan aus CO_2 und
H_2 beschränkt. Formiat, Methanol, Methylamin und/oder Acetat können bei einigen Arten als Substrat verwertet werden (Thauer et al. 2008). Trotz der Beschränkung der Methanbildung auf eine relativ kleine Gruppe der Archaea hat der Prozess
ökologisch für den globalen Kohlenstoffkreislauf eine große Bedeutung. Global
wird jährlich ungefähr eine Billion Tonnen Methan in sauerstofffreien Böden von

Reisfeldern, in Sedimenten von Gewässern, im Pansen von Wiederkäuern und im Darm von Termiten erzeugt. Die Beschränkung der Methanbildung auf wenige Substrate setzt voraus, dass an den jeweiligen Standorten eine Gemeinschaft von Mikroorganismen vorhanden ist, die Wasserstoff und die genannten C1-Verbindungen produziert. So werden im Pansen durch anaerobe Bakterien, Protozoen und Pilze die Biopolymere zu Monomeren hydrolysiert, und die Lipide in Glycerin und Fettsäuren gespalten. Die Fettsäuren werden durch acetogene Bakterien zu Essigsäure, CO_2 und H_2 fermentiert. Bei zunehmender H_2-Konzentration, einem pH von höher als 7 und abnehmender Temperatur entsteht vor allem Essigsäure; bei einem pH unter 7 und steigender Temperatur bilden die Acetogenen vorwiegend H_2 und CO_2. Methan ist das Hauptendprodukt beim Abbau von Biomasse, wenn Sauerstoff fehlt und die Konzentrationen von Sulfat, Nitrat, Mn(IV) und Fe(III) niedrig sind. Man spricht von einer syntrophen Beziehung zwischen anaeroben Wasserstoff-produzierenden Bakterien und Wasserstoff-verbrauchenden Archaeen (Stams u. Plugge 2009). Für den Stoffwechsel beider Gruppen ist der Wasserstoffpartialdruck von großer Bedeutung. Das Mittelpunkt-Redoxpotential von $H^+/2$ ist sehr niedrig ($E^{0'} = -414$ mV). Bei hohen Konzentrationen an Wasserstoff wird der Stoffwechsel der Wasserstoffproduzenten gehemmt und der Stoffwechsel der Methanogenen gefördert.

Bei den Methanogenen gibt es zwei Gruppen, die sich durch den Besitz oder das Fehlen von Cytochromen unterscheiden. Cytochrome sind eisenhaltige Überträger von Elektronen. Methanogene mit Cytochromen sind die phylogenetisch jüngeren, und gehören zu der Gruppe der Methanosarcinales (*Methanosarcina, Methanosaeta* und *Methanolobus*). Vertreter dieser Gruppe können neben CO_2 auch weitere methanogene Substrate verwerten (s. o.). Sie wachsen sehr langsam. Ihre Verdopplungszeit liegt bei über 10 Stunden. Der Schwellenwert für den Wasserstoffpartialdruck liegt über 10 Pa (Pascal, Einheit für Druck; 1 bar = 10^5 Pa; 1 atm = 101.325 Pa; 1 Pa = 1 N m^{-2}). Die Wachstumsausbeuten (Gramm Trockengewicht per mol CH_4) sind höher als bei den Methanogenen ohne Cytochrome. In niedrigen Temperaturbereichen dominieren die Methanogenen mit Cytochromen. Viele Vertreter der Methanogenen ohne Cytochrome haben Temperaturmaxima $\geq 60°C$, *Methanopyrus kandleri*, gehört zu den Hyperthermophilen mit T_{max} 110°C.

Die Methanogenen ohne Cytochrome benutzen den Redoxmediator Ferredoxin und den Faktor F_{420} (Abb. 6.7). Sie können Wasserstoff noch bei sehr niedrigen Konzentrationen verwerten. Der Wasserstofftransport zwischen den Produzenten und Verbrauchern ist besonders hoch, wenn beide Partner syntrophe Aggregate bilden (Konsortien, siehe Kap. 6.7.3). Alle methanogenen Archaea benötigen Natrium in einer Konzentration von etwa 1 mM. Die schrittweise Reduktion von CO_2 zu CH_4 geschieht durch eine Reihe von cytoplasmatischen und membrangebundenen Enzymkomplexen mit ungewöhnlichen Kofaktoren. Einige, wie das Coenzym M, kommen nur bei den Methanogenen vor. Methanogene mit Cytochromen enthalten zahlreiche Ferredoxine, die zwei Schwefel-Eisen-Zentren enthalten (4Fe–4S). Die Energiegewinnung erfolgt durch Kopplung mit der Membrantranslokation von Na^+ und H^+. Mit dem dadurch erzeugten Protonengradienten über die Membran kann an der ATP-Synthase ATP synthetisiert werden.

Abb. 6.7 Schema der letzten Schritte der Methansynthese bei Methanogenen ohne Cytochrome. (Quelle: Nach Thauer et al. 2008)

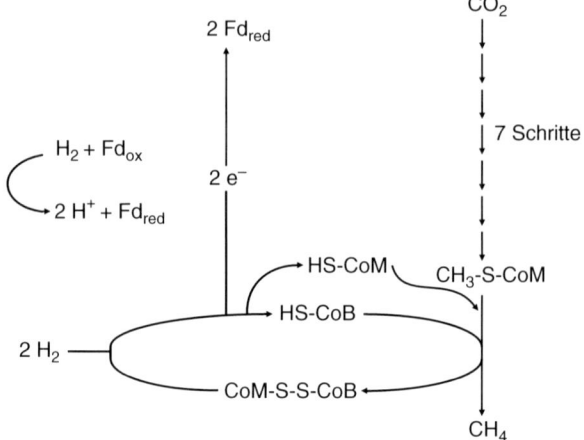

$$4H_2 + CO_2 \rightarrow CH_4 + 2H_2O; \Delta G^{0'} = -131 \text{ kJ/mol } CO_2; \text{ aber nur}$$

$$\Delta G^{0'} = -17 \text{ kJ/mol } CO_2 \text{ bei } 10^{-5} \text{ bar } H_2.$$

Die meisten Enzyme und Coenzyme der Methanbildung sind bei Methanogenen mit oder ohne Cytochrome die gleichen, oder unterscheiden sich nur in Strukturdetails. Bei Methanogenen ohne Cytochrome ist die Reduktion von CoM-S-S-CoB mit H_2, dem letzten Schritt der Methansynthese, nicht mit einem an die Membran gebundenen, energiekonservierenden Schritt verbunden. Anstelle eines membrangebundenen Komplexes enthalten die cytochromlosen Methanogenen einen cytoplasmatischen Multienzymkomplex, bestehend aus einer [NiFe] Hydrogenase und der Heterodisulfid-Reduktase, der die Reduktion des Heterodisulfids mit H_2 katalysiert. Wahrscheinlich ist die Reduktion von Heterodisulfid mit H_2 an die Reduktion von Ferredoxin gebunden (Thauer et al. 2008):

$$2H_2 + CoM\text{-}S\text{-}S\text{-}CoB + Fd_{ox} \leftrightarrow HS\text{-}CoM + HS\text{-}CoB + Fd_{red}{}^{2-} + 2H^+;$$

$$\Delta G^{0'} = -39 \text{ kJ/mol}$$

Die Synthese von ATP an der ATP-Synthase ist wahrscheinlich an einen Na^+-Gradienten über die Membran anstatt eines Protonengradienten gekoppelt (Thauer et al. 2008). Reduziertes Ferredoxin wird auch für den anabolischen Prozess der CO_2-Assimilation gebraucht.

Methanoxidation Methan, das aus der anoxischen Zone, in der es gebildet wird, aufsteigt, kann in Gegenwart von Sauerstoff oxidiert werden. Die aerobe Oxidation von Methan zu Methanol geschieht bei obligat aeroben Methan-oxidierenden

Bakterien mit Hilfe des Enzyms Methanoxygenase, ein Schritt, der mit Gewinn von Energie verbunden ist. Diese Bakterien nutzen Methan auch als Kohlenstoffquelle für das Wachstum. Sie können keine Substrate mit C–C-Bindungen verwerten. Sie assimilieren C_1-Verbindungen über den Ribulose Monophosphat- oder den Serin-Weg. Sie gehören zu den α- oder χ-Proteobakterien und ihr Gattungsname beginnt mit Methylo- (*Methylomonas, Methylobacter, Methylococcus* usw.). Auch die methanotrophen Bakterien tragen zur Verringerung des Methangehaltes der Atmosphäre bei. Dagegen nutzen verschiedene methylotrophe Bakterien, die auf C_1-Verbindungen wie Methanol, Methylamin, Formaldehyd, Ameisensäure, Dimethylamin, Dimethyläther oder Dimethylsulfid wachsen, auch Zucker, Äthanol und organische Säuren als Kohlenstoffquelle für das Wachstum. Methylotrophe Bakterien enthalten Sterole – das sind cholesterinähnliche Verbindungen – in ihren Membranen. Das ist für Prokaryoten ungewöhnlich.

Die *anaerobe Oxidation von Methan* (AOM) durch methanogene Bakterien wurde erst in jüngster Zeit entdeckt. Sie findet nur in enger räumlicher Gemeinschaft mit sulfatreduzierenden oder Mangan- und Eisenoxid-reduzierenden Bakterien statt (Ettwig et al. 2008; Beal et al. 2009). Die Umkehr der Methanbildung ($CH_4 + 2H_2O \rightarrow CO_2 + 4H_2$) ist ein endergoner, also Energie verbrauchender Prozess ($\Delta G^{0'} = +131$ kJ/mol; bei einem Druck von 1 Pa H_2 $\Delta G^0 = +15$ kJ/mol). In Sedimentproben von einem marinen Gashydrat wurde eine anaerobe Methanoxidation durch methanogene Archaea, gekoppelt an eine stöchiometrische Sulfatreduktion durch sulfatreduzierende Bakterien, bei einer Temperatur von 4–16°C nachgewiesen (Nauhaus et al. 2002). Ebenso wurde in einer Übergangszone zwischen Sulfat-Reduktion und Methanogenese in den Sedimenten des Kontinentalsockels bei Santa Barbara, Kalifornien, eine anaerobe Methanoxidation beobachtet (Harrison et al. 2009). Die Übergangszone lag ungefähr bei 140 cm unterhalb der Sediment-Wasser-Grenze. In diesem Bereich nahm der Sulfatgehalt stark ab, organische Stoffe wurden umgesetzt und Archaea vom Typ ANME-1 als anaerobe Methanoxidierer identifiziert. Die Sulfatreduzierer gehörten zu den Desulfobacterales und der *Desulfosarcina-Desulfococcus*-Gruppe. Unterhalb der Übergangszone dominierte die Methanbildung. Durch das Zusammenwirken von Archaea und sulfatreduzierenden Bakterien in einer relativ schmalen Zone wird folgende Reaktion katalysiert:

$$CH_4 + SO_4^{2-} \rightarrow HCO_3^- + HS^- + H_2O \ (\Delta G^{0'} = -21 \text{ kJ/mol})$$

Der Gesamtprozess des syntrophen Stoffwechsels von AOM-Archaea und Sulfatreduzierenden Bakterien wird exergon, so dass ein Wachstum beider Organismen möglich ist – wahrscheinlich durch einen direkten Austausch von Zwischenprodukten des Stoffwechsels und von Ionen. Die Oxidation von Methan führt zu Produkten, die als Elektronendonor für die Sulfatreduktion dienen (Stams u. Plugge 2009). In der anoxischen Zone eines Tiefseesedimentes wurden kürzlich Konsortien, das sind syntrophe Lebensgemeinschaften zwischen Methan-oxidierenden und Stickstoff-fixierenden Archaea der Gruppe ANME-2 und Sulfat-reduzierenden Bakterien (*Desulfosarcina/Desulfococcus*), entdeckt. Diese Befunde sind aufregend, weil die Stickstofffixierung einen hohen Energiebedarf hat und der Gesamtprozess der anaeroben Methanoxidation nur eine geringe Energieausbeute ergibt (Dekas et al. 2009).

In Abwesenheit von Sulfat können Metalloxide als Elektronenakzeptor fungieren:

$$CH_4 + 4MnO_2 + 7H^+ \rightarrow HCO_3 + 4Mn^{2+} + 5H_2O$$

$$CH_4 + 8Fe(OH)_3 + 15H^+ \rightarrow HCO_3 + 8Fe^{2+} + 21H_2O$$

An diesen Prozessen sind Archaea der Gruppe ANME (Methanosarcinales) und Metall-reduzierende Bakterien beteiligt. Die Rate der Methanoxidation ist am höchsten mit Sulfat, gefolgt von Mangan und am geringsten mit Eisen (Beal et al. 2009).

Die anaerobe Oxidation von Methan (AOM) ist ein ökologisch bedeutender Prozess, der vor allem an marinen Standorten über Methanhydraten in der Tiefsee zu einer erheblichen Verringerung des Methaneintrags in die Atmosphäre führt. Methanhydrate sind feste kristalline Substanzen, die bei niedriger Temperatur (2–4°C) und hohen Drucken (20 bar) aus Wasser und Methangas gebildet werden, und in 500 bis 3.000 m Tiefe um Grönland und in der Antarktis, in Permafrostgebieten und anderen Teilen der Ozeane z. T. mächtige Lager bilden. Methanhydrate entstanden an diesen Orten meist durch bakterielle Methanbildung und Übersättigung des Wassers mit Methan. 1 l Gashydrat enthält etwa 168 l Methangas. Die Kristalle sind sehr labil und zerfallen, sobald der Wasserdruck nachlässt und die Temperatur steigt. Deshalb dürfte die Ausbeute dieser Lager große technische Probleme mit sich bringen.

6.5 Metalle im Energiestoffwechsel von Bakterien

6.5.1 Eisenoxidation und Eisenreduktion in verschiedenen Erdperioden

In der frühen Zeit der Entstehung des Lebens auf der Erde, zwischen 4.000 und 3.500 Ma, war die Atmosphäre wahrscheinlich reich an den Gasen CO, CO_2 und H_2. Das Meer enthielt hohe Konzentrationen an Ionen von Übergangsmetallen wie Eisen und Nickel (Anbar 2008). Im Boden und Gestein waren reduzierte Metallverbindungen wie Schwefel-Eisen-Komplexe verfügbar. Ähnliche Bedingungen sind heute noch in der Nähe der Hydrothermalquellen in der Tiefsee vorhanden (Kap. 13.5). Unter diesen Umweltbedingungen entstand ein autotropher Stoffwechsel, ohne Photosynthese und ohne Sauerstoff. In den vorangehenden Kapiteln haben wir viele Metalle als essentielle Bestandteile von Coenzymen und ihre Beteiligung an biochemischen Umsetzungen kennen gelernt. Daraus ist zu folgern, dass Bakterien gelernt haben, Metallionen aufzunehmen und in einer geeigneten Redoxstufe in organische Verbindungen einzubauen. Heute besitzen wir detaillierte Kenntnisse über Struktur dieser Enzyme und ihre Funktion bei der Umsetzung von Gasen. Alle diese Enzymproteine enthalten Metallzentren, die an der Katalyse beteiligt sind (Fontecilla-Camps et al. 2009). Bakterien haben Metalle aber auch für ihren

Energiestoffwechsel nutzbar gemacht. Erst in jüngster Zeit, als man mit modernen Methoden die Zusammensetzung und chemischen Abläufe in der Umwelt genauer untersuchen konnte, gelang es, diese Prozesse zu analysieren. Einige sulfatreduzierende Bakterien benutzen unter Luftabschluss metallisches Eisen als Elektronenakzeptor und gewinnen auf diesem Wege Energie. Dadurch tragen sie zur Korrosion von metallischen Gefäßen oder Leitungen bei:

$$4Fe + SO_4^{2-} + 3HCO_3^- \rightarrow FeS + 3FeCO_3 + H_2SO_4 + H^+;$$

$$\Delta G^{0'} = -347 \text{ kJ/mol}$$

In der Frühzeit der Erde waren bis etwa 2.400 Ma vor unserer Zeit keine oder nur sehr geringe Mengen an Sauerstoff in der Atmosphäre und in den Gewässern vorhanden. Daher lag Eisen überwiegend als zweiwertige Verbindung vor. Nach Bildung geringer Mengen an Sauerstoff durch die Photosynthese der Cyanobakterien konnte Eisen durch Eisen-oxidierende Bakterien unter Energiegewinn zu schwerlöslichen Eisenverbindungen (Fe^{3+}) oxidiert werden. Das leicht gekrümmte Bakterium *Gallionella ferruginosa* bildet an der konkaven Längsseite der Zelle durch Sekretion einen Stiel aus, der durch seine Eiseninkrustationen C. G. Ehrenberg auffiel (1838). N. Cholodny gelang es 1926, dieses Bakterium zu kultivieren.

Der experimentell schwierige Beweis für eine Energiegewinnung durch Oxidation von Fe^{2+} zu Fe^{3+}, und eine dadurch ermöglichte CO_2-Fixierung durch Enzyme des Calvin-Zyklus in Zellen von *Gallionella*, wurde 1967 von H. H. Hanert erbracht. Ihm gelang es, Reinkulturen von *Gallionella* herzustellen und zusammen mit B. Bowien die Enzyme des Calvin-Zyklus in den Bakterien nachzuweisen. Diese chemolithoautotrophe (chemo = Hinweis auf chemische Prozesse, statt photo durch Lichtreaktionen; lithos = Stein, Hinweis auf die anorganische Energiequelle; autos = selbst, für das Wachstum mit CO_2 als einziger Kohlenstoffquelle) Lebensweise ist nur unter mikroaerophilen Bedingungen möglich, so am Auslauf von Drainageröhren, da Eisen(II)-Verbindungen spontan durch Luftsauerstoff oxidiert werden. Die Stielbildung und die Ablagerung der Eisenoxidverbindungen erfolgt nur an einer Seite der Zelle, so dass die Zelloberfläche vor der Einhüllung durch Inkrustationen geschützt wird. *Leptothrix discophora* kann neben der Oxidation von Eisen(II) auch Mangan (Mn^{2+}) zu Braunstein (MnO_2) oxidieren.

Ferroglobus placidus koppelt die Oxidation von Fe^{2+} an eine anaerobe Nitratatmung. Zweiwertige Eisenverbindungen werden auch von den Archaebakterien bei niedrigem pH-Wert (2–3) und hoher Temperatur (60–80°C) als Elektronendonatoren verwertet, so durch *Ferroplasma acidarmanus* (Fuchs 2007, S. 340). In der frühen Erdgeschichte enthielten die Ozeane nur sehr niedrige Konzentrationen an Sulfat; die tieferen Schichten waren frei von Sauerstoff, aber reich an Eisen(II). Später, als sich Sauerstoff auch in den Ozeanen anzureichern begann, entstanden durch Oxidation und Präzipitation Schichten von Eisenoxiden. Diese Sedimentationsbänder von eisenreichen Schichten bildeten sich zwischen 3.800 und 1.800 Ma. 40% dieser Schichten bestanden aus Ferri-Eisen (FeIII). Es wurde vermutet, dass die Fe(III)-Produktion sowohl auf biologische als auch auf nicht-biologische Oxidation von FeII mit Sauerstoff zurückzuführen sei (Konhauser et al. 2002). So konnte sowohl eine UV-induzierte, nichtbiologische Fe(II)-Oxidation (Braterman et al. 1983) als auch eine anoxygene phototrophe Fe(II)-Oxidation durch phototrophe Bakterien nachgewiesen werden (Photoferrotrophie; Widdel et al. 1993; Ehrenreich u. Widdel 1994; Kappler et al. 2005). Da der Sauerstoffgehalt der Ozeane vor 2.400 Ma sehr gering war, ist zu vermuten, dass für die Entstehung von Fe(III) die biologische Fe(II)-Oxidation eine wichtige Rolle gespielt hat. Sie kann auch heute noch in bestimmten Habitaten unter sehr niedrigen Sauerstoffpartialdrucken beobachtet werden. Die UV-induzierte Fe(II)-Oxidation (Photolyse) und die Photoferrotrophie benötigen keinen Sauerstoff.

$$HCO_3^- + 4Fe^{2+} + 10H_2O \xrightarrow{h\nu} (CH_2O) + 4Fe(OH)_3 + 7H^+;$$

(hν: Symbol für Strahlungsenergie)

Eine eingehende ökologische Analyse des Sees Matano auf Sulawesi ergab, dass er als ein Modell für den archaischen Ozean dienen kann. Er ist durch seine große Tiefe von über 590 m und eine konstante Schichtung ausgezeichnet. Unterhalb der Chemokline (Grenzschicht zwischen der Sauerstoff-angereicherten und der anoxischen Zone) bei 120 m ist der See frei von Sauerstoff (Crowe et al. 2008). Die Sulfatkonzentration beträgt in der oberen Schicht weniger als 20 µmol/l. In der sauerstofffreien Zone unterhalb der Chemokline werden die geringen Mengen an Sulfat reduziert. Sulfid liegt in Konzentrationen von weniger als 0,2 µmol/l vor. Das gebildete Sulfid wird durch Eisen zu FeS gefällt. In den oberen Schichten treten Algen und Cyanobakterien auf, die Sauerstoff bilden. In einer Tiefe von 110 bis 120 m befindet sich eine Schicht mit anoxygenen, phototrophen, braunen Chlorobien, die die sehr niedrige Lichtintensitäten für einen Photosynthesestoffwechsel dank ihrer großen Lichtsammlerkomplexe (Kap. 6.7.3) ausnützen können. Der Gehalt an Fe(II) beträgt in der anoxischen Zone 140 µmol/l, die Konzentration an SO_4^{2-} unter 0,1 µmol/l (1 µmol = 10^{-6} mol). Die Sulfidkonzentration ist zu gering, um als Elektronendonor für den photolithtrophen Stoffwechsel der grün-braunen Chlorobien zu dienen. Die Verteilung von Fe(II) und dessen Diffusionsraten, sowie die Lichtintensität in 120 m Tiefe in dem See Matano, sprechen für die Annahme, dass die Bakterien in dieser Schicht Fe(II) als Elektronendonator verwerten und es nach der oben gezeigten Gleichung oxidieren. Die chemischen und physikalischen Daten für den archaischen Ozean sind wahrscheinlich ähnlich wie die für den See Matano. Es wird vermutet, dass die Chemokline des archaischen Ozeans auch von Eisen(II)-oxidierenden anoxygenen phototrophen Bakterien besiedelt war, die vor der oxygenen Photosynthese der Cyanobakterien zur Bildung der gebänderten Eisenoxidschichten beigetragen haben (Crowe et al. 2008).

   Sehr früh in der Erdgeschichte entstand unter den herrschenden anoxischen Bedingungen eine dissimilatorische Eisen-(FeIII)-Reduktion als ein Vorläufer der Atmung (Lovley et al. 2004). Fe(III) lag als unlösliches Hydroxyd oder als löslicher Komplex mit organischen Verbindungen und Huminsäuren vor. Katabolische Reduktion von Fe(III) geschieht bei Vertretern der Gattungen *Shewanella* und *Geobacter* durch ein extracytoplasmatisches Elektronentransfersystem, das Elektronen von Ubichinol über ein membrangebundenes, periplasmatisches Tetrahäm-Cytochrom auf eine in der äußeren Membran sitzende Fe(III)-Reduktase überträgt (Gescher et al. 2008). Schwermetalle, vor allem Eisen, wurden von den Bakterien und Archaeen seit der Frühzeit der Erde nicht nur für katalytische Zwecke in Enzyme eingebaut, sondern auch für Reduktions/Oxidations-Reaktionen benutzt, um Energie zu gewinnen und um ein geeignetes Redox-Gleichgewicht in ihrem Lebensraum zu erzeugen.

6.5.2 Metall-oxidierende Bakterien bei biotechnologischen Verfahren

Die säureliebenden, acidophilen Fe^{2+}- und Schwefel-oxidierenden Bakterien werden heute eingesetzt, um Metalle wie Kupfer, Nickel, Molybdän, Gold, Zink oder Uran aus niederwertigen sulfidischen Erzen oder Abraumhalden zu gewinnen. Halden mit erzhaltigem Gestein werden im Kreislauf mit Wasser beschickt. Durch *Acidithiobacillus* werden die schwerlöslichen Metallsulfide in lösliche Metallsulfate überführt und das Wasser angesäuert. Die Fe^{3+}-Ionen dienen als Oxidationsmittel, das auch die schwerlöslichen Metallsulfide oxidiert. In Auffangteichen werden die Metallsulfate gesammelt und aufkonzentriert oder durch Zugabe von Eisenschrott die edleren Metalle wie Kupfer ausgefällt (Fuchs 2007, S. 341–342).

$$CuS + 2O_2 \rightarrow Cu^{2+} + SO_4^{2-};$$

$$CuS + 8Fe^{3+} + 4H_2O \rightarrow Cu^{2+} + SO_4^{2-} + 8H^+ + 8Fe^{2+}$$

$$Cu^{2+} + Fe^0 \rightarrow Cu^0 + Fe^{2+}; Fe^{2+} + \frac{1}{4}O_2 + H^+ \rightarrow Fe^{3+} + \frac{1}{2}H_2O$$

6.6 Die Aufklärung von Gärungsstoffwechsel und Atmung

Die Techniken zur Herstellung von Wein, Essig, Bier, Sake und anderen Gärungsprodukten wurden seit den Frühzeiten der Menschheit empirisch entwickelt. Die einzelnen Schritte des Prozesses und die Gärorganismen blieben aber unbekannt. Mit dem Beginn der Chemie als Wissenschaft wurde die Umsetzung von Stoffen quantitativ verfolgt. Antoine Laurant Lavoisier (1743–1794) bestimmte die Zusammensetzung der Luft aus Sauerstoff, Distickstoff und Kohlendioxid und die stöchiometrische Umsetzung von Zucker zu Äthanol und CO_2. Leider geriet dieser geniale Chemiker durch seinen Brotverdienst als Steuereintreiber in die Mühlen der französischen Revolution und erlitt so einen vorzeitigen Tod. Der ungemein vielseitige Physiker Louis-Joseph Gay-Lussac (1778–1850) hat 1810 die Gärungsgleichung (1 Teil Zucker führt zu 2 Teilen Kohlendioxid und 2 Teilen Alkohol) aufgestellt. Der als Algenforscher tätige Friedrich Traugott Kützing (1807–1893) und der Berliner Physiologe Theodor Schwann (1810–1882) untersuchten Hefezellen mikroskopisch und beschrieben ihr Wachstum und die Bildung von Gas und Alkohol. Sie erkannten, dass die Bildung von Alkohol und Kohlensäure aus Zucker ein auf die Lebenstätigkeit der Hefe zurückzuführender Prozess sei. Ähnlich hat sich C. Cagnard de Latour 1837 geäußert.

Diese Hefetheorie der alkoholischen Gärung wurde aber von den Chemikern J. Jakob von Berzelius (1779–1848), Friedrich Wöhler (1800–1882), und Justus Liebig (1803–1873) abgelehnt. Es war durchaus das Verdienst dieser Chemiker, durch Einführung des Begriffs der Katalyse und der Synthese mehrerer organischer Stoffe die Chemie bereichert zu haben. Auf der anderen Seite negierten diese Forscher, vor allem Liebig, die Fortschritte auf dem Gebiet der Biologie. Liebig verspottet die Ansichten der Biologen in einem anonym in den Annalen der Pharmazie 1839 veröffentlichten Artikel „Über das enträthselte Geheimniß der geistigen Gährung". Er benutzt die irrigen Ansichten von Ehrenberg („die Infusionsthierchen als vollkommene Organismen", Ehrenberg 1838), der den Einzellern eine organismische Struktur zuerkannte, als Vorlage für eine Persiflage auf die Ehrenberg'sche Schrift, die im Kap. 4.2 kurz wiedergegeben wurde.

Liebig lehnte die „Vitalkraft" als Ursache des Stoffumsatzes bei Mikroorganismen mit Recht ab. Er betrachtete die alkoholische Gärung als einen rein chemisch-katalytischen Vorgang. Der Begriff Katalyse wurde von Berzelius eingeführt und beinhaltet die Beschleunigung eines chemischen Prozesses durch einen Stoff, der durch die Umsetzung nicht verändert wird. Pasteur bestätigte durch seine Versuche mit Hefe in den Jahren 1857–1863 die Ergebnisse von Schwann und wies nach, dass Buttersäure, Weinsäure, Milchsäure und Essigsäure durch die Tätigkeit jeweils spezifischer Organismen gebildet werden. Bei den ersten drei Gärprodukten sei die Abwesenheit von Sauerstoff notwendig, die Herstellung von Essigsäure gelänge aber nur in Gegenwart von Sauerstoff.

Bis Ende des 19. Jahrhunderts herrschte die Vorstellung, dass die intrazellulären Prozesse der Bildung, Umwandlung und Abbau von Stoffen von dem Protoplasma der unverletzten Zelle abhängig seien. Der scheinbare Widerspruch zwischen der vitalistischen Theorie (Mikroorganismen als verursachende Agenzien) und der mechanistischen Theorie (Umsetzung durch chemische Katalyse) löste sich auf, als Moritz Traube (1826–1894), der bei Liebig Chemie studierte, postulierte, dass die in den Organismen enthaltenen Proteinstoffe Fermente seien, die die Gärung verursachen. Eduard Buchner (1860–1917) konnte 1897 nachweisen, dass die alkoholische Gärung auch in einem Saft stattfindet, der durch Zerreiben von Hefezellen und Auspressen des Zellinhaltes versetzt mit Saccharoselösung, stattfindet, also nicht an die intakte Zelle gebunden ist. Für diese wegweisende Erkenntnis erhielt Buchner den Nobelpreis.

Die Entdeckung der enzymatischen Aktivitäten im zellfreien Hefeextrakt und der Nachweis von Funktionen einer Maltase und einer Oxidase im Milchsaft einer asiatischen Lackbaumart leiteten das Zeitalter der **Enzymchemie** ein. Einzelne Enzymproteine, wie die Urease, wurden schon im 19. Jahrhundert isoliert. Der Durchbruch gelang aber erst im 20. Jahrhundert, als man die notwendigen Techniken für die Enzymreinigung entwickelte, und erkannte, dass die meisten Prozesse, wie

z. B. die alkoholische Gärung, aus vielen Teilschritten bestehen, und dass für jeden Schritt ein spezifisches Enzym erforderlich ist. Die Isolierung von Enzymproteinen aus Organismen, heute in der Regel ein Routineprozess, war seinerzeit sehr aufwendig und langwierig. A. Harden und W. J. Young entdeckten 1906 die Steigerung der Bildung von Alkohol und CO_2 durch die Zugabe von Phosphat. Sie wiesen Fructose-1,6-Biphosphat als ein Zwischenprodukt der alkoholischen Gärung nach, und sie erkannten, dass enzymatische Umsetzungen außer einem Protein (Apoenzym) noch einen löslichen, dialysierbaren Faktor benötigen, den sie Coenzym nannten.

Die Enzymtheorie des Stoffwechsels verdrängte in kurzer Zeit die Protoplasmatheorie. Schwerpunktthemen der so entstandenen jungen Disziplin der Biochemie waren die Grundmechanismen der verschiedenen Gärungen, der Muskelkontraktion, der Zellatmung und der Photosynthese. Nach einem ersten, von Carl Neuberg 1913 aufgestellten, Gärungsschema wurden bis 1939 die Zwischenschritte der Glykolyse, also des Abbaus von Glukose, aufgedeckt und bis 1942 alle glykolytischen Enzyme identifiziert. Otto Meyerhof (1884–1951) fand 1918, dass das Coenzym A nicht nur bei der alkoholischen Gärung durch Hefe, sondern auch bei der Milchsäuregärung im Muskel aktiv ist. An der Aufklärung der Glykolyse und der Isolierung der beteiligten Enzyme waren neben Meyerhof das Ehepaar Cori, sowie G. Embden, K. Lohmann, C. Neuberg, J. Parnas und O. Warburg beteiligt.

Die **Atmung** wurde zunächst an tierischem und pflanzlichem Gewebe untersucht. Heinrich Otto Wieland (1877–1957) stellte 1912 eine Theorie der biologischen Oxidation auf, bei der er dem Wasserstoff eine wichtige Rolle zuschrieb. P. Ehrlich hatte schon 1885 beobachtet, dass Methylenblau im Gewebe zu farblosem Leukomethylenblau reduziert wird. Die dafür verantwortlichen Dehydrogenasen spalten von Substraten spezifisch Wasserstoff ab. J. H. Quastel und M. Stephenson in Cambridge untersuchten an ruhenden Zellen Prozesse der Dehydrogenierung. 1886 entdeckte der englische Zoologe C. A. McMunn die von ihm als Histohämatine bezeichneten Substanzen und postulierte, dass diese auch für die Atmung eine Bedeutung haben. David Keilin hat ihre Funktion in der Atmung erkannt und sie Cytochrome genannt. Es sind Proteine mit gebundenem Eisen, die Elektronen übertragen. Otto Warburg erhielt 1931 den Nobelpreis für die Charakterisierung des Atmungsferments, der Cytochromoxidase. Warburg erkannte, dass der Sauerstoff nicht direkt mit dem Substrat in der Zelle reagiert, sondern durch das Atmungsenzym übertragen wird. Heute wissen wir, dass die Cytochromoxidase Eisen- und Kupferzentren enthält und die Oxidation von Wasserstoff zu Wasser katalysiert. Der Elektronentransport über die Atmungskette von der NADH-Dehydrogenase bis zur Cytochromoxidase führt – wie in Kap. 6.4.2 dargestellt – zur Ausbildung eines elektrochemischen Protonengradienten über die Membran. Dieses Potential kann zur Bildung von ATP an der ATP-Synthase genutzt werden. Diese Erkenntnis wurde in der chemiosmotischen Theorie von dem englischen Biochemiker Peter Mitchell 1961 entwickelt und über viele Jahre gegenüber einer kritischen wissenschaftlichen Öffentlichkeit mit Erfolg verteidigt und in ihren Details ausgebaut. Die Theorie wurde erst 1975 endgültig anerkannt und mit der Verleihung des Nobelpreises honoriert.

Diese kurze Übersicht soll deutlich machen, dass die Aufklärung der wichtigsten Stoffwechselwege ein langwieriger Prozess war, der sich über hundert Jahre hingezogen hat und heute auf der Ebene der Moleküle fortgesetzt wird. Dabei gingen Theorienbildung, Entwicklung neuer Techniken und mühsame experimentelle Detailarbeiten Hand in Hand. Es war die Blütezeit der klassischen Biochemie.

6.7 Die photosynthetisch aktiven Bakterien

6.7.1 Die Entdeckung pigmentbildender Bakterien

Pigmentbildende Bakterien wurden von den Forschern schon früh in Kulturen oder Ansammlungen im Freiland beobachtet. So hat Ehrenberg die Blutfarbe der „Riesen" unter den phototrophen Bakterien, *Chromatium okenii* (etwa 5 μm breit und bis zu 15 μm lang; die meisten Bakterien haben nur einen Durchmesser von etwa 1 μm; 1 μm = 10^{-6} m) und *Thiospirillum jenense* (3×35 μm), als erster beschrieben (Ehrenberg 1838). Cohn hat sich eingehend mit der Pigmentbildung von Bakterien beschäftigt und ihre Abhängigkeit von den Kulturbedingungen untersucht (Cohn 1875c). Der Gattungsname *Chromatium* für einige Vertreter der Purpur-Schwefel-Bakterien geht auf den Schweizer Botaniker Maximilian Perty (1804–1884) zurück (Perty 1852). Der englische Biologe Ray Lankaster (1847–1929) beschrieb 1873 die pfirsichblütenrote Färbung der Ansammlung von *Bacterium rubescens*. Er nannte den Farbstoff Bakteriopurpurin. Dieser Farbstoff konnte später in eine grüne Komponente, Bakteriochlorin (Nadson 1903), heute Bakteriochlorophyll, und eine rote Komponente, Bakterioerythrin (Arcichovskij 1904), heute als Carotinoide nachgewiesen, getrennt werden. Alle diese Forscher und andere Zeitgenossen haben Bakteriopurpurin als ein Pigment betrachtet, ohne seine physiologische Bedeutung zu erkennen oder zu untersuchen. Dies war dem genialen Theodor Wilhelm Engelmann (1843–1909) vorbehalten.

6.7.2 Engelmanns Untersuchungen zur Photosynthese der Algen und Bakterien

Engelmann wurde als Sohn des bekannten Bibliographen und Herausgebers Wilhelm Engelmann in Leipzig geboren und wuchs dort in einer geistig anregenden Umgebung auf. An der Thomas-Schule erhielt er eine humanistische Ausbildung. Durch Anregung seines Onkels Julius Viktor Carus und des Anatomen Carl C. Gegenbaur hat er sehr früh begonnen, sich mit lebenden Organismen, besonders den Infusorien (Aufgusstierchen, Einzeller wie Amöben, Geißel- und Wimpertierchen, etc., die sich in einer Mischung von Wasser und pflanzlichem Material entwickeln) zu beschäftigen. Seiner musikalischen Neigung folgend, erwarb er eine professionelle Kompetenz im Spiel des Cello. Er studierte Naturwissenschaften und Medizin an den Universitäten Jena, Heidelberg, Göttingen und Leipzig. Seine Doktorarbeit über die Cornea (Hornhaut) des Auges war wohl so bedeutend, dass der holländische Physiologe Cornelius Donders ihm eine Stelle an seinem Institut in Utrecht anbot.

Engelmanns erfolgreiche wissenschaftliche Tätigkeit in Utrecht führte zu einem raschen Aufstieg in der akademischen Karriere. Er wurde schließlich Professor und Nachfolger von Donders in Utrecht. Er heiratete 1869 die Tochter von Donders und verlebte in Utrecht die wohl glücklichsten Jahre seines Lebens. Neben einer sehr produktiven wissenschaftlichen Phase, die mit relativ geringen Verpflichtungen in der Ausbildung der Studenten und in der Verwaltung des Institutes verbunden war, verlebte er sehr anregende und glückliche Stunden im Kreise der Familie und zahlreicher Freunde (Abb. 6.8). Ein schwerer Schicksalsschlag war für ihn der Tod seiner Frau nach der Geburt von Zwillingen sowie das Ableben seines Bruders und seines Schwagers innerhalb eines kurzen Zeitraums. 1870 heiratete er Emma Brandes, geborene Vick, eine Konzertpianistin. Emma verzichtete auf eine sicher erfolgreiche Karriere und widmete sich vor allem der Familie. Beide, Theodor und Emma, waren so bekannte Musiker, dass zu ihrem Freundeskreis Clara Schumann, Anton Rubinstein, Heinrich Herzogenberg, Hans von Bülow, Edward Grieg und Johannes Brahms gehörten. J. Brahms widmete ihnen sein drittes Streichquartett.

Engelmanns Forschung zur Physiologie der Muskelkontraktion fand weite Anerkennung und hatte Rufe auf Professuren nach Freiburg, Zürich und Jena zur Folge. Er lehnte diese Rufe ab, weil die Arbeitsbedingungen und die Atmosphäre in Utrecht sehr gut waren. 1897 wurde ihm die sehr angesehene Professur für Physiologie in Berlin angeboten. Trotz seiner angeschlagenen Gesundheit und seines fortgeschrittenen Alters von 54 Jahren sowie der Aussicht auf ein großes Arbeitspensum, nahm er die Stelle nach erfolgreichen Verhandlungen an. Von 1897 bis 1905 reorganisierte Engelmann in Berlin den Ausbildungsplan für die Physiologie innerhalb des Medizinstudiums gegen erheblichen Widerstand einzelner Kollegen, veröffentlichte zahlreiche wissenschaftliche Arbeiten und übte die Tätigkeit des

Abb. 6.8 Wilhelm Engelmann (1843–1909). Physiologe und Entdecker der bakteriellen Photo- und Chemotaxis. (Quelle: Kingreen 1972)

Dekans der medizinischen Fakultät aus. Durch seine ausgeglichene und Vertrau-
en vermittelnde Persönlichkeit konnte er eine große Zuneigung der Studenten und
eine gute Arbeitsatmosphäre im Lehrkörper erreichen. Die großen Anstrengungen
und vielfältigen Verpflichtungen während dieser Jahre hatte aber ihren Preis. Nach
einem Zusammenbruch wurde er 1908 von seinen amtlichen Pflichten entbunden
und starb 1909 im Alter von 65 Jahren. Warum wird hier über das Leben eines kultivierten und wissenschaftlich ausgewiesenen Menschen berichtet, der sich mit der
Muskelphysiologie befasst hat?

In der Zeit von 1881–1888 untersuchte Engelmann in Utrecht die **Reizphysio-
logie von Bakterien** die zu revolutionären Entdeckungen führte (Drews 2005).
Seit den Untersuchungen von Jan Ingenhousz (1730–1799), Théodore de Saussure
(1767–1845), Julius Sachs (1832–1897) und Wilhelm Pfeffer (1845–1920) war die
Bildung von Sauerstoff durch die pflanzliche Photosynthese bekannt und wurde mit
verschiedenen Methoden gemessen. Engelmann entwickelte eine geniale mikrospek-
troskopische Methode für die quantitative Bestimmung der Sauerstoffproduktion und
ihrer Abhängigkeit von Chlorophyll und einem bestimmten quantitativen und quali-
tativen spektralen Anteil des Lichtes. Eine Alge, z. B. *Cladophora*, wurde im Mikroskop über einem von der Firma Carl Zeiss in Jena entwickelten Mikrospektralapparat
dem Licht des Sonnenspektrums ausgesetzt. An den Stellen, wo das für die Pflanze
wirksame Licht auf den Algenfaden traf, entstand Sauerstoff. Die Ausbildung eines
Sauerstoffgradienten wurde durch die Ansammlung von chemoaerotaktischen Bakterien (*Bacterium termo*; Cohn, Ehrenberg) nachgewiesen (Engelmann 1882b, c).
Diese Bakterien können Sauerstoff wahrnehmen und sich in dem Gradienten des
Sauerstoffpartialdruckes aerotaktisch bewegen. Die Ansammlung erfolgte im Bereich
einer für ihr Wachstum günstigen Sauerstoffkonzentration. So konnte Engelmann
Sauerstoff spezifisch nachweisen und gleichzeitig die für die Photosynthese wirksa-
men Spektralbereiche ermitteln. Er beobachtete, dass die Bereiche 650–680 nm (rot),
480–490 nm (blau) und 590 nm (grün) in unterschiedlicher Weise wirksam waren.
Somit war er der Erste, der ein **Aktionsspektrum der Photosynthese** aufstellte!

Er war sich bewusst, dass Lichtstreuung und unterschiedliche Lichtintensitäten in
den verschiedenen Spektralbereichen die quantitative Aussage der Ergebnisse beein-
trächtigen. Er versuchte, die Werte entsprechend zu korrigieren. Mit einer angereicherten Kultur von *Bacterium photometricum* – wahrscheinlich war es das Schwe-
fel-Pupurbakterium *Chromatium vinosum* – bestimmte er mikrospektroskopisch den
Einfluss von Licht bestimmter Wellenlänge auf die Beweglichkeit und das scotopho-
bischee (gr.: *skotos:* Finsternis, dunkel; *phobeo*; *phobein*: erschrecken) Verhalten.
Wenn man in ein dunkles Beobachtungsfeld, angefüllt mit einer dünnen Suspension
lichtempfindlicher Bakterien, einen Lichtfleck projiziert, so gelangen durch Zufall
Bakterien in den Lichtbereich. Wenn sie den Lichtfleck verlassen wollen, löst der
Übergang Licht-Dunkel eine Umkehrreaktion aus. Demzufolge sammeln sich nach
einiger Zeit Bakterien in dem Lichtfeld an (Abb. 6.9, Engelmann 1882a, 1883). Es
wirkt als Lichtfalle. Die sehr rasche Umkehrreaktion der Bakterien hat auch zu der
Bezeichnung „Schreckreaktion" oder photophobische Reaktion geführt.

Der Übergang Licht-Dunkel kann auch durch verschiedene Graustufen oder
Spektralbereiche ersetzt werden. Engelmann stellte fest, dass die Bewegung von

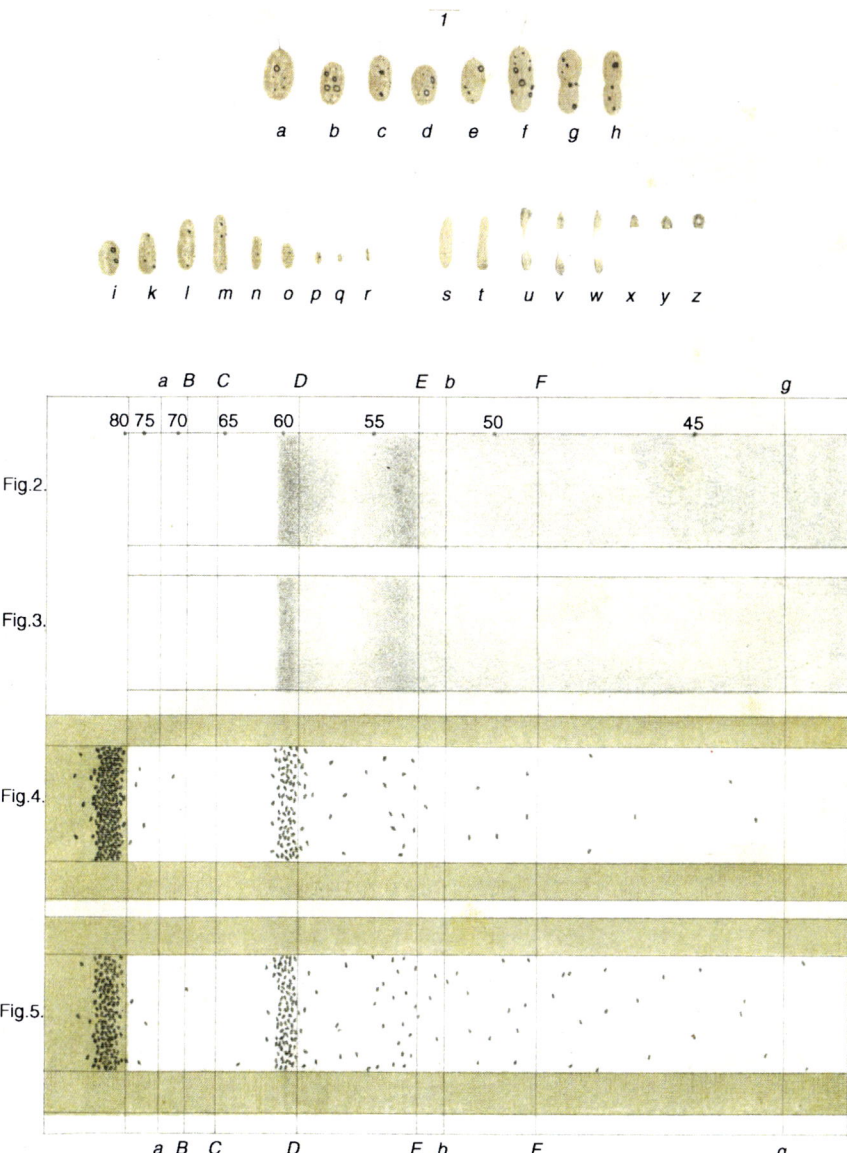

Abb. 6.9 *Fig. 1: Bacterium photometricum* (*Chromatium spec.*). *Fig. 2, 3:* Absorptionsbanden der Pigmente von *Chromatium. Fig. 4, 5:* Scotophobische Ansammlung in einem Mikrospektrum im Bereich von 850, 590 nm sowie im grünen und blauen Bereich. 80, 75, 60–45 sind die Wellenlängen im 0,1 nm Maßstab. Die 850 nm Absorption und Ansammlung im nahen Infrarot wurde mit einem Bolometer gemessen. *B F* sind die Frauenhofer-Linien des Sonnenspektrums. (Quelle: Engelmann 1883)

Bacterium photometricum von Licht, aber nicht von Sauerstoff abhängig ist, also sich nicht wie *Bacterium termo* verhält. *Bacterium photometricum* bildet unter Lichteinwirkung keinen Sauerstoff wie die Pflanze. Den Einfluss von Licht auf die Intensität der Schwimmbewegung von *B. photometricum* nannte Engelmann **Photokinesis** (gr.: *kinein:* bewegen). Mit dichten Ansammlungen von *B. photometricum* bestimmte Engelmann das **Absorptionsspektrum** der Pigmente von *B. photometricum*. Absorptionsbanden wurden bei 595 nm, schwache Banden im blauen Spektralbereich und bei 510 und 540 nm ermittelt, und eine Absorptionsbande im nahen Infrarot vermutet. Die Bande im nahen Infrarot bei 850 nm wurde in Zusammenarbeit mit einem Kollegen im physikalischen Institut mit einem Langley-Bolometer gemessen. Später wurden, je nach Bakterium, bei 800–870 nm oder bei 1.020 nm, also im nahen Infrarotbereich, Absorptionsbanden ermittelt. Die Bakterien wurden nach einer Zeit der Exposition über dem Mikrospektrum fixiert und dann die Ansammlungen bei normalem Licht registriert (Abb. 6.9).

Wird statt des Lichtfleckes oder des Mikrospektrums ein Halbtonnegativ zwischen Bakterien und der Lichtquelle positioniert, so konnte ein Bakteriogramm erstellt und für die Wiedergabe eines Porträts genutzt werden (Schlegel 1999, S. 78). Mit dieser Methode wurde die außerordentlich hohe Schwellenempfindlichkeit gemessen: das ist die minimale Intensitätsdifferenz, die noch eine Umkehrreaktion auslöst. Engelmann erkannte, dass das Aktionsspektrum von Photokinesis und scotophobischer Reaktion dem Absorptionsspektrum der Bakterien entsprach, das heißt, die Licht absorbierenden Pigmente Bakteriochlorophyll und Carotinoide – nach modernem Sprachgebrauch – sind auch für die Wahrnehmung des Lichtreizes verantwortlich. Nach neueren Messungen können 2% Differenz in der Lichtintensität noch von den Bakterien wahrgenommen und in eine scotophobische Reaktion umgesetzt werden.

Engelmann hat für seine Messungen auch Kulturen von Schwefel- (*Thiocapsa roseopersicina, Chromatium okenii, C. vinosum, C. warmingii*) und Nichtschwefel-Purpurbakterien (*Rhodospirillum rubrum*), die er von Winogradsky aus Straßburg und von Warming aus Kopenhagen erhielt, eingesetzt. Der Name Purpurbakterien wurde von Engelmann geprägt und war auf die durch Carotinoide bedingte rote Farbe der Suspensionen zurückzuführen, die das Grün des Bakteriochlorophylls überdeckt. Aufgrund von Wachstumsversuchen erkannte Engelmann als Erster: „Bakteriopurpurin ist das wahre Chromophyll, weil es die absorbierte Lichtenergie in eine potentielle chemische Energie überführt" (Engelmann 1888a, b). Das war in dieser Zeit eine grundlegend neue Erkenntnis.

Bei den Pflanzen war es vor allem Wilhelm Pfeffer (1845–1920) in Leipzig, der auf den Energiegewinn der Pflanze durch die Photosynthese aufmerksam machte. Engelmann hatte bei seinen ersten Versuchen zur bakteriellen Photosynthese erkannt, dass bei diesen Organismen – im Gegensatz zur Pflanze – kein Sauerstoff gebildet wird. Leider glaubte er später, eine photosynthetische Sauerstoffproduktion bei diesen Bakterien beobachtet zu haben (Engelmann 1888a, b). Wahrscheinlich stand er unter dem Einfluss der allgemein verbreiteten Hypothese, dass bei der Photosynthese grundsätzlich CO_2 gespalten wird und aus dem Kohlenstoff Stärke entsteht. O_2 fällt als Nebenprodukt an. Erst in der Mitte des 20. Jahrhunderts wurde durch Einsatz von Isotopen nachgewiesen, dass der Sauerstoff, der bei der oxygenen Photosynthese der Pflanzen, Algen und Cyanobakterien frei wird, durch Spaltung des Wassermoleküls und nicht aus CO_2 gebildet wird. Der Botaniker Hans Molisch (1856–1937) hat an schwefelfreien Purpurbakterien (*Rhodospirillum rubrum* Esmarch) experimentell nachgewiesen, dass diese im Licht unter anaeroben Bedingungen organische Stoffe assimilieren und keinen Sauerstoff bilden (Molisch 1907).

Die Purpurbakterien waren den Naturforschern wegen ihrer rötlichen Farbe schon früh aufgefallen und wurden, wie wir bei Cohn erfahren konnten, im 19. Jahrhundert schon intensiv untersucht und viele ihrer Arten beschrieben. Die erste Reinkultur von *Rhodospirillum rubrum* gelang 1887 Erwin von Esmarch, einem Schüler von Robert Koch. Der Photosyntheseapparat der Purpurbakterien enthält nur ein Reaktionszentrum, das in der Organisation des Elektronentransports ähnlich wie Photosystem I oder II bei den Cyanobakterien strukturiert ist, aber weniger Bauelemente enthält. Es dient, mit Ausnahme der Reaktionszentren bei den grünen Bakterien, nur der Erzeugung von Energie durch Bildung eines elektrochemischen Protonengradienten über die cytoplasmatische Membran (Abb. 6.10). Reduktionsäquivalente für die CO_2-Reduktion werden aus dem Stoffwechsel oder von H_2S bereitgestellt. Der mit dem Photosystem II bei Pflanzen gekoppelte Wasserspaltungsapparat fehlt. Daher ist die Photosynthese der Purpur- und grünen Bakterien anoxygen. Die verschiedenen Typen bakterieller Reaktionszentren sind schematisch in Abb. 6.10 dargestellt. Über die Entstehung des Photosyntheseapparates während der Evolution gibt es unterschiedliche Hypothesen. Sowohl Purpurbakterien als auch grüne Bakterien oder Vorläufer von Cyanobakterien wurden als die Organismen angesehen, in denen eines der Reaktionszentrumstypen entstand (Drews 2007). Wahrscheinlich ist der Schwefel/Eisen-Typ (RC1 bei *Heliobacter*) der ursprüngliche. Der wasserspaltende Apparat am Photosystem II ist sicher ein späteres Produkt der Evolution bei den Cyanobakterien. Der Photosyntheseapparat der Purpurbakterien ist auf den intracytoplasmatischen Membranen lokalisiert, die vesikulär, tubulär oder als Stapel von flachen Doppelmembranen organisiert sind, und durch Invagination der cytoplasmatischen Membran entstehen. Die Reaktionszentren sind ringförmig von den Lichtsammlerkomplexen umgeben. Bei geringer Lichtintensität ist das intracytoplasmatische Membrannetz groß und füllt die Zelle aus, bei Starklicht ist es nur peripher in der Zelle ausgebildet (Drews u. Golecki 1995).

6.7.3 Die grünen Bakterien und Reaktionszentren der anoxygenen Photosynthese

Erst im 20. Jahrhundert wurde man auf die grünen Schwefel- (*Chlorobium spec.*) und Nichtschwefel-Bakterien (*Chloroflexus*) aufmerksam (Nadson 1906; Lauterborn 1913) und konnte sie später in Reinkultur einer genaueren Analyse zuführen. Seit den 70er Jahren des 20. Jahrhunderts wurden durch elektronmikroskopische,

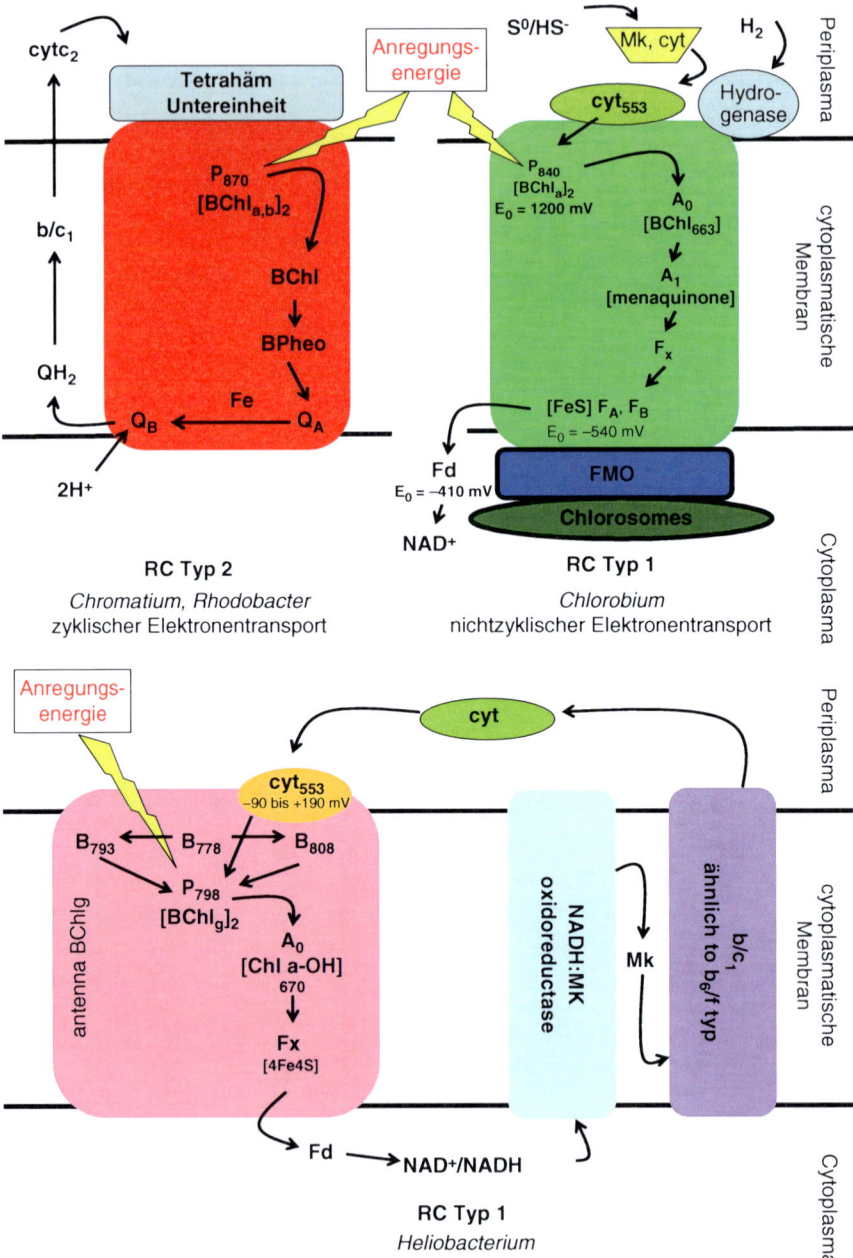

Abb. 6.10 Reaktionszentrumstypen bei den anoxygenen photosynthetischen Bakterien **RC1**, Vertreter *Chlorobium*, grünes Schwefelbakterium. Der Elektronentransport ist nicht zyklisch, sondern verläuft von H_2S oder H_2 über Cytochrom (cyt_{555}) auf den primären Donor P_{840}, das spezielle Paar, bestehend aus einem Dimer von Bakteriochlorophyll a [$Bchl_a$]$_2$. Der durch Lichtenergie angetriebene Elektronentransport geht über eine Reihe von Elektronenüberträgern mit zunehmend negati-

biochemische und genetische Untersuchungen die Eigenarten dieser interessanten Gruppe photosynthetischer Bakterien bekannt. Die grünliche Farbe ist durch die Dominanz der Bakteriochlorophylle c oder d bedingt, die im Bereich von 745 nm ihr Hauptabsorptionsmaximum haben. Dieses Pigment bildet in den so genannten Chlorosomen Aggregate und fungiert zusammen mit Carotinoiden als Lichtsammlerpigment. Die vesikelartigen Chlorosomen sitzen auf der cytoplasmatischen Membran und sind mit dem Reaktionszentrum durch eine Basisplatte, die Bakteriochlorophyll a enthält, verbunden (Abb. 6.11, Li et al. 2006). Die Bakteriochlorophyll c- oder d-Moleküle in den Chlorosomen bilden Aggregate und sind nicht, wie in den Lichtsammlerstrukturen der Purpurbakterien, an Protein gebunden. Die Chlorosomen leiten die aufgefangene Anregungsenergie über die Basisplatte zum Reaktionszentrum, das Bakteriochlorophyll a und Schwefel-Eisenzentren enthält (Frigaard u. Bryant 2006). Durch die große Oberfläche und Zahl der Pigmentmoleküle wird es möglich, dass die grünen S-Purpurbakterien noch unter sehr geringen Lichtintensitäten wachsen können.

Die am besten untersuchte Gattung der grünen Schwefelbakterien ist *Chlorobium*. Dieses Bakterium verwendet Schwefelwasserstoff oder Wasserstoff als Elektronendonator und CO_2 als Kohlenstoffquelle, wächst also photolithoautotroph (gr.: *lithos:* Stein; Hinweis auf die mineralische Kohlenstoff- und Elektronenquelle; *auto:* Hinweis auf die Unabhängigkeit von einer organischen Kohlenstoffquelle). Mit Hilfe der Chlorosomen kann *Chlorobium* noch bei sehr geringen Lichtintensitäten, sehr tief im Schwarzen Meer, wo nur noch Spuren von Licht ankommen, wachsen. Es lebt obligat anaerob in Gewässern über der Faulschlammzone oder in heißen Quellen. Es gibt auch Arten, die mit einem Zentralbakterium in einem Konsortium zusammenleben. Das Zentralbakterium ist farblos aber beweglich, so dass das Konsortium günstige Ernährungsbedingungen aufsuchen kann. Zentralbakterium und *Chlorobium chlorochromatii* leben in symbiontischer Gemeinschaft. Prof. J. Overmann, Braunschweig hat in neuerer Zeit die Zusammensetzung und Eigenschaften dieser seit hundert Jahren bekannten Konsortien untersucht. Es ist eins der vielen Beispiele dafür, dass auch Bakterien mit ihrer Umwelt kommunizieren und sich zu symbiontischen Gemeinschaften mit anderen Organismen zusammenschließen können.

Der Photosyntheseapparat der Purpurbakterien und der grünen Bakterien enthält immer nur ein Reaktionszentrum, das in seiner Grundstruktur entweder dem Photo-

---

vem Potential auf Ferredoxin (Fd). NAD^+ wird zu $NADH + H^+$ reduziert, das zur Reduktion von CO_2 dienen kann. **RC2**, Vertreter *Chromatium, Rhodobacter*. Bei diesem Typ ist der Elektronentransport zyklisch und verläuft vom speziellen Paar $[Bchl_{a,b}]_2$ (P_{876}) zum Chinon ($Q_{A,B}$) und von dort über die Cytochrom b/c -Oxidoreduktase (b/c$_1$), die auch Protonen über die Membran pumpt, zurück zum Cyt c$_2$. Der mit dem zyklischen Elektronentransport gekoppelte Protonentransport über die cytoplasmatische Membran und die Bildung eines Membranpotentials sind nicht eingezeichnet. Der Photosyntheseapparat des grampositiven *Heliobacter* hat $[Bch_g]_2$ als primären Donor und unterscheidet sich von RC1 und RC2 durch andere Elektronenüberträger und den Weg des Elektronentransportes; *Mk* Menachinon. (Quelle: mit freundlicher Genehmigung von PD Dr. Andreas Labahn, Freiburg)

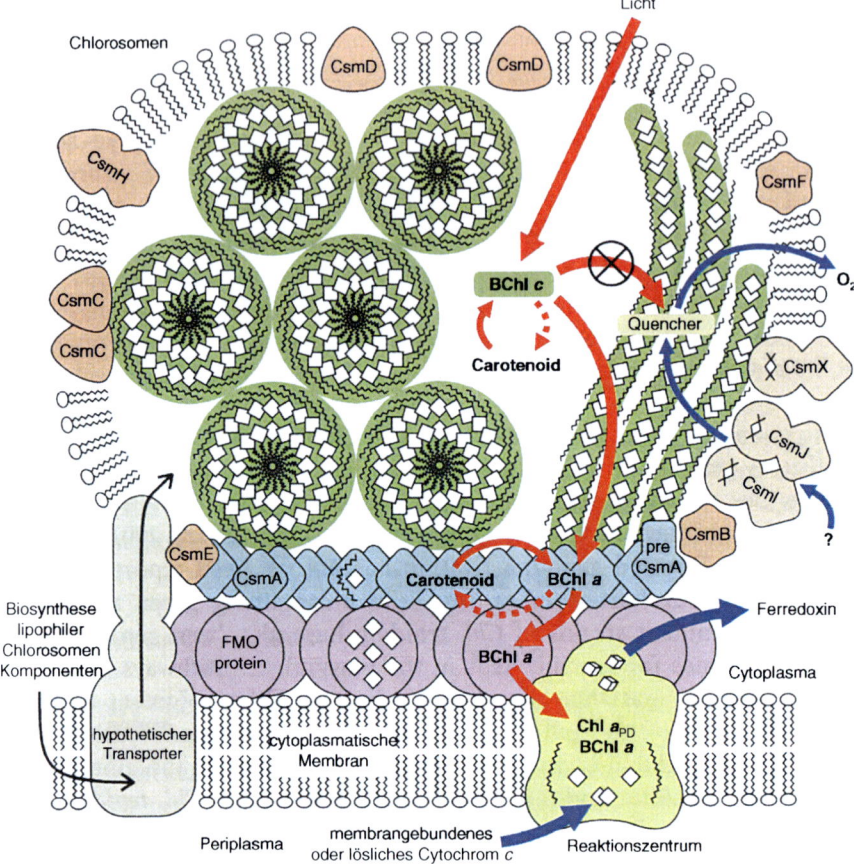

Abb. 6.11 Schema eines Chlorosoms, Lichtsammlerkomplex bei grünen Schwefel-(Chlorobium) und Nichtschwefel-photosynthetischen Bakterien (Chloroflexus). Die Bakteriochlorophyll-Moleküle (BChlc) bilden linear angeordnete, tubuläre (*grüne Kreise, links*) oder lamelläre (*rechte Seite*) Aggregate, die nicht an Protein gebunden sind. Das Chlorosom wird von einem einschichtigen Lipidfilm umhüllt, in den einzelne Proteine eingebettet sind. Die Licht-induzierte Anregungsenergie wird von den BChlc-Aggregaten über Bchla und Carotinoide in der Basisplatte (FMO Protein) auf das Reaktionszentrum (siehe Abb. 6.10, RC1) übertragen. Chloroflexus-Chlorosomen enthalten kein FMO-Protein und ein RC vom Typ RC2. Die *blauen Pfeile* am Reaktionszentrum zeigen den Elektronentransport an. In Gegenwart von Sauerstoff, der für die Chlorobien schädlich ist, wird ein *quenching* (Löschung, Unterdrückung) – Mechanismus in Gang gesetzt, der einen Transport von Anregungsenergie zum Reaktionszentrum verhindert, bzw. die Bakteriochlorophyll-Triplett-Zustände löscht. Daran scheinen Proteine in der Lipidhülle beteiligt zu sein. (Quelle: Frigaard u. Bryant (2006), Fig. 2; mit freundlicher Genehmigung des Springer Verlages und von Donald A. Bryant). Chla, BChla, Chlorophyll *a*, Bacteriochlorophyll *a*

system II (Chinontyp) oder dem PSI (FeS-Typ) entspricht (Abb. 6.10). Er dient bei den Purpurbakterien in der Regel nur der Bereitstellung von Energie. Der Wasserspaltungsapparat am PSII entstand erst bei der Entwicklung des Photosyntheseapparates der Cyanobakterien. Daher wurde vermutet, dass die beiden Reaktionszentrumstypen der grünen Bakterien und der Purpurbakterien Vorläufer aller Photosysteme sind. Die durch Lichtenergie ermöglichte Ladungstrennung in den Reaktionszentren ist ein hoch effektiver Prozess. Alle Versuche, Reaktionszentren durch Mutation oder Pigmentaustausch zu optimieren, oder durch chemische Synthese zu konstruieren, konnten die Leistungsfähigkeit der natürlichen Reaktionszentren nicht erreichen. Die Effektivität der Reaktionszentren ist so hoch, weil die Rückreaktion, also die Reduktion des primären Donors (P^+), sehr viel langsamer erfolgt (im ms Bereich) als die Ladungstrennung, die im ps und ns Bereich (10^{-9}–10^{-12} Sekunden) erfolgt. Die hohe Effektivität der Ladungstrennung in den Reaktionszentren ist wahrscheinlich der Grund, dass sie nur einmal „erfunden" wurde. Alle Photosyntheseapparate – bei Pflanzen und Bakterien – enthalten Reaktionszentren vom Typ I oder II. Dagegen herrscht in der Entwicklung von Lichtsammlerstrukturen eine große Vielfalt. Alle Lichtsammlerstrukturen enthalten Pigmente mit alternierenden Doppelbindungen. Durch Absorption von Lichtquanten entstehen kurzlebige Anregungszustände, die mit großer Geschwindigkeit über die Pigmentsysteme zum Reaktionszentrum wandern. Das Prinzip der Ladungstrennung über Schichten wird auch bei der Erzeugung von elektrischer Energie mittels der Photovoltaik angewandt. Diese hat aber bisher nicht den Wirkungsgrad von natürlichen Reaktionszentren erreicht.

6.8 Die Welt der „blaugrünen Algen", die Cyanobakterien mit oxygener Photosynthese

Diese Allerweltsorganismen hatten wir schon bei Ferdinand Cohn kennen gelernt. Wegen ihrer blau-grünen bis bräunlichen Färbung, ihrer Bildung von schleimigen Ansammlungen und Überzügen auf Felsen und feuchtem Untergrund, wurden sie bis ins 20. Jahrhundert als Algen betrachtet und „Blaugrünalgen" genannt. Cohn bezeichnete sie als Schizophyceae (gr.: *schizo, schizein*: spalten; *phycos*: Tang, Seegras; Spaltpflanzen), hob ihre Verwandtschaft zu den Bakterien, den „Schizomycetes" (Spaltpilze) hervor und vereinigte beide Gruppen zu den Schizophyta (Cohn 1867, 1875a). Die Cyanobakterien sind Prokaryoten und haben eine Zellorganisation wie die Bakterien. Sie bilden Zellfäden aus vegetativen Zellen. Bei einigen Vertretern können Zellen zu Heterocysten differenzieren: das sind Zellen, die für die Stickstofffixierung spezialisiert sind. Andere Zellen bilden Akineten – das sind Dauerzellen. Es gibt auch viele einzellige Cyanobakterien oder sich verzweigende Zellfäden und Zellhaufen bildende Formen. Spuren in archaischen Gesteinssedimenten weisen darauf hin, dass Cyanobakterien schon seit 2.700 Ma auf der Erde vorkommen (Tab. 17.1). Konisch geformte Stromatoliten – das sind riffartige Kalkablagerungen – entstanden im Präkambrium und werden auf die Tätigkeit von Cyanobakterien zurückgeführt. Da auch gegenwärtig Cyanobakterien solche konisch geformten Biofilme bilden, gelten sie als ein Beweis für die Existenz von Cyanobakterien, die schon vor 2.700 Ma oxygene Photosynthese betrieben (Bosak et al. 2009) haben.

Cyanobakterien haben im Laufe ihrer langen Evolution viele Lebensräume besiedelt – so das Meer, Süßwasserseen, trockene Steppen, tropischen Urwald, oder

arktische Tundren. Viele Cyanobakterien sind symbiontische Beziehungen eingegangen. Die bekannteste Symbiose repräsentieren die Flechten. Diese bestehen aus
Pilzen und Cyanobakterien oder Grünalgen. Vielen aufmerksamen Naturbeobach-
tern sind wohl schon die grau-grünen Überzüge an Mauern und Bäumen oder die
Strauchflechten in den Tundren aufgefallen, oder die Bartflechten, die von Bäumen
in feuchten Gebieten herabhängen. Fast alle Cyanobakterien wachsen photolithoautotroph, können ihre Zellsubstanz aus CO_2 aufbauen und gewinnen Energie und
Reduktionsäquivalente für die CO_2-Fixierung durch eine oxygene, also Sauerstoff-
bildende Photosynthese. Einige können auch organische Stoffe assimilieren. Ihr
Photosyntheseapparat ist ähnlich wie bei den Pflanzen aufgebaut und phylogenetisch ihr Vorläufer (Abb. 6.12).

Der Sauerstoff-bildende Photosyntheseapparat wurde von den Cyanobakterien
vor Milliarden von Jahren entwickelt und besteht, wie die Atmungskette, aus mehreren, membrangebundenen Elektronentransportsystemen. Die Strahlungsenergie des
Sonnenlichtes wird über die Lichtsammlerstrukturen (das sind die Phycobilisomen)
und weitere, an Proteine gebundene Chlorophyll- und Carotinoidmoleküle, den beiden Photosystemen zugeleitet und dort in einen elektrochemischen Ladungsgradienten (Redoxpotential und Protonengradient) überführt. Am Wasserspaltungsapparat,
assoziiert mit dem Photosystem II, werden Sauerstoff und Protonen gebildet. Neben
dem elektrochemischen Protonenpotential über die Membran, das als Produkt des
lichtgetriebenen Elektronentransportes entsteht, werden Elektronen auf Pyridinnuk-
leotide ($NADP^+ \rightarrow NADPH + H^+$) übertragen und damit Reduktionsäquivalente für
die CO_2-Assimilation bereitstellt.

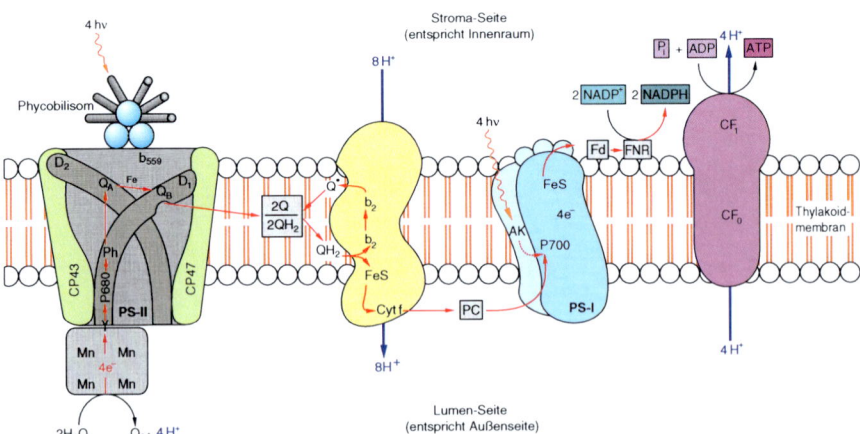

Abb. 6.12 Photosyntheseapparat der Cyanobakterien (oxygene Photosynthese). Das Schema zeigt
den lichtgetriebenen Elektronentransport von der Wasserspaltung im Photosystem II (PSII) bis zur
Reduktion von $NADP^+$ am Photosystem I (PSI). Die Phycobilisomen über dem PSII sind Licht-
sammlerorganellen mit offenkettigen Tetrapyrolen als Licht sammelnde Pigmente. Lichtenergie
kann auch direkt vom PSI absorbiert werden. *hv* Symbol für Lichtquanten; *Q* Chinon; *QH₂* Chinol;
PH Pheophytin; *Fd* Ferredoxin; *PC* Plastochinon; Cytochrom b_{559}; *CF* Kopplungsfaktor (ATP-
Synthase); *Mn* Mangan; *FNR* Ferredoxin-$NADP^+$ – Oxidoreduktase.

Die Cyanobakterien besitzen, wie Rotalgen, **Phycobilisomen** (Abb. 6.12): das sind Pigment-Proteinkomplexe, die auf der Membran über dem Photosystem II (PSII) angeordnet sind. Phycobilisomen bestehen aus Proteinen, an die Phycobiline gebunden sind. Phycobiline sind offenkettige Tetrapyrrole, die aufgrund ihrer konjugierten Doppelbindungen Photonen absorbieren und sehr schnell im Bereich von ns (10^{-9} Sekunden) die Anregungsenergie den Reaktionszentren zuleiten. Die Phycobilisomen sind Strukturen, die in ihrer Funktion den Chlorosomen (Abb. 6.11) entsprechen, aber unabhängig von diesen in der Evolution entstanden sind; und eine andere Zusammensetzung und Struktur haben. Das frühe Auftreten der Cyanobakterien in der Erdgeschichte und ihre photosynthetische Aktivität sprechen dafür, dass der Sauerstoff in der Erdatmosphäre auf die Aktivität der Cyanobakterien zurückgeführt werden kann. Der Sauerstoffgehalt in der Erdatmosphäre begann vor etwa 2.300 Ma von nahezu null im Laufe von Millionen Jahren allmählich auf die heutige Konzentration anzusteigen. Es gibt gute Argumente für die These, dass die Cyanobakterien mit ihrem Photosyntheseapparat in einer frühen Phase der Evolution mit Zellen der Vorfahren der heutigen Pflanzen eine Symbiose eingegangen sind, indem sie in diese Zellen einwanderten und sich dann zu den Chloroplasten entwickelten. Chloroplasten sind also durch Endosymbiose von Cyanobakterien mit Zellen der Eukaryoten (Organismen mit einer zellulären Organisation höherer Organismen wie Pflanze und Tier) oder ihrer Vorgänger entstanden. In den heute lebenden Pflanzen sind allerdings viele cyanobakterielle Gene verloren gegangen oder in den Kern der Wirtszelle ausgewandert.

Die Entdeckung, dass der Sauerstoff bei der pflanzlichen Photosynthese nicht aus CO_2, wie sehr lange postuliert wurde, sondern durch Spaltung des Wassermoleküls entsteht, gelang erst nach Einführung der Isotopentechnik (O^{18}) 1940 durch S. Ruben und M. Kamen. Der Mechanismus der Energiegewinnung bei der Photosynthese konnte in seinen Teilschritten um die Mitte des 20. Jahrhunderts aufgeklärt werden. Die Ausbildung eines Protonengradienten, also einer Ladungs- und Protonendifferenz über die Membran als treibende Kraft; wurde von H. Lundengardh 1946; und das Konzept der energiereichen Phosphatbindung am ADP (Adenosindiphosphat)-Molekül zu ATP wurde 1941 von F. Lipmann entwickelt. Die Photophosphorylierung (das ist die Bildung von ATP an der ATP-Synthase unter Ausnutzung des durch die Lichtreaktionen gebildeten elektrochemischen Protonengradienten über die Membran des Photosyntheseapparates) wurde bei Pflanzen durch D. I. Arnon und bei Bakterien durch A. W. Frenkel 1954 nachgewiesen. Der rasante Fortschritt in der Photosyntheseforschung, vor allem die Auflösung des Prozesses der Ladungstrennung in den Reaktionszentren, wurde während des 20. und 21. Jahrhunderts erzielt. Dieser Erfolg ist das Produkt einer erfolgreichen Zusammenarbeit zwischen Biologen, Chemikern und Physikern. Er wurde auch durch die Entwicklung neuer Methoden ermöglicht. Die Wanderung der Elektronen über die Redoxsysteme in den Photosystemen (Reaktionszentren) I und II und die dadurch verursachte Ladungstrennung konnte erst gemessen werden, als es technisch gelang, die Absorptionsänderungen an den Redoxsystemen im Picosekundenbereich (1 ps = 10^{-12} Sekunden) zu messen.

Kapitel 7
Die Entdeckung der Viren und anderer suborganismischer infektiöser Agenzien

7.1 Das Tabakmosaikvirus und andere Viren

Gegen Ende des 19. Jahrhunderts, als ständig neue Erreger von Infektionskrankheiten entdeckt wurden, versuchte A. Mayer (1843–1942) in Wageningen herauszufinden, ob die Tabakmosaikkrankheit, die zur Ausbildung von hellen, mosaikartig angeordneten Flecken auf Tabakblättern führt, durch einen Erreger verursacht wird. Es gelang ihm, die Krankheitssymptome durch Verreiben des Saftes befallener Blätter auf gesundes Blattgewebe zu übertragen. D. Iwanowski in St. Petersburg filtrierte den Presssaft aus den Pflanzen durch ein Chamberlandfilter aus unglasiertem Porzellan, das Bakterien zurückhält. Mit diesem Filtrat konnte die Krankheit durch Einreiben mit Karborund, einem scharfkantigen Material, auf neue Blätter übertragen werden. Iwanowski vermutete, dass entweder sehr kleine Bakterien, die durch die Poren des Filters hindurchtreten, oder Toxine von Bakterien die Krankheit auslösen. Beijerinck ist diesem interessanten Phänomen nachgegangen. Er beobachtete das Ausbleichen des Chlorophylls und das Absterben der Zellen in den befallenen Bereichen sowie die Ausbreitung der Infektionsherde im Blatt von Zelle zu Zelle. Er wiederholte die Versuche von Mayer und konnte ausschließen, dass das Agens ein Toxin ist, weil durch Verdünnung die Infektiosität und Pathogenität nicht aufgehoben werden konnte. Das Agens konnte durch Agarschichten diffundieren, mit Alkohol gefällt und getrocknet werden. Es war hitzestabil und wurde *Contagium vivum fluidum* genannt (Beijerinck 1898). Beijerinck konnte ausschließen, dass es sich um einen pilzlichen oder bakteriellen Erreger handelt, denn weder sah er mit dem Mikroskop Mikroorganismen in dem erkrankten Gewebe, noch konnte er daraus Organismen isolieren und kultivieren. Der durch Porzellanfilter gepresste Saft war im bakteriologischen Sinne steril, da kein Wachstum auf künstlichen Nährböden unter aeroben oder anaeroben Bedingungen beobachtet werden konnte. Die Infektiosität des Presssaftes blieb über Monate erhalten und konnte nur durch Kochen aufgehoben werden. Beijerinck beobachtete, dass sich das infektiöse Agens in der Pflanze langsam von Zelle zu Zelle ausbreitet und nur wachsendes, meristematisches Gewebe befällt. Die Vermehrung des infektiösen Agens fand nur in den Zellen des lebenden Pflanzengewebes statt und nicht außerhalb der Pflanze.

G. Drews, *Mikrobiologie,* DOI 10.1007/978-3-642-10757-3_7,
© Springer-Verlag Berlin Heidelberg 2010

Durch die sorgfältigen und kausalanalytischen Versuche hat Beijerinck beim Stand des Wissens seiner Zeit wichtige Eigenschaften von Viren beschrieben.

Etwa gleichzeitig haben Löffler u. Frosch (1898) die Übertragung der Maul- und Klauenseuche beim Rind untersucht. Sie entnahmen mit einer sterilen Glaspipette Saft aus den durch die Krankheit gebildeten Bläschen an der Mundschleimhaut und untersuchten diesen auf Keime mit dem Mikroskop und durch Kulturversuche auf verschiedenen Nährböden, um die Infektionserreger nachzuweisen. Ein Filtrat durch Kieselguhrfilter war frei von Bakterien, konnte aber die Krankheit auf andere Tiere übertragen. Das infektiöse Agens war kein Toxin, da es auch nach starker Verdünnung die gleichen Symptome hervorrief und auch kein kleines Bakterium, da dieses weder mikroskopisch noch durch Kultur auf verschiedenen Nährböden nachgewiesen werden konnte.

Die Kenntnisse und Techniken der Zeit gestatteten es nicht, die Natur der Viren (das Virus; gr.: Gift, Saft) aufzuklären. Gegen Ende des 19. Jahrhunderts wurden verschiedene Viren mit den gleichen Methoden als Krankheitserreger entdeckt – so um 1900 von W. Reed das Gelbfieber-Virus und seine Übertragung durch Stechmücken. 1915 wurde von F. W. Twort ein lytisches Prinzip bei Bakterien entdeckt, 1917 von F. d'Herelle erneut beobachtet und genauer untersucht. Er nahm eine Probe vom Kot an Ruhr erkrankter Patienten, vermischte diese mit Nährlösung und filtrierte die Kultur nach 18-stündigem Wachstum bei 37°C durch eine Chamberland-Filterkerze. Wenn er eine kleine Menge dieses Filtrates zu einer Kultur des Shigabakteriums (*Shigella dysenteriae* und andere Arten sind Erreger der Ruhr) gab, wurden die Bakterien aufgelöst. Ein Filtrat des Überstandes der Kultur war wieder fähig, eine neue Kultur des Bakteriums abzutöten und aufzulösen. Ein Tropfen des Lysats, auf eine Agarkultur des Shigabakteriums gegeben, führte zur Bildung eines Lysehofs. Das lytische Prinzip hatte keine Wirkung auf andere Bakterien oder Tiere; es wirkte also spezifisch auf die Shigabakterien. Es konnte nicht unabhängig vom Wirtsbakterium vermehrt werden.

D'Herelle nannte das lytische Prinzip Bakteriophage (gr.: *phagein*: essen). Er vermutete, dass es auch für andere Bakterien spezifische Phagen gibt. Im letzten Jahrhundert wurden für fast alle Bakterien spezifische Phagen gefunden. D'Herelle postulierte, dass die Phagenpartikel spezifische Bakterienviren sind. Leider führte seine Idee, Bakteriophagen zur Bekämpfung von bakteriellen Erregern der Infektionskrankheiten des Darmes einzusetzen, zu keinem Erfolg (D'Herelle 1917). In jüngster Zeit widmen die Mikrobenökologen den Phagen ihre besondere Aufmerksamkeit, nachdem empirisch gefunden wurde, dass die Phagendichte in marinen Habitaten zehnfach höher ist als die Zahl der Bakterien. 10–50% der Wirtsmortalität wird auf die Lyse durch Phagen zurückgeführt. Die lysogenen Phagen (siehe Kap. 10.4) beeinflussen durch Genübertragung auch die Genomorganisation und Genexpression. Daher wird heute der Einfluss der Phagen auf die Evolution von Bakterienpopulationen in ihren Habitaten untersucht (Bull et al. 2006; Weitz et al. 2005). Es gibt auch heute wieder Versuchsansätze, die Bakteriophagen zur Therapie von Infektionskrankheiten einzusetzen, so für die Bekämpfung von *Pseudomonas aeruginosa*, einem Bakterium, das an der Mukoviszidose, einem Befall der Lunge, beteiligt ist.

1935 gelang es W. M. Stanley, das *Tabakmosaikvirus* (**TMV**) aus einer Suspension mit Ammoniumsulfat zu fällen, zu reinigen und daraus Kristalle zu gewinnen. In den Kristallen wies er ein Protein nach, das bei alkalischen pH-Werten ($\geq$11) denaturierte und durch Pepsin abgebaut werden konnte (Stanley 1935). F. C. Bawden hat in dem isolierten TMV-Material Phosphor und Ribose als Bestandteil von Ribonukleinsäure (RNA) nachgewiesen. Damit waren die Hauptbestandteile dieses Virus bekannt. Die Natur der Viren blieb aber noch für Jahrzehnte ein Gegenstand von Spekulationen. Stanley vermutete eine Art autokatalytischen Prozess, durch den die Viren in den Zellen nach Ermüdung des Stoffwechsels vermehrt werden. Bawden postulierte, dass der normale Zellstoffwechsel nach Infektion durch die Viren auf Virusproduktion umgesteuert wird. T. Svedberg, der die analytische Ultrazentrifuge entwickelt hatte, beobachtete 1936 eine scharfe Sedimentationsbande, die TMV enthielt, und schloss daraus auf ein homogenes, aus Partikeln gleicher Größe und Dichte bestehendes Material. In den folgenden Jahren wurden mehrere tier- und pflanzenpathogene Viren entdeckt und Nachweismethoden entwickelt. 1939 konnte durch H. Ruska und Mitarbeiter das TMV mit Hilfe des Elektronenmikroskops zum ersten Mal sichtbar gemacht werden (Kausche et al. 1939). Durch Röntgenstrukturanalysen der scheibenförmigen Untereinheit des TMV und ganzer Viren wurde die Lokalisation der RNA und die helikale Anordnung des Hüllproteins nachgewiesen (Bernal u. Fankuchen 1937). In neuerer Zeit wurden durch Caspar u. Klug (1962) mit Hilfe von kryoelektronenmikroskopischen und röntgenspektroskopischen Methoden die Strukturen zahlreicher Viren aufgeklärt und auf die Grundstrukturen des Ikosaeders (Zwanzigflächner, kubische Symmetrie) und die Helix (Schraube) zurückgeführt.

A. M. Lwoff definierte 1957 ein Virus als ein infektiöses, potentiell pathogenes Nukleoprotein, das nur einen Typ von Nukleinsäure, Desoxyribonukleinsäure (DNA) oder Ribonukleinsäure (RNA), enthält und nach seinem eigenen, genetisch fixierten Bauplan von der Wirtszelle reproduziert wird. Die Spekulationen über die Vermehrung der Viren und ihre Natur konnten aber erst beendet und durch eine auf klare Befunde gestützte Theorie ersetzt werden, als man die Struktur und Funktion der Nukleinsäuren aufgeklärt hatte. 1956 wurde gleichzeitig von zwei Arbeitsgruppen nachgewiesen, dass die RNA des TMV die Information für die Struktur und Vermehrung des Virus enthält. Es gelang, mit nackter intakter TMV-RNA die Bildung eines vollständigen TMV-Partikels und die Krankheitssymptome hervorzurufen. Das geschah gleichzeitig in Tübingen und in den USA (Gierer u. Schramm 1956; Fraenkel-Conrat 1956). Durch die Herstellung von Antikörpern gegen das Virusprotein wurde der serologische Nachweis von Viren als eine empfindliche und spezifische Methode eingeführt. 1960 wurde die Aminosäuresequenz des TMV-Proteins durch A. Tsugita und Mitarbeiter in Berkeley, und F. A. Anderer und Mitarbeiter in Tübingen veröffentlicht. In den folgenden Jahren gelang es, die Basensequenz der RNA des TMV zu entziffern und durch Vergleich von Aminosäure- und Basensequenzen zahlreicher Mutanten einen Beitrag zur Entzifferung des genetischen Codes zu liefern (Wittmann u. Wittmann-Liebold 1966). Die Struktur des TMV, bestehend aus zahlreichen, identischen Untereinheiten, wurde durch Crick und Watson 1956 aufgeklärt.

In dieser spannenden Zeit sensationeller Entdeckungen wurde das viruseigene Enzym, die RNA-Polymerase, die die Virusnukleinsäure mit Hilfe von Wirtsfaktoren dupliziert, entdeckt, und es gelang die *In-vitro*-Rekonstitution infektiöser TMV-Partikel aus ihren Bausteinen. Mit den in dieser Zeit entwickelten molekulargenetischen Techniken wurden die genetische Struktur vieler Viren und ihre Replikation aufgeklärt. Da das TMV sehr einfach gebaut ist und leicht produziert werden kann, war es ein beliebtes Versuchsobjekt und hat viel zur Aufklärung der Struktur und Vermehrung der Viren beigetragen. Zahlreichen Wissenschaftlern gelang es in den folgenden Jahren, den gesamten Prozess der Virusvermehrung zu beschreiben. Da sich die Entdeckungsgeschichte auf viele Länder und Personen verteilt, sei hier nur kurz das Prinzip erläutert und darauf hingewiesen, dass andere Viren viel komplexer gebaut sind und andere Entwicklungszyklen durchlaufen.

Die TMV-Partikel gelangen über kleine Wunden in der Epidermis des Blattes an die Oberfläche der Zellmembran und werden wahrscheinlich durch eine Einstülpung der Plasmamembran in die Zelle aufgenommen. Unmittelbar nach der Aufnahme des Virus in die Zelle beginnt der „Entkleidungsprozess". Das die Nukleinsäure einhüllende Protein wird beginnend an einem Ende von der Nukleinsäure abgelöst. Da die RNA des TMV auch als „*messenger*" dienen kann, das heißt, die Botschaft für die zu kodierenden Aminosäuren enthält, kann sie sofort mit den Ribosomen einen Komplex für die Bildung der Proteine bilden. Zunächst werden zwei große Proteine mit den Funktionen der Methyltransferase, der Helikase und der RNA-Polymerase von der Basensequenz der RNA in die Aminosäuresequenz der Proteine übersetzt. Das Ablesen der Basensequenz an den Ribosomen und das Ablösen des Hüllproteins von der RNA geschehen koordiniert, damit die RNA vor den „feindlichen" RNAsen, die die Nukleinsäure als eine Fremdnukleinsäure sofort abbauen würden, geschützt bleibt. Sobald genügend Moleküle der RNA-Polymerase vorhanden sind, beginnt dieses viruskodierte Enzym die Virusnukleinsäure zu vermehren. Im nächsten Schritt werden die beiden letzten Proteine, die von der TMV-RNA kodiert werden, das Hüllprotein und das Transportprotein, an Ribosomen übersetzt. Jetzt beginnt der im englischen als *self assembly* bezeichnete, organisierte Vorgang der Bildung der TMV-Stäbchen aus der RNA und vielen Hüllproteinuntereinheiten (2130 pro Virus). Es lagern sich zunächst zweimal 17 Proteinuntereinheiten des Hüllproteins zu einer Scheibe zusammen. Durch die Wechselwirkung zwischen Proteinuntereinheiten und RNA wird eine Konformationsänderung im Hüllprotein ausgelöst. Aus der Scheibe wird eine Schraube, eine Helix. Durch weitere Anlagerung von Protein wächst die Helix zu einer stäbchenförmigen Struktur von etwa 300 nm Länge und einem Durchmesser von 18 nm (1 nm = 10^{-9} m), die einen Hohlzylinder bildet, in dem die RNA in enger Wechselwirkung zwischen Protein und Nukleinsäure verpackt ist.

Alle Viren besitzen immer nur einen Typ von Nukleinsäure, der in einem Viruspartikel eingeschlossen ist: RNA, einsträngig, mit Plus- oder Minus-Polarität (Minus-Polarität bedeutet, dass die RNA erst in die komplementäre Form übersetzt werden muss, bevor sie als Boten-RNA wirksam werden kann) oder doppelsträngig; oder DNA, ein- oder doppelsträngig; und neben dem oder den Hüllproteinen enthält jedes Virion mehrere Proteine mit verschiedenen Funktionen. Von den Pflanzenviren wird immer ein Transportprotein kodiert, das den Transport der Viren oder der Virusnukleinsäure von einer Zelle zur nächsten Zelle durch die Plasmodesmen (das sind Plasmaverbindungen zwischen den Zellen durch die Zellwand) ermöglicht. Weitere Proteine, die von den Viren kodiert werden, sind Enzyme der Nukleinsäurevermehrung und Regulationsproteine. Zu der Proteinhülle kann eine Lipidhülle hinzutreten, die aber immer vom Wirt stammt. Solche Lipidhüllen haben z. B. die Grippeviren und die Viren, die Tollwut hervorrufen. Viren haben eine kubische, helikale oder komplexe Struktur, die durch Protein-Protein-Wechselwirkungen zwischen den Proteinuntereinheiten entsteht. Durch Vervielfachung eines relativ kleinen Bausteines, der mit sich selbst aggregiert und auf diesem Wege die Hülle, das Capsid bildet, wird genetische Information gespart.

Viren sind keine Lebewesen, denn ihnen fehlen die wesentlichen Merkmale eines Organismus. Sie haben keinen eigenen Energie- und Baustoffwechsel, keinen Proteinsyntheseapparat (Ribosomen). Es fehlt ihnen auch eine zelluläre Organisation. Ihre Vermehrung findet nicht durch Teilung, sondern durch Aggregation aus den Bausteinen statt, ein Prozess, der im Englischen als *self assembly* bezeichnet wird. Alle Viren besitzen einen Typ von Nukleinsäure, die ihren Bauplan und auch die Interaktion mit der Wirtszelle bestimmt. Die Fähigkeit des Virus, den Stoffwechsel der Wirtszelle auf Virusproduktion umzusteuern und die Wirtszelle zu schädigen, steht in Konkurrenz mit der Wirtszelle, die im Laufe der Evolution gelernt hat, sich gegen Viren zu wehren. Durch klassische Methoden der Pflanzenzüchtung und Gentechnik ist es gelungen, resistente Sorten herzustellen. Es gibt eine sehr große Zahl an pflanzenpathogenen Viren. Auch für alle anderen Organismen sind spezifische Viren bekannt, so beim Menschen das Orthomyxo- oder Grippevirus, das Tollwutvirus, das HIV (Human-Immundefizienz-Virus), die Herpes-, Pocken- und Hepatitisviren, um nur einige zu nennen. Sowohl bei den Pflanzen als auch beim Menschen können Viren durch Insekten als Vektoren übertragen werden. So werden das Gelbfiebervirus auf den Menschen und bestimmte Rhabdoviren auf Pflanzen durch Insekten übertragen. Es ist interessant, dass Rhabdoviren bei Menschen, Tieren und Pflanzen Krankheiten hervorrufen können, aber immer spezifisch durch einen bestimmten Typ – so Tollwut- oder Lyssavirus beim Menschen und das Salat-Nekrose-Gelb-Virus bei Pflanzen. Es gibt Viren, die zu ihrer Vermehrung einen Satellit-Virus benötigen, weil ihnen z. B. das oder die Gene für die Capsid-(Hüll-) Proteine fehlen. Das Genom der Viren kann auch in zwei oder mehreren getrennten Partikeln verpackt sein oder sich aus mehreren Komponenten zusammensetzen.

Da wir heute die Wechselwirkungen zwischen Wirt und Virus zumindest in den Grundzügen kennen, konnten mit Hilfe des molekulargenetischen Wissens und seiner Techniken Abwehrstrategien entwickelt werden. Ein Bündel von Maßnahmen richtet sich gegen die seuchenartige Ausbreitung der Viren. So werden Haustiere gegen die Tollwut mit einem attenuierten (in seiner pathogenen Wirkung abgeschwächten) Lebendimpfstoff und die Füchse durch impfstoffhaltige Köder oral immunisiert. Die Ausbreitung von Pflanzenviren kann durch Bekämpfung des Vektors, vornehmlich Insekten, verhindert oder reduziert werden. Zur Bekämpfung humaner Viruskrankheiten werden mit Erfolg geeignete Impfstoffe eingesetzt. Positive Beispiele sind die Behandlung der Poliomyelitis (spinale Kinderlähmung), der

Pocken und der Tollwut durch passive (mit neutralisierenden Antikörpern) oder aktive Immunisierung (mit einem Virus, dessen Virulenz abgeschwächt wurde). Die Verminderung der Schadwirkung von Pflanzenviren geschieht fast ausschließlich durch Züchtung resistenter Sorten und Bekämpfung des Vektors.

7.2   Viroide: nackte, infektiöse Ribonukleinsäure

Es hat immer wieder Wissenschaftler gegeben, die den Abschluss der Wissensvermehrung auf einem bestimmten Gebiet prophezeit haben, so nach Entdeckung der wichtigsten bakteriellen Krankheitserreger gegen Ende des 19. Jahrhunderts, nach Abrundung des Weltbildes der klassischen Physik zu Beginn des 20. Jahrhunderts oder in den siebziger Jahren des 20. Jahrhunderts, nach Aufklärung der Natur von Viren. Aber auf allen genannten Gebieten wurden danach große Fortschritte erzielt und grundlegende Entdeckungen gemacht. So konnten auch auf dem Gebiet der suborganismischen Erreger von Krankheiten neue Formen, die im Laufe der Evolution entstanden sind oder noch entstehen, gefunden werden. 1971 entdeckte Diener das Kartoffel-Spindelknollen-Viroid. Viroide sind nackte, kovalent geschlossene, also ringförmige, autonom in einer Wirtszelle replizierende, kleine RNA-Moleküle, die keine Proteine kodieren und Pflanzenkrankheiten durch Verformungen, Zwergwuchs oder Blattverfärbung hervorrufen.

Zum Verständnis dieser Gruppe der „Unsichtbaren" soll hier das Dogma der Molekularbiologie erläutert werden. Jede Zelle eines Organismus besitzt ein Genom, das aus doppelsträngiger DNA besteht, die die Information für den Bauplan, die Zellbestandteile und die Regulationsmechanismen des Stoffwechsels enthält. Die DNA wird in Boten- oder Messenger-RNA (mRNA) abgeschrieben, und diese wird an den Ribosomen über die mit aktivierten Aminosäuren verbundene tRNA in Proteine übersetzt. Eine Folge von drei Nukleotiden auf der DNA bestimmt eine Aminosäure. Dieser so genannte genetische Code ist aber degeneriert, das heißt, die Aminosäure wird durch zwei Plätze im Triplet bestimmt; die dritte Position kann variieren. Dafür einige Beispiele: Die Aminosäure Phenylalanin wird durch die Codons UUU oder UUC bestimmt, Leucin sogar durch vier verschiedene Codons – CUU, CUC, CUA und CUG –, nur Methionin und Tryptophan werden lediglich durch ein Codon determiniert (Met: AUG; Trp: UGG). Andere Tripletts wie UAA oder UGA bewirken als Stoppcodon den Abbruch einer Proteinsynthese. Bei einer bestimmten Konstellation kann UGA aber auch den Einbau von Selenocystein ($H–Se–CH_2–CH(NH_2)–COOH$) in eine Peptidkette bestimmen. Es gibt aber auch Nichtkodierungsbereiche auf der DNA, also Sequenzen, die nicht in Protein übersetzt werden, sondern ribosomale RNA kodieren oder über kleine RNA-Moleküle Regulationsfunktionen ausüben.

Im Allgemeinen steht die Größe des Genoms, gemessen als Anzahl der Basen oder Basenpaare bei doppelsträngiger Nukleinsäure, in einer gewissen Beziehung zur Komplexität und Größe der Organismen. So haben Zellen von Tieren und Pflanzen Genome mit 10^9 bis 5×10^{10} Basenpaaren (bp) DNA, bei Pilzen sind es etwa 10^7

bis 10^8 bp DNA, bei den Bakterien 10^6 bis 10^7 bp DNA, bei den Viren enthält das Genom 10^4 bis 10^5 b(p) DNA oder RNA, die Viroide haben weniger als 10^3 b RNA (246–399 b RNA). Auf der Viroid-RNA gibt es keine Sequenzen, die ein Protein kodieren. Es wurden auch keine Proteine gefunden, die auf die Funktion der Viroide zurückgeführt werden konnten. Es gibt auch keine Viroid-spezifische mRNA. Die RNA der Viroide bildet kovalent geschlossene Ringe, die durch partielle Basenpaarung komplizierte Stäbchen- bis Kleeblattstrukturen bilden. Die Replikation dieser Viroidnukleinsäure geschieht durch Enzyme des Wirtes und durch Selbstspaltung der RNA durch so genannte Ribozyme. Der Mechanismus der Wirtsschädigung durch Viroide ist noch nicht in allen Einzelheiten aufgeklärt. Wahrscheinlich spielt die Interferenz der Viroid-RNA mit dem Nukleinsäurestoffwechsel des Wirtes eine Rolle. Bisher sind nur Krankheiten bei Pflanzen bekannt, die durch Viroide hervorgerufen werden, so bei der Kartoffel, der Kokospalme, bei Avocado und Pfirsich. Die Viroide werden vermehrt und lösen Krankheiten aus, ohne Beteiligung der Transkriptions- und Translationsmaschinerie. Symptome sind u. a. Zwergwuchs, Sprossstauche oder Abfall der Blätter, also Merkmale, die auch bei pilzlichen oder bakteriellen Pflanzenkrankheiten auftreten können.

Wir wissen heute, dass es außerhalb des molekularbiologischen Schemas, von der DNA zu den Proteinen, die Bildung von kleinen RNA-Molekülen gibt, die viele Funktionen bei der Regulation des Stoffwechsels und der Abwehr von Pathogenen ausüben. Vielleicht sind Viroide durch Verselbstständigung solcher kleinen RNA-Moleküle entstanden.

7.3 Prione, die unheimlichen Krankheitserreger aus Protein

Eine Reihe von Erkrankungen des Zentralnervensystems bei Mensch und Tier, die zu Störungen des Bewegungsablaufes, des Verhaltens, zu degenerativen Veränderungen des Gehirns und schließlich zum Tode führen, gerieten in neuerer Zeit durch das Auftreten des „Rinderwahns" (Bovine spongiforme Enzephalopathie, **BSE**) in England in die Schlagzeilen. BSE kann auch auf den Menschen übertragen werden und bei ihm eine Variante der schon früher bekannten Creutzfeld-Jakob-Krankheit auslösen. Zu den Krankheiten des gleichen Typs gehören Kuru, eine seit 1900 bei Eingeborenen auf Neuguinea endemische, heute aber erloschene Krankheit, die offensichtlich durch kannibalistische Praktiken von Mensch zu Mensch übertragen wurde und sich durch Zittern, Bewegungsstörungen und frühzeitigen Tod bemerkbar machte. Auch das **Gerstmann-Sträussler-Scheinker-Syndrom**, die familiäre fatale Insomnie (Schlaflosigkeit) und die **Creutzfeldt-Jakob-Krankheit**, die alle durch ähnliche Symptome – einer langsamen Zerstörung von Gehirnzellen und deren Folgen – gekennzeichnet sind, gehören in diese Gruppe von Erkrankungen des Zentralnervensystems. Bei Tieren gehört die **Scrapie** der Schafe in diese Rubrik, die auf Mäuse und Hamster übertragen werden kann. Sie äußert sich durch Zuckungen, Kratzen, Paralyse und Tod.

Alle bisher bekannten Erreger von Infektionskrankheiten schieden als Verursacher dieser Krankheiten aus. Die Zusammensetzung der Prione, ausschließlich aus Protein, rief zunächst starke Zweifel und Unverständnis hervor, weil alle bisher bekannten Krankheitserreger – Bakterien, Pilze, Viren, Viroide oder niedere Tiere – Nukleinsäure enthalten, welche die Symptome und den Verlauf der Krankheit bestimmen. Die Prionenkrankheiten werden durch Proteine übertragen, die sich nicht selbst vermehren. Diese Eiweißmoleküle induzieren die Umfaltung der körpereigenen Molekülform in eine infektiöse Form ($PrP^c \rightarrow PrP^{sc}$). Diese lagern sich in Massen aneinander und führen zur Beeinträchtigung der Gehirnfunktionen und zur Zerstörung der Gehirnzellen. Das Protein PrP^{sc} ist resistent gegen UV-Bestrahlung, Hitze und Formalinbehandlung. Die atomare Auflösung der Struktur des PrP^c mit Hilfe der Röntgenstrukturanalyse lässt vier α-Helices (schraubenförmige Struktur), beim PrP^{sc} zwei α-Helices und vier β-Faltblattstrukturen erkennen. Das PrP^c ist ein normaler Bestandteil der Membranen von Neuronen und Zellen des lymphatischen Systems. Im Zentralnervensystem erkrankter Organismen erscheint PrP^{sc} außerhalb der Neuronen als proteaseresistente und unlösliche Amyloid-Ablagerung. Die PrP^{sc}-Moleküle unterscheiden sich in der Struktur, dem Ablagerungsort und dem Zeitpunkt des Auftretens voneinander und von Pr^c. Der Prozess der Umfaltung und Vermehrung des PrP^c zum PrP^{sc} wird noch nicht voll verstanden. Man kennt auch nicht die Funktion des normalen PrP^c in den Zellen. Der pathologische Prozess, der durch die Ablagerung von Amyloid ausgelöst wird, ist eine spongiöse Degeneration des Zentralnervensystems, verbunden mit einer Vakuolisierung und einem Absterben der Neuronen. Das PrP^{sc} kann von der Peripherie ins Zentralnervensystem wandern. Es gibt keine Therapie gegen diese Krankheiten, sondern nur hygienische Maßnahmen, wie das Verbot, Fleischmehl von Tieren an Tiere zu verfüttern.

Diese übertragbaren und viele nicht infektiöse Erkrankungen des zentralen Nervensystems haben zu dem steigenden Interesse der Wissenschaftler an den Vorgängen im Gehirn mit beigetragen. Dazu gehören natürlich vor allem die vielseitigen Leistungen des Gehirns der Primaten wie Gedächtnis, Verarbeitung von Erkenntnissen und gespeichertem Wissen, sowie rationale und emotionale Reaktionen.

Kapitel 8
Die Wege zur Entdeckung von Proteinen, Enzymen und Zellstrukturen

8.1 Die Zelle als Grundbaustein aller Organismen

Mit dem Kennenlernen der Prione sind wir schon wieder weit in der Geschichte der Entdeckungen vorausgeeilt. Um die Leistungen der Molekularbiologie zu verstehen, das heißt, das Arbeiten der Biologen kennen zu lernen, die sich um die Struktur, Zusammensetzung und Interaktion der biologischen Moleküle und ihre Regulation durch das genetische System bemühen, sollten wir noch einmal zurückschauen in das 19. und den Beginn des 20. Jahrhunderts. Nach der Entdeckung und Entwicklung des Mikroskopes wurden durch zahlreiche Naturforscher die Anatomie und Cytologie von Pflanzen und Tieren und auch die des Menschen erforscht und beschrieben. Mit den verbesserten mikroskopischen Techniken und der Ausnutzung des maximalen Auflösungsvermögens des Lichtmikroskops gelang es um die Mitte und in der zweiten Hälfte des 19. Jahrhunderts, die Zelle als einen Baustein von Geweben und als ein Grundelement aller Lebewesen zu erkennen. Zu den Begründern der Zellenlehre gehören die Forscher C. F. Wolff, J. E. Purkinje, H. von Mohl und M. J. Schleiden. In den achtziger Jahren des 19. Jahrhunderts wurde der Zellkern mikroskopisch untersucht und seine Funktion als Erbträger der Zelle erkannt. Ebenfalls wurde die in im Zellkern ablaufende mitotische Teilung der Chromosomen analysiert. Die übrigen Zellorganellen, die Chloroplasten als Träger der Photosynthese bei den Pflanzen, die Energiefabriken der Mitochondrien, das für Transport und Biosynthese so wichtige endoplasmatische Retikulum, die Ribosomen, an denen die Proteine gebildet werden, und weitere Zelleinschlüsse, wurden erst mit dem Elektronenmikroskop in ihren Strukturen aufgelöst; ihre Funktion wurde nach Isolierung aus den Zellen in der zweiten Hälfte des 20. Jahrhunderts aufgeklärt.

8.2 Entdeckung des Generationswechsels

Es war ein langer Weg von der Beschreibung des Pollenkorns und der Eizelle in den Blüten der Pflanzen bis zur Entdeckung des Embryos und der Entwicklung der Samen nach der Befruchtung der Eizelle. Die Entdeckung der zweigeschlechtlichen

G. Drews, *Mikrobiologie*, DOI 10.1007/978-3-642-10757-3_8,
© Springer-Verlag Berlin Heidelberg 2010

Fortpflanzung der Pflanze und ihrer Entwicklung geschah in vielen kleinen Einzelschritten. Hier soll nur, stellvertretend für viele Forscher, Friedrich Wilhelm B. Hofmeister (1824–1877) genannt werden, der autodidaktisch als Musikalienhändler, angeregt durch Schleiden und Mohl, sich mit der Fortpflanzungsbiologie der niederen und höheren Pflanze beschäftigte, und später als Professor für Botanik in Heidelberg und Tübingen tätig war. Er wurde als Herausgeber und Autor des Handbuches der physiologischen Botanik bekannt. Ihm verdanken wir die Erkenntnis des Generationswechsels bei Pflanzen, dem regelmäßigen Wechsel eines geschlechtlichen und eines ungeschlechtlichen Stadiums in der Entwicklung. Das gesetzmäßige Auftreten der Stadien, die sich in den einzelnen Pflanzengruppen morphologisch und in der Art ihrer Selbstständigkeit unterscheiden, wurde während des 20. Jahrhunderts aufgeklärt. Die detaillierte Beschreibung von Kernphasenwechsel, Generationswechsel und Morphogenese und ihre Steuerung bei den verschiedenen Pflanzengruppen war das Ergebnis zahlreicher Forschungsarbeiten im 20. Jahrhundert.

In der Ernährungsphysiologie der Pflanzen vollzog sich die Abkehr von den spekulativen Vorstellungen einer „Lebenskraft" und der Humustheorie hin zu der Mineraltheorie der Ernährung von Liebig (1840) und den exakten Messungen eines Theodore de Saussure (1804), der nachwies, dass die Pflanze mineralische Bestandteile des Bodens – Nitrat oder Ammonium als Stickstoffquelle – und CO_2 aus der Luft als Kohlenstoffquelle verwerten. Die Aufklärung des Energie- und Baustoffwechsels begann auch im 19. Jahrhundert. Die detaillierte Biochemie dieser Prozesse konnte aber erst im 20. Jahrhundert entschlüsselt werden.

Kapitel 9
Die Einheit des Stoffwechsels und die Aufklärung der Proteinstruktur

In den zwanziger Jahren des 20. Jahrhunderts wurden viele Stoffwechselleistungen bei Mikroorganismen, Pflanzen und Tieren entdeckt, so die vielen Gärungen, die zur Bildung von Milchsäure, Propionsäure, Buttersäure, Butanol und Äthanol führen, und die Atmung zur Erzeugung von Energie. Albert Jan Kluyver (1888–1956), Professor in Delft – einem Ort, an dem eine lange Tradition in der Mikrobiologie bestand, die von van Leeuwenhoek, über van Iterson und Beijerinck bis in das 20. Jahrhundert reichte –, erkannte, dass bei allen Gärungen eine katalytische Wasserstoffübertragung, eine **Dehydrogenierung**, stattfindet. Auch bei der Atmung findet nach der Theorie von Heinrich Wieland (1913) eine Aktivierung von Wasserstoffatomen im zu oxidierenden Substrat statt. Wasserstoff galt als das Brennmaterial der Zelle. In einer umfassenden Arbeit haben Donker und Kluyver (1926) das für alle Organismen geltende, einheitliche Prinzip von Oxidoreduktionsprozessen als **katalytische Wasserstoffübertragung** beschrieben. In den folgenden Jahrzehnten wurden Stoffwechselwege und Zyklen, wie der Abbau von Zucker zur Brenztraubensäure (Glykolyse), die Umsetzung der Brenztraubensäure im Zitronensäurezyklus, die Atmungskette und viele Biosynthesewege aufgeklärt und erkannt, dass diese bei allen Organismen zwar in verschiedenen Variationen, aber nach den gleichen Prinzipien ablaufen. Die Einheitlichkeit des Stoffwechsels bei allen Lebewesen war eine wesentliche Stärkung der von Darwin entwickelten Theorie der Abstammungslehre und Evolution durch Variation und Selektion. Bei den Mikroorganismen sind es nur etwa 100 Reaktionen des zentralen Stoffwechsels, die die Bausteine für die etwa 1.200 Synthesereaktionen (**Anabolische Reaktionen**) bereitstellen, die notwendig sind, um alle Makromoleküle einer Zelle (DNA, RNA, Proteine, Polysaccharide, Lipide) zu synthetisieren. Auch für den **Katabolismus** (Abbauwege zur Energiegewinnung und Bereitstellung von Zwischenprodukten) gelten einheitliche Prinzipien.

Die rasante Zunahme des Wissens im 20. Jahrhundert ging einher mit der steigenden Zahl an Wissenschaftlern, die an Universitäten, Forschungsinstituten und in der Industrie tätig waren. Zu Zeiten von Cohn und de Bary, also um 1870, gab es in der Biologie, die sich in Botanik und Zoologie gliederte, etwa 2–4 Professuren und 4–10 Mitarbeiter, die aber nur zu einem geringen Teil eine bezahlte Stelle innehatten. Die Naturwissenschaften bildeten noch keine selbstständige Fakultät an den

G. Drews, *Mikrobiologie*, DOI 10.1007/978-3-642-10757-3_9,
© Springer-Verlag Berlin Heidelberg 2010

Universitäten, sondern gehörten in dieser Zeit zur medizinischen oder philosophischen Fakultät – erst um 1900 entstanden naturwissenschaftliche Fakultäten. Mit der Spezialisierung innerhalb der Biologie in Pflanzenphysiologie, Botanik, Mikrobiologie, Zellbiologie, Genetik und Molekularbiologie, Zoologie, Entwicklungsbiologie, Biochemie, Systembiologie, Ökologie und andere Disziplinen wurden in Deutschland erst nach dem 2. Weltkrieg 30 und mehr Professuren in den biologischen Fakultäten eingerichtet und für experimentelles Arbeiten ausgerüstet.

Enzymatische Aktivitäten und der Begriff der Katalyse (seit Berzelius) waren schon seit Ende des 19. Jahrhunderts bekannt. A. Harden und W. J. Young hatten 1906 den Zellsaft aus zerriebenen Hefezellen in ein Filtrat und einen Rest, der im Filter hängen blieb, getrennt. Die beiden Fraktionen, wie wir heute sagen würden, hatten nach längerem Stehen die Fähigkeit verloren, Zucker zu Alkohol zu vergären. Erst durch Mischen der beiden Bestandteile konnte die Aktivität wieder hergestellt werden. Das war der Anfang der später immer weiter entwickelten Technik der **Zellfraktionierung**, das heißt, die Isolierung einzelner Zellorganellen oder löslicher Bestandteile. Es stellte sich bald heraus, dass die Vergärung von Zucker zu Alkohol ein Vorgang ist, der aus vielen Teilschritten besteht, deren Enzymatik im Laufe des 20. Jahrhunderts aufgeklärt wurde.

Die Enzymaktivität der Saccharase, die Saccharose (Rohrzucker) in Glukose und Fruktose spaltet, wurde von Emil H. Fischer (1852–1919), Professor für Chemie in Erlangen, Würzburg und Berlin, in einem Rohextrakt untersucht, dem er Saccharose oder deren chemische Derivate zusetzte. Er erkannte, dass ein Enzym ein Substrat nur dann umwandeln kann, wenn dieses zum Enzym passt wie ein Schlüssel zum Schloss. Sein Lebenswerk war es, den Einfluss der Konfiguration von Enzym und Substrat auf den Ablauf der Katalyse zu untersuchen. Die Proteinnatur der Enzyme, ihre Zusammensetzung aus Aminosäuren und deren peptidische Bindung wurden schon 1902 von Franz Hofmeister in Straßburg und Fischer in Berlin postuliert. Die Aminosäuresequenz eines Proteins konnte erst nach Reinigung von Insulin durch fraktionierte Fällung mit Ammoniumsulfat, Zentrifugation, Kristallisation, Elektrophorese und andere Methoden durch Frederick Sanger und Mitarbeiter 1952 bestimmt werden.

Die Aminosäuresequenz eines Proteins erlaubte aber noch keine Aussage über die Bindung und Umsetzung des Substrates durch das Enzym. Für diese Untersuchungen war die Kenntnis der räumlichen, der atomaren Struktur des Enzyms eine wichtige Voraussetzung. Nach der Synthese der Polypeptidkette an den Ribosomen faltet sich ein Protein: Durch intramolekulare Wechselwirkungen entstehen Teilstrukturen, die heute mit α-Helix, β-Faltblatt, Zufallsknäuel oder Fassstruktur beschrieben werden. Nach Entdeckung von kurzwelligen Strahlen 1895 durch Wilhelm Röntgen hat Max von Laue die Streuungsmuster der Strahlen nach Durchdringung der Materie untersucht. Aber erst die systematischen Analysen von William Henry Bragg und William Lawrence Bragg in Cambridge an Salzkristallen in den Jahren 1910–1930 schufen die Voraussetzung für eine Aussage über die Röntgendiffraktionsmuster und die daraus abzuleitende Struktur von Proteinen. Proteine haben im Vergleich mit Salzkristallen sehr komplexe Strukturen. Als Max Perutz begann, Hämoglobin zu kristallisieren und röntgenspektroskopisch zu analysieren, ahnte er wohl noch nicht, dass 20 Jahre vergehen würden, bevor die Struktur aufgeklärt werden konnte. Bei der Deutung der Röntgendiffraktionsmuster halfen ihm die von Linus Pauling vorgeschlagene α-Helix-Struktur, sowie die Empfehlung von Francis Crick, die SH-Gruppen der Cysteine mit Quecksilberatomen zu markieren. Aber auch die Strukturanalyse des Myoglobins (das einfacher gebaut ist als das Hämoglobin) durch John Kendrew half Perutz, das Strukturmodell des Hämoglobins zu erstellen. 1962 erhielten beide, Perutz und Kendrew, für dieses Werk den Nobelpreis für Chemie. Heute gelingt die Strukturaufklärung eines Proteins bis zu einer atomaren Auflösung von 2Å (0,2 nm), wenn es einfach gebaut ist und gute Kristalle vorliegen, unter Umständen in Wochen. Viel mehr Zeit erfordert auch heute noch die Aufklärung großer, komplexer und membrangebundener Strukturen wie die des bakteriellen Reaktionszentrums oder der Cytochromoxidase durch Hartmut Michel und Kollegen in den Jahren 1981–1985. 1988 erhielten Hartmut Michel, Johann Deisenhofer und Robert Huber den Nobelpreis für Chemie für die Aufklärung der Struktur des bakteriellen Reaktionszentrums, einem membrangebundenen Proteinkomplex von *Rhodopseudomonas viridis*.

Kapitel 10
Die Molekularbiologie erweitert unser Blickfenster auf das Geschehen in der Natur

Was ist Molekularbiologie, und wie ist sie entstanden? Die molekulare Genetik erforscht den genetischen Informationsfluss und seine molekularen Details. Die Molekularbiologie im weiteren Sinne beschäftigt sich mit der Struktur, Funktion und Regulation zellulärer Bestandteile und ihrer Wechselwirkungen auf der Ebene der Moleküle. Ähnlich wie die Evolutionstheorie im 19. Jahrhundert, hat die Molekularbiologie in der zweiten Hälfte des 20. Jahrhunderts für die Biologie ein neues Fenster geöffnet, indem sie der klassischen Genetik und Biologie den Weg zu den Molekülen auftat. Die Molekularbiologie hat zusammen mit der Biochemie und der Biophysik in allen biologischen Disziplinen neue experimentelle und theoretische Ansätze zur Lösung von Grundfragen der Biologie geschaffen (Rheinberger 2000). Die Molekularbiologie entwickelte sich nach der Entdeckung der Desoxyribonukleinsäure (DNA) als Träger der Vererbung und mit der Entwicklung von Methoden die DNA zu sequenzieren, den genetischen Code zu entziffern und mit der DNA zu experimentieren.

10.1 Das Entstehen der Vererbungslehre

Wie wir gesehen haben, entstanden zu Beginn des 19. Jahrhunderts viele Teilgebiete der Biologie. Es gab aber noch keine empirisch begründete Vererbungslehre. Im Rahmen der Entwicklungsbiologie und Systematik, und der Entdeckung der Sexualität, wurden erste Versuche zur Vererbung unternommen. So hat sich C. von Linné an einer Preisaufgabe der St. Petersburger Akademie durch einen Kreuzungsversuch beteiligt. Er stellte 1760 Artbastarde des Bocksbarts (*Tragopogon pratensis* L. x *T. porrifolius* L.) her. J. G. Kohlreuter wies 1761–1766 die Sexualität von Pflanzen durch Bastardisierung von Tabakarten nach (Bastardisierung: Entstehung von Nachkommen aus der Kreuzung genetisch verschiedener Eltern, unterschiedlicher Rassen, Arten oder Gattungen). Die 1819 und 1822 gestellte Frage der Preußischen Akademie der Wissenschaften „Gibt es eine Bastardbefruchtung im Pflanzenreich?" wurde von A. F. J. Wiegmann 1828 durch Kreuzungsversuche mit Arten aus verschiedenen Gattungen mit dem Ergebnis beantwortet, dass der Einfluss des Vaters

G. Drews, *Mikrobiologie,* DOI 10.1007/978-3-642-10757-3_10,
© Springer-Verlag Berlin Heidelberg 2010

nach Übertragung des Blütenstaubes auf die Narbe der mütterlichen Pflanze durch das Auftreten neuer Merkmale in der ersten Bastardgeneration in Erscheinung trete (Hoppe 2000, S. 388). Trotz vieler ähnlicher Ergebnisse wurde unter dem Einfluss der romantischen Philosophie die Sexualität der Pflanzen in Frage gestellt. Erst um die Mitte des 19. Jahrhunderts wurden die Anatomie der pflanzlichen Sexualorgane, der Befruchtungsvorgang und die Entwicklung des Embryos aufgeklärt. Die empirischen Beobachtungen über die Eigenschaften und das Verhalten von Hybriden in einer größeren Zahl von Generationen und unter bestimmten Versuchsbedingungen wurden aber noch nicht richtig gedeutet (Hoppe 2000, S. 386 ff).

Die Variabilität von Blütenfarbe, -gestalt, Frucht- und Samenformen von Kulturpflanzensorten sowie das Auftreten sprunghafter Rückschläge in frühere Ausgangsformen erregten die Aufmerksamkeit des Naturkundelehrers und Augustinermönchs Gregor Mendel in Brünn und veranlassten ihn 1853, mit systematischen Kreuzungsversuchen mit der Erbse zu beginnen. Seine experimentelle Methodik war bei dem Stand der Wissenschaften zu seiner Zeit sehr modern. Er beschränkte sich auf einige signifikante Phänotypen, variierte die Versuchsbedingungen, unternahm Kontrollversuche und wertete die Ergebnisse statistisch aus. In der ersten Bastardgeneration traten gleiche Merkmale auf (Uniformität). In den nachfolgenden Generationen fand eine Aufspaltung der Merkmale statt. Die elterlichen Merkmale traten bei Dominanz im Verhältnis 3:1 wieder auf, wenn sich die Stammformen in einem Merkmalspaar unterschieden, oder im Verhältnis 9:3:3.1, wenn zwei Merkmale im Erbgang untersucht wurden. Bei Kreuzung mehrerer Merkmale entstehen so viele neue Formen wie Kombinationsmöglichkeiten gegeben sind. Jedes Merkmal wird unabhängig von anderen auf die Nachkommen übertragen. Mendel erkannte auch, dass eine Farbe nicht unbedingt ein einheitliches Merkmal ist, sondern aus verschiedenen Komponenten zusammengesetzt sein kann. Die Diploidie der Somazellen, die einen doppelten Chromosomensatz besitzen, und die Haploidie der Keimzellen (einfacher Chromosomensatz) wurde von Mendel missverständlich dargestellt.

Die große Bedeutung der Mendel'schen Versuche wurde von den meisten Fachleuten nicht erkannt. C. W. Nägeli in München, der selber Bastardisierungsversuche unternahm, korrespondierte mit Mendel, konnte aber, bei aller Würdigung der Leistungen von Mendel, dessen Interpretationen nicht folgen. Erst durch einen Schüler von Nägeli, Carl Erich Correns (1864–1933), wurden die Mendel'schen Regeln der Vererbung um 1900 wieder entdeckt und die cytologische Grundlage, d. h. die wesentlichen Aspekte der Meiosis (die mit der Bildung von Geschlechtszellen verbundene Reifeteilung, Reduktionsteilung der Chromosomen im Zellkern, die eine Halbierung des Chromosomensatzes ergibt) und der Befruchtung, die wieder zu einem kompletten Chromosomensatz in der Zygote führt, zu Beginn der 20. Jahrhunderts aufgeklärt.

Die **Chromosomentheorie der Vererbung** erhielt ihre Bestätigung durch den systematischen Vergleich zwischen der cytologisch beobachteten Chromosomenstruktur und dem, aus Kreuzungsversuchen sich ergebenden, Abstand zweier Gene, der sich aus den Prozentsätzen von Rekombinanten aus Kreuzungen mit Eltern ergab. Chromosomen sind fadenförmige Strukturen in den Zellkernen eukaryotischer Zellen, die als Träger der genetischen Information an deren Vererbung beteiligt sind. Sie bestehen aus langen DNA-Molekülen und den an der Replikation, Transkiption, Segregation und Stabilisierung beteiligten Proteinen. Sie werden nach Verdopplung des Erbgutes während der Kernteilung auf die Tochterzellen verteilt. Diese Versuche wurden vor allem in der Morganschule 1913–1925 an der Taufliege *Drosophila* durchgeführt.

Der Engländer Sir A. Garrod hatte schon zu Beginn des 19. Jahrhunderts beobachtet, dass bestimmte Anomalien des Menschen, wie die Cysteinurie und die Pentosurie, als rezessives Merkmal nach den Mendel'schen Regeln vererbt werden (Hausmann 1995). Aber erst die systematischen Mutationsversuche von George Beadle (1903–1989) und Edward Tatum (1909–1975) an dem Pilz *Neurospora*, führten nicht nur zu der These, dass ein Gen ein Enzym kodiert, sondern trugen auch zur Aufklärung von Stoffwechselwegen bei. Es wurden mehrere Mutanten isoliert, die unfähig waren, die Aminosäure Arginin zu synthetisieren. Durch genetische Kreuzungen konnten die Mutanten in 7 Gruppen aufgeteilt und die Veränderungen auf den Chromosomen lokalisiert werden. Durch Zugabe der Vorstufen Ornithin und Citrullin wurden die Teilschritte des so genannten Ornithinzyklus aufgeklärt (Beadle u. Tatum 1941). Die „**Ein-Gen-ein Enzym-Hypothese**" wurde bald darauf von Max Delbrück kritisiert, weil mit der angewandten Methode ja nur diejenigen Mutanten gefunden werden, die die Hypothese bestätigen – andere nicht.

10.2   Die Chemie der Makromoleküle

Um 1900 beschäftigte sich die organische Chemie nur mit kleinen Molekülen. Proteine, Nukleinsäuren, Kohlenhydrate, Chitin und andere große Moleküle waren zwar als kolloidale Systeme bekannt, aber ihre Zusammensetzung und molekulare Struktur blieben unerforscht. Hermann Staudinger, Zürich, und später in Freiburg, schuf den Begriff Makromoleküle aufgrund seiner Beschäftigung mit Kautschuk (Isopren) und Zellulose. Er verstand darunter kettenförmige, aus 10.000 bis 100.000 Atomen bestehende Moleküle. Dieser Gedanke stieß zunächst bei Chemikern auf Ablehnung. Die Ultrazentrifuge, entwickelt durch Svedberg in Schweden, die Lichtstreuungs- und Viskositätsmessungen, angewandt von J. T. Edsall bei der Untersuchung von Muskelproteinen, und schließlich die Röntgenstrukturanalyse, auf M. von Laue und L. Bragg zurückgehend, waren wichtige Methoden, die in dieser Zeit entwickelt wurden, und zur Aufklärung der Struktur von Makromolekülen einen entscheidenden Beitrag lieferten.

10.3   Das Entstehen der Bakteriengenetik

Die Fähigkeit der Bakterien, Krankheiten hervorzurufen oder bestimmte Stoffwechselleistungen zu erbringen, war um die Mitte des 20. Jahrhunderts schon bekannt – aber über ihre Sexualität fehlte jedes Wissen. Die ersten Hinweise, dass auch bei Bakterien ein Austausch und eine Rekombination von genetischem Material stattfinden, ergaben die Untersuchungen an Pneumokokken. *Streptococcus pneumonia*, war den medizinischen Bakteriologen als Erreger von Pneumonien, der Lungenentzündung, bekannt. Die glatte (S), schleimige, kolonien- und kapselbildende Form war virulent, die so genannte raue (R), kapsellose Form avirulent. Frederick Griffith in London hatte 1928 beobachtet, dass abgetötete, bekapselte Erreger die Fähigkeit zur Kapselbildung auf lebende unbekapselte Bakterien übertragen, wenn beide zusammen in Mäuse injiziert wurden. Er nannte dieses Phänomen **Transformation**.

F. Neufeld am Robert Koch Institut in Berlin hatte durch immunologische Untersuchungen festgestellt, dass es verschiedene Kapseltypen gibt. Die Bakterien mit verschiedenen, serologisch unterscheidbaren Kapseltypen wurden selbstständigen Arten zugeordnet, wie es auch bei der später durchgeführten Typisierung von *Salmonella*-Stämmen, den Erregern von Typhus und Enteritis, geschah. Theodore Avery (1877–1955) war von der Konstanz der Typen überzeugt. Er wählte einen anderen Weg, um die Versuche von Griffith zu wiederholen. Die Bakterienzellen wurden mit dem Detergenz Desoxycholat aufgeschlossen, der Zellsaft durch ein Bakterienfilter gepresst und aus dem Filtrat durch Alkoholfällung eine Substanz gewonnen, die in der Lage war, intakte Pneumokokken zu transformieren. Durch chemische, enzymatische und physikalische Charakterisierung wurde die Vermutung bestärkt, dass es sich bei der transformierenden Substanz um Desoxyribonukleinsäure (**DNA**) handelte (Avery et al. 1944). Die Ergebnisse von Avery, C. M. Mac Leod und M. McCarty wurden auf dem Cold Spring Harbor Symposium 1946 von den Biochemikern und Genetikern diskutiert. Die Tragweite der Ergebnisse von Avery wurde von vielen noch nicht erkannt. Seine Publikationen wurden auch später viel weniger zitiert als die von Hershey und Chase. Der Zusammenhang zwischen der aus wenigen, sich wiederholenden Bausteinen zusammengesetzten DNA und den viel komplexeren Proteinen war noch unverstanden, und daher wurde die Übertragung genetischer Information in Form der DNA von einem Bakterium auf ein anderes noch nicht als der Beginn der molekularen Genetik erkannt. Die Herstellung von Mutanten durch Beadle und Tatum bei dem Pilz *Neurospora* und die Transformationsversuche von Avery gingen ja von ganz verschiedenen Ansätzen aus. Ein zweites, wichtiges Experiment, das die DNA als Erbträger auswies, wurde 1952 mit radioaktivem Phosphat (^{32}P) und radioaktivem Schwefel (^{35}S) von Alfred D. Hershey und Martha Chase ausgeführt. Bei der Infektion von *Escherichia coli* durch den Phagen T2 gelangte nur die mit ^{32}P markierte DNA, nicht aber das mit ^{35}S markierte Protein der Phagenhülle in die Bakterienzelle.

10.4   Lederberg und sein Beitrag zur Entwicklung der Bakteriengenetik

Der wohl entscheidende Schritt im Nachweis der Sexualität bei Bakterien gelang Joshua Lederberg (1925–2008). Lederberg wurde am 23. Mai 1925 als Sohn des Rabbi Zwi H. Lederberg und seiner Frau Esther Goldenbaum Schulmann Lederberg in Montclair, New Jersey, geboren. Die Eltern waren aus Palästina emigriert und zogen bald nach New York City. Der Vater war als Rabbi in Washington Heights tätig, die Mutter musste wegen häufiger Erkrankungen des Vaters sehr hart arbeiten. Von den zwei Brüdern wurde der ältere Professor für Biologie an der Brown University, der jüngere ging als orthodoxer Jude zurück nach Jerusalem. Joshua entwickelte schon im Grundschulalter (*public school*) und dann in der Stuyvesant Schule (*high school*), das Bedürfnis, ja eine Art religiösen Impuls, wie er es später in einem Interview formulierte (Pevzner 1996), sich neben dem normalen Unterricht mit den Naturwissenschaften zu beschäftigen. Dabei halfen ihm seine hohe Intelligenz und Zielstrebigkeit. Er las Biochemielehrbücher und war an mikroskopischen und cytochemischen Untersuchungen interessiert. Nach Abschluss der Schule begann er, sechzehnjährig, 1941 das Studium der Medizin an der Columbia University, die ihn wegen des guten Rufes der Universität in Biologie anzog und ihm gleichzeitig erlaubte, zu Hause zu wohnen. Während seines ganzen Studiums arbeitete Joshua seit 1942 unter Leitung seines Mentors Francis J. Ryan in dem American Institute Science Laboratory experimentell mit dem Pilz *Neurospora crassa*.

Lederbergs Intelligenz und Leistung erregten Aufmerksamkeit und führten zur Unterstützung seines Studiums durch verschiedene Stipendien. Die Veröffentlichung der Transformationsversuche durch Averi und Mitarbeiter war für Lederberg der entscheidende Impuls, die chemische Natur der Gene zu erforschen. Er versuchte zunächst, Transformationen bei *Neurospora* im Labor von Ryan durchzuführen, die aber zu keinem klaren Ergebnis führten, da häufig Rückmutationen (prototrophe Mutanten, Mutanten im gleichen Allel, wie der Wildstamm wachsend) auftraten. So entstand nach Lektüre der einschlägigen Literatur das Bestreben, die Versuche mit Bakterien fortzusetzen. In dieser Zeit hatte Lederberg nach Abschluss seines Grundstudiums (*undergraduate studies*) das Medizinstudium begonnen. Die Transformationsversuche mit Bakterien waren zunächst erfolglos, weil es ihm an geeigneten Mutanten, aber auch an Erfahrungen auf diesem Gebiet mangelte. Da riet ihm Ryan, zu Edward Tatum zu gehen, der gerade eine Stelle an der Yale Universität angenommen hatte. Seit 1943 war Lederberg in ein Trainingsprogramm der Navy (Marine) mit dem Ziel einer Militärarztausbildung integriert worden, durch die auch sein Studium finanziert wurde. Zu seinem Glück endete der Krieg 1945, so war er vom Dienst bei der Navy befreit. Lederberg entschied sich für die wissenschaftliche Laufbahn. Mit Unterstützung von Ryan erhielt er ein Stipendium, um im März 1946 an die Yale Universität nach New Haven zu wechseln. Im Labor von Tatum waren geeignete Doppelmutanten von *Escherichia coli* vorhanden. Die Versuche waren zunächst erfolglos. Erst als er den für alle späteren Versuche so wichtigen Stamm K12 und Tatums Doppelmutanten, unfähig das Vitamin Biotin und die Aminosäure Methionin zu synthetisieren, als Donor (männlich) Stamm und die von den Aminosäuren Threonin und Prolin abhängige Mutante als Rezipient verwendete, erhielt er klare Ergebnisse. Bei Doppelmutanten sind prototrophe Rückmutationen äußerst selten (Prototrophie = Wachstum auf einem einfachen Medium mit einer organischen Kohlenstoffquelle und mineralischen Nährstoffen). Er erhielt bei der Kreuzung beider Stämme unter der Nachkommenschaft zahlreiche Kolonien, die die Fähigkeit zur Synthese einer der Komponenten zurückgewonnen hatten. Diese

Fähigkeit blieb auch in den folgenden Generationen erhalten. Prototrophe Rekombinanten traten in einer Häufigkeit von 10^{-5} bis 10^{-6} also relativ selten auf. Diese prototrophen Rekombinanten konnte er nicht beobachten, wenn er die Ausgangsstämme einzeln für sich kultiviert hatte. Unter den Doppelmutanten, die Lederberg isolierte, waren auch einige, die resistent wurden gegen die Infektion durch den Phagen T1. Der Bakteriophage T1 gehört zu den Viren, die Enterobakterien befallen und lysieren. Unter den Nachkommen der Prototrophen mit T1-Resistenz waren einige resistent, andere empfindlich gegen T1, abhängig davon, welches Elternteil den Resistenzmarker trug. Die Fähigkeit, genetisches Material zu übertragen, besaßen nur die fertilen Zellen – nach Einschätzung Lederbergs nur jede zwanzigste Zelle.

Der Vorgang der Übertragung genetischen Materials von einer Donorzelle auf eine Rezeptorzelle wurde von Lederberg **Konjugation** genannt. Durch Kreuzungsexperimente mit vielen verschiedenen Mutanten und der Bestimmung der Häufigkeit des Auftretens der Rekombinanten konnte Lederberg eine Kartierung der Gene auf dem Chromosom von *E. coli* erreichen. Neben antibiotikaresistenten Mutanten entdeckte Lederberg auch die Gene für die Beta-Galactosidase. Phagen- und Antibiotikaresistenz erwiesen sich als genetisch vererbbare Merkmale und entstanden nicht durch Anpassung. Weitere sorgfältige Analysen ergaben, dass der Genaustausch einen direkten Kontakt zwischen beiden Bakterientypen voraussetzt. Lederberg glaubte zunächst noch, dass die Genübertragung durch Verschmelzung der Elternzellen, also durch Zygotenbildung, geschieht. William Hayes (1952) stellte eine Asymmetrie bei den Kreuzungsexperimenten fest, indem die Übertragung des Genmaterials nur in einer Richtung erfolgt, vom Donor auf den Rezipienten oder Empfänger. Die Donorzelle konnte durch Antibiotika abgetötet werden, nicht aber der Rezipient. Lederberg und Mitarbeiten sowie Hayes fanden heraus, dass die meisten Rezeptorzellen nach Kontakt mit Zellen eines Donorstammes selber Donorzellen wurden. Es musste ein Fertilitäts- oder Sexfaktor vom Donor auf den Rezipienten übertragen worden sein. Hayes isolierte 1953 einen Donorstamm, der bestimmte Merkmale mit tausendfach höherer Häufigkeit übertrug als der normale F⁺-Donorstamm. Dieser **Hfr**-Stamm (*high frequency of recombination*) konnte aber den **F-Faktor** selber nicht mehr übertragen.

Der Mechanismus der Konjugation wurde später aufgeklärt. Donorzellen enthalten neben dem Bakterienchromosom ein Extrastück DNA, das so genannte F-Plasmid, das in die Donorzelle übertragen und auch in das Chromosom eingebaut werden kann. Etwa 25 Gene auf dem F-Plasmid sind für den Vorgang der Konjugation erforderlich. Dazu gehören die Gene, die die Bestandteile des **F-Pilus** kodieren. Der F-Pilus ist ein langer, starrer Fortsatz aus Proteinen (Hohlzylinder, 2 μm lang, 8 nm im Durchmesser), der die Rezipientenzelle erkennt und an sie bindet. Durch Kontraktion entsteht ein enger Kontakt zwischen Donor und Rezipientenzelle, über den konjugative Plasmide mit integrierten konjugativen Elementen auf die Empfängerzelle übertragen, und entweder ins Chromosom integriert oder als Plasmid in der Empfängerzelle vermehrt werden (Drews 2006).

Die hohe Vermehrungsrate – *E. coli*-Zellen teilen sich unter günstigen Wachstumsbedingungen etwa alle 20 Minuten – und damit die Möglichkeit, eine große

Zahl an Bakterien und an Generationen zu überprüfen, führte rasch zu den entscheidenden Ergebnissen. Doch wie kann man eine große Zahl an Bakterien testen? Zur Erkennung von Mutanten wird eine Bakterienkultur verdünnt und verschiedene Verdünnungsstufen auf Agarplatten mit Vollmedium (für *E. coli* aus Pepton, Hefeextrakt und einem Gemisch von Salzen bestehend) in einer dünnen Schicht ausgestrichen und 12–24 Stunden bei 37°C bebrütet. Um die relativ selten auftretenden Mutanten von den Wildtypzellen zu trennen, werden die Bakterien in einem Minimalmedium (gepufferte Salzlösung mit Glucose) unter Zusatz von Penicillin kultiviert. Die im Minimalmedium wachstumsfähigen Wildtypbakterien werden durch Penicillin abgetötet; die Mutanten, die nicht wachsen können, überleben. Diese Bakterien werden, wie oben beschrieben, auf Vollmedium plattiert. Um z. B. eine Aminosäuremangelmutante zu isolieren, werden die Kolonien von der Ausgangsplatte mit Vollmedium vorsichtig mit einem Stempel, der mit einem Samttuch überzogen ist, auf Platten mit Minimalmedium, denen die essentiellen Aminosäuren minus einer Aminosäure zugesetzt wurden, übertragen. Die Mutante, die eine der essentiellen Aminosäuren nicht zu synthetisieren vermag, wächst nicht auf der Platte mit Minimalmedium ohne Zusatz der betreffenden Aminosäure. Diese Kolonie wird dann von der Ausgangsplatte isoliert, vermehrt und ihre Mutation in der Synthese dieser einen Aminosäure überprüft. Die Replika-Plattierung kann man im Prinzip für alle Mangelmutanten anwenden, sinngemäß auch für die Isolierung der Rekombinanten nach Konjugation.

Lederberg schloss aus seinen Versuchsergebnissen, dass *E. coli* haploid ist und nur ein Chromosom enthält. Wie oben geschildert, sind alle sexuellen Prozesse bei Bakterien, wie Konjugation, Transformation und Transduktion, völlig verschieden von den Prozessen der Befruchtung und Rekombination bei höheren Organismen. Es werden, abgesehen vom Mechanismus der Genübertragung, in der Regel nur Teile des Chromosoms aus der Donorzelle übertragen.

Diese Eigenschaft der Bakterien und ihre einfachere zelluläre Organisation führten 1962 dazu, Bakterien, Cyanobakterien und Archaea als Prokaryoten zu bezeichnen und den Eukaryoten gegenüber zu stellen. Bakterien unterscheiden sich von den Eukaryoten nicht nur durch die Art des Genaustauschs und einer einfacheren zellulären Organisation, sondern auch durch die Prozesse der Protein- und Nukleinsäuresynthese.

Die Entdeckung der bakteriellen Sexualität und ihre Anwendung zur Kartierung von Merkmalen auf dem Chromosom, verhalf 1947 Lederberg zur Promotion (Ph. D.) an der Yale Universität. Lederberg unterbrach die medizinische Ausbildung an der Columbia Universität und entschied sich für die wissenschaftliche Laufbahn. Er nahm das Angebot einer Assistenzprofessur an der Universität von Wisconsin-Madison an und heiratete Esther Miriam Zimmer, die 1950 in Wisconsin promoviert wurde. In Wisconsin konnte Lederberg 1952 zusammen mit seinem Studenten Norton Zinder die Übertragung genetischen Materials durch Bakteriophagen bei *Salmonella* nachweisen. Dieser Prozess wurde **Transduktion** genannt. Der transduzierende Phage wurde von Esther Lederberg entdeckt und mit dem griechischen Buchstaben Lambda (λ) bezeichnet. Lambda ist ein lysogener Phage, der die Bakterienzelle nicht obligatorisch lysiert. Sein Genom wird in das der Wirtszelle integriert. Auf diesem Wege können auch Gene der Ausgangszelle übertragen werden, wenn sie beim Ausschneiden des Phagengenoms mit erfasst werden. Der in das Genom von *E. coli* K12 eingebaute Prophage λ konnte durch Kreuzungsversuche von Esther und Joshua Lederberg in der Nähe der Gene für die Galactosevergärung lokalisiert werden. E. Lederberg entdeckte auch den oben beschriebenen Fertilitätsfaktor – F ein wichtiges Ergebnis, das zusammen mit J. Lederberg und Luca Luigi Cavalli-Sforza veröffentlicht wurde. Die Methodik, mit der die lysogenen Phagen entdeckt wurden, war wieder ein genialer Einfall. Lederberg und Zinder benutzten ein U-förmiges Glasrohr, das im mittleren Teil durch ein engporiges Glasfilter unterteilt war. Die Röhre wurde mit Minimalmedium gefüllt und auf jeder Seite mit einer Mutante beimpft. Durch Hin- und Herpumpen der Flüssigkeit konnten Phagen von einem zum anderen Gefäßteil gelangen, aber die verschiedenen Mutanten hatten keinen direkten Kontakt zueinander. Das biologische Agens, das genetisches Material übertrug, wurde nach Reinigung als Phagen-DNA erkannt. William Hayes wies 1952 nach, dass bei der Übertragung von genetischem Material immer nur Teile des Genoms übertragen werden.

Das Phänomen der **Lysogenie**, also die Eigenschaft bestimmter Phagen, nach Infektion des Wirtes dessen Zelle nicht zu lysieren, war schon dem Ehepaar Eugène und Elisabeth Wollman, die vor dem 2. Weltkrieg am Institut Pasteur in Paris arbeiteten, aufgefallen. Salvador E. Luria hat sich eingehender mit den zwei Strategietypen der Bakteriophagen befasst, der Virulenz und der Temperenz. Der virulente Phage, z. B. T_7, infiziert die Wirtszelle und vermag mit seinem Genbestand den Stoffwechsel der Wirtszelle vollkommen auf die Produktion von etwa 100 Nachkommenphagen umzustellen. Nach Reifung der Phagen wird die Wirtszelle lysiert – die Phagen werden dadurch freigesetzt. Der temperente oder lysogene Phage zerstört die Wirtszelle nicht. Sein Genom wird in das der Wirtszelle integriert und mit der DNA der Wirtszelle über viele Generationen vermehrt. Wird aber die Wirtszelle einem Stress ausgesetzt, beispielsweise UV-Strahlung, so geht der Phage in den virulenten Zyklus über. Während der 1970er Jahre fanden Wissenschaftler geeignete Phagen, die Segmente von bakterieller DNA mit einer definierten Nukleotidsequenz und somit einer bekannten Funktion aufnahmen und in bakterielle Chromosomen integrierten (Transduktion). Diese neu aufgenommenen Gene können zusammen mit den Genen der Wirtszelle exprimiert werden.

In dieser Zeit lernte man, konjugative Plasmide mit so genannten Restriktionsenzymen an bestimmten Nukleotidsequenzen zu spalten, und in diese Spaltstelle Fremd-DNA einzufügen, so z. B. das Gen für menschliches Insulin. Nach Übertragung in Bakterien waren diese befähigt, menschliches Insulin im industriellen Maßstab zu produzieren. Für eine wirtschaftliche Produktion wurde vor die betreffenden Gene ein Promoter gesetzt, der eine starke Ablesung der Gene (Transkription) bewirkt. Der **Promoter** ist eine DNA-Struktur, die von der DNA-abhängigen RNA-Polymerase erkannt wird, und somit die Transkription eines Gens oder eines Operons initiiert. Damit war im Prinzip ein Verfahren geboren, mit Hilfe molekulargenetischer Methoden biotechnologisch Fremdmoleküle herzustellen.

Lederberg (Abb. 10.1) setzte sich schon früh für die Entwicklung der biotechnologischen Industrie ein und war viele Jahre als Berater bei Syntex Corporation

Abb. 10.1a, b Joshua Lederberg (1925–2008). **a** im Labor, University of Washington, 1958; **b** etwa 2000. (Quelle: Internet)

und Cetus Corporation tätig. So konnte das molekularbiologische Wissen für die industrielle Produktion genutzt werden. 1958 wechselte Lederberg von Madison an die Stanford Universität in Kalifornien, um dort ein *Department for Genetik* aufzubauen. Im gleichen Jahr wurde Lederberg, 33jährig, zusammen mit Tatum und Beadle der Nobelpreis verliehen.

Nach 20 Jahren erfolgreicher Tätigkeit in Stanford wurde Lederberg Präsident der Rockefeller Universität in New York. Dieses Amt behielt er bis zu seiner Emeritierung im Jahr 1990 bei. Während der Jahre in Stanford erweiterte Lederberg sein Interessengebiet. Mit der Entwicklung des Computers entwarf er Programme, um das sich anhäufende Detailwissen intelligent zu verarbeiten, so z. B. in Verbindung mit der Massenspektrometrie zur Analyse von Makromolekülen, und um die Kommunikation zwischen den Wissenschaftlern verschiedener Arbeitsrichtungen zu erhöhen. Mit dem Beginn der Raumfahrt hat sich Lederberg für die Frage extraterrestrischen Lebens interessiert und Sonden für das NASA-Viking-Programm zur Landung auf dem Mars entwickelt. Er prägte den Begriff „Exobiologie". Als Berater der Regierung hat Lederberg sein Wissen und seinen Einfluss für viele Jahre geltend gemacht, so auf dem Gebiet der Kontrolle der biologischen Waffen. Über einen größeren Zeitraum schrieb er wöchentlich für die „Washington Post" und „The Chronicle" einen Artikel über Fragen der Wissenschaft und des öffentlichen Interesses. Joshua Lederberg ist am 2. Februar 2008 gestorben.

10.5 Fortschritte der molekularen Genetik

Molekulare Genetik, die hier kurz an wenigen Beispielen in ihrer Entwicklung dargestellt wurde, begeisterte rasch eine zunehmende Zahl an Wissenschaftlern verschiedenster Disziplinen als ein neues und ungemein anregendes Arbeitsgebiet. Als ein Beispiel sei Max Delbrück (1906–1981) genannt, der sich von der Quantenchemie und Kernphysik den Bakteriophagen zuwandte und als Erster deren Vermehrungszyklus, die so genannte **Einschrittwachstumskurve** beschrieb. Diese Bezeichnung ist irreführend, weil Viren nicht wachsen. Nach Infektion der Wirtszelle durch die T-Phagen werden Wachstum und Vermehrung der Wirtszelle gestoppt, die Wirts-DNA abgebaut und die Zelle veranlasst, die Phagenbausteine zu produzieren. Die neu produzierten Nukleinsäure- und Proteinbausteine lagern sich zu reifen Phagen aneinander: sie assemblieren. Die reifen Phagen werden durch Lyse der Wirtszelle freigesetzt. Aus dem ursprünglichen Phagen, der die Zelle infiziert und seine DNA in die Zelle injiziert hatte, wurden etwa 100 Phagen, deren Zahl man nach Freisetzung aus der Zelle bestimmen kann. Wenn Infektion und Vermehrung in den Bakterien vollständig synchronisiert wären, würde der „Titer", d. h. die Zahl der infektionsfähigen Phagen pro Volumeneinheit, plötzlich nach Reifung und Freisetzung der Phagen aus allen Bakterien der Suspension um einen bestimmten Faktor ansteigen. Da dieser Prozess unter realen Bedingungen in den einzelnen Bakterien zeitlich einen unterschiedlichen Verlauf nimmt, verläuft der Anstieg der Zahl der freien Phagen von dem Ausgangstiter zu dem Titer nach Reifung der Phagen nicht in einem engen Zeitfenster, sondern über Minuten, sodass bei einer graphischen Auftragung im logarithmischen Maßstab eine schräg ansteigende Linie resultiert. 1969 erhielten Delbrück, Luria und Hershey den Nobelpreis für ihre epochalen Ergebnisse und Theorien.

Parallel zu den Fortschritten auf dem Gebiet der molekularen Genetik wurden neue Wege gefunden, um den Stoffwechsel auf der molekularen Ebene zu untersuchen. Nach dem 2. Weltkrieg gelang es radioaktive Isotope, wie ^{35}S (Schwefel), ^{32}P (Phosphor) und ^{14}C (Kohlenstoff), herzustellen. Mit dem von Ruben und Kamen 1940 entdeckten Kohlenstoffisotop ^{14}C konnten verschiedene Wege der Fixierung von CO_2 und dessen Einbau in organisches Material verfolgt werden – so die autotrophe CO_2-Fixierung im Benson-Calvin-Zyklus und anderer CO_2-Fixierungswege, zu deren Aufklärung Harland Wood und in der heutigen Zeit Georg Fuchs wichtige Beiträge geliefert haben. Ein weiteres, wichtiges Hilfsmittel, das in der frühen Zeit sowohl für die Trennung von CO_2-Fixierungsprodukten als auch von Basen der Nukleinsäuren entwickelt wurde, war die Auftrennung mit Hilfe der zweidimensionalen Papierchromatographie.

10.6   Die Doppelhelix der Desoxyribonukleinsäure (DNA)

10.6.1   Strukturaufklärung

Seit Beginn des 20. Jahrhunderts waren die Chromosomen in den pflanzlichen und tierischen Zellkernen als Träger der Erbinformation bekannt. Der für die Vererbung und genetische Information wichtige Bestandteil der Chromosomen, die Desoxyribonukleinsäure (DNA), wurde 1944 durch Avery durch seine Versuche mit Bakterien nachgewiesen. Bei den Viren kann auch die RNA (Ribonukleinsäure) als alleiniger Träger der genetischen Information fungieren (Kap. 7.1). Der Aufbau des DNA-Moleküls und die Schrift oder Sprache, in der die Erbinformation gespeichert wird und weitergegeben werden kann, waren jedoch völlig unbekannt. Nach dem 2. Weltkrieg wurde eine Gruppe von Physikern, die während des Krieges an militärischen Objekten gearbeitet hatten, durch die Lektüre von Schrödingers *„What is life?"* angeregt, sich mit Grundfragen der Biologie zu befassen. So begann Maurice Wilkins am Kings College in London die Struktur der DNA mit Hilfe der Röntgendiffraktionsmethode zu untersuchen. Sie erhielt von Rudolf Signer aus Bern 1950 ein reines Präparat von DNA, das dieser zu einer Tagung mitgebracht hatte. Wilkins beobachtete an diesem Präparat ein regelmäßiges Beugungsmuster.

Schon Astbury hatte 1947 eine Aufnahme der DNA publiziert, die allerdings nur eine geringe Auflösung besaß. James Watson studierte in dieser Zeit Biologie in Chicago und untersuchte dann bei Luria an der Indiana Universität in Bloomington die Inaktivierung von Phagen durch Röntgenstrahlung, und später, in Kopenhagen bei Ole Maaløe, den DNA-Stoffwechsel der Phagen mit radioaktivem Phosphat. Auf einer Tagung in Neapel sah Watson zum ersten Mal die Röntgenstrukturbilder von Wilkins. Die Aufnahmen wirkten auf ihn wie ein Zündfunke. Im Vergleich mit den anderen Themen, die er bearbeitete, war er sofort von der Fragestellung der DNA-Struktur so fasziniert, dass er beschloss, sich diesem Thema zu widmen. Er erreichte in kurzer Zeit, dass sein Stipendium umgewandelt wurde und er im Herbst 1951 nach Cambridge gehen konnte, um am Cavendish-Laboratorium bei Lawrence Bragg und Max Perutz die Röntgenstrukturanalyse zu lernen. Hier traf er Francis Crick, der als Physiker im Rahmen seiner Doktorarbeit mit der Strukturaufklärung von Proteinen befasst war. Beide reizte die Aufgabe, die DNA-Struktur zu ergründen, obwohl das nicht zu den Untersuchungsobjekten des Labors gehörte. Wilkins hatte seine Röntgenaufnahmen zunächst als eine Zick-Zack-Struktur der DNA gedeutet, begann aber ab 1952 die Struktur einer Schraube oder Helix als eine mögliche Variante in seine Überlegungen einzubeziehen.

Diese Interpretation wurde auch von Rosalind Franklin bevorzugt, die ab 1951 am Kings College an der DNA-Struktur zu arbeiten begann. Sie beobachtete zwei Strukturvarianten der DNA, die, wie wir heute wissen, topologische Formen, also verschiedene Strukturvarianten, darstellen. Die natürliche DNA kann in entspannter Form linear oder ringförmig geschlossen und als Superhelix durch Verdrillung des DNA-Doppelstranges vorliegen. Inzwischen hatten Watson und Crick ein erstes Modell konstruiert, das aber mit den von Wilkins, Franklin und Gosling vorgelegten Daten nicht in Einklang gebracht werden konnte. Die Röntgenbeugungsanalyse hatte ja ergeben, dass entlang der Längsachse des DNA-Polymers zwei periodische Wiederholungen auftreten – eine primäre von 0,34 nm und eine sekundäre von 3,4 nm. Das Muster zeigte, dass das Molekül aus zwei Strängen in einer Schraubenstruktur besteht. Enttäuscht wandten sich Watson und Crick zunächst wieder ihren alten Aufgaben zu. Watson wies röntgenspektroskopisch nach, dass das Tabakmosaikvirus eine Schraubenstruktur besitzt. Mathematisch konnte das unter Berücksichtigung der Röntgendaten von Cochran, Crick u. Vand bestätigt werden.

Für ihre weiteren Überlegungen erhielten Crick und Watson einen entscheidenden Hinweis durch John Griffith, der Crick auf die Wechselwirkungen zwischen
den Basen Adenin und Thymin sowie Guanin und Cytosin aufmerksam machte.
Außerdem lernten sie von Chargaff, dass bei allen DNA-Molekülen, isoliert aus
den verschiedensten Organismen, immer die Zahl der Adenin-Reste gleich der
Zahl der Thymin-Reste (A = T) und die Zahl der Guanin-Reste gleich der Zahl
der Cytosin-Reste ist (G = C), also die Summe der Purin-Reste der Summe der
Pyrimidin-Reste gleicht (Abb. 10.3). In der Zwischenzeit hatten Pauling u. Corey
ein Modell der DNA-Struktur entwickelt, das sich aber für Watson und Crick als
unsinnig herausstellte: Drei Polynukleotidstränge sollten miteinander verdrillt sein,
die Phosphat-Zucker-Reste in der Mitte gepackt und die Basen nach außen gerichtet
sein. Dieses Model war ohne neuere Röntgendiffraktionsmuster auf der Basis der
α-Helix-Struktur entwickelt worden (Hausmann 1995).

Aufgrund der ihnen zur Verfügung stehenden neueren Daten von Chargaff
und der Information über die richtige Ketoform der Basen (>C=O) durch Jerry
Donohue, sowie den auf Umwegen von Rosalind Franklin erhaltenen hochauf-
gelösten Strukturen der A- und B-Form der DNA, postulierten Watson u. Crick
(1953a) ein dreidimensionales Modell der DNA-Struktur. Sie fertigten Modelle
aus Draht an, in die die Nukleotidbausteine eingefügt wurden. Das Modell bestand aus zwei helikalen, also schraubenförmig angeordneten, DNA-Ketten, die
sich um eine zentrale Achse winden und eine Doppelhelix bilden (Abb. 10.2). Die
hydrophilen, wasseranziehenden Rückgratketten aus alternierenden Desoxyribo-
se- und Phosphatgruppen (Abb. 10.3) liegen an der Außenseite der Doppelhelix,
zeigen also zum umgebenden wässrigen Milieu. Die Purin- und Pyrimidinbasen
beider Stränge sind innerhalb der Helix gestapelt. Die hydrophoben und annä-
hernd planaren Ringstrukturen der Basen liegen dicht beieinander und senkrecht
zur Längsachse der Helix. Dadurch entstehen eine kleine und eine große Furche
entlang der beiden Stränge (Abb. 10.2). Jede Base des einen Stranges ist mit einer
Base des anderen Stranges gepaart und liegt mit ihr in einer Ebene. Das entspricht
der Chargaff-Regel. Zwischen G und C bestehen drei, zwischen A und T zwei
Wasserstoffbrückenbindungen (A=T, G≡C). Die beiden Stränge sind antiparallel
angeordnet, ihre 5′-, 3′-Phosphodiesterbindungen haben entgegengesetzte Orientierung (Abb. 10.3). Die oben genannte, periodische Wiederholung von 3,4 nm
entspricht dem Vorliegen von 10,5 Nukleotidresten in jeder vollen Windung der
Doppelhelix. Die vertikal gestapelten Basen in der Doppelhelix haben einen Abstand von 0,34 nm. Die Doppelhelix wird durch die Wasserstoffbrücken zwischen
den komplementären Basenpaaren und den Wechselwirkungen zwischen den gestapelten Basen zusammengehalten (Abb. 10.3).

Das Modell und seine möglichen Konsequenzen für Konservierung und Weitergabe der genetischen Information wurden von Watson und Crick, von Wilkins,
Stokes und Wilson sowie von Franklin und Gosling 1953 in getrennten Publikationen vorgestellt. Der Mechanismus der Replikation, also der Verdopplung der DNA,

Abb. 10.2 Raumstruktur der Desoxyribonukleinsäure (DNA). Die helikal umeinander gewundenen Doppelbänder symbolisieren die Desoxyribose-Phosphat-Ketten; die Balken dazwischen stellen die jeweils komplementären Basenpaase G≡C und A=T dar. In der Helix sind die kleine Furche (0,3 nm) und die große Furche (3,4 nm) zu erkennen.

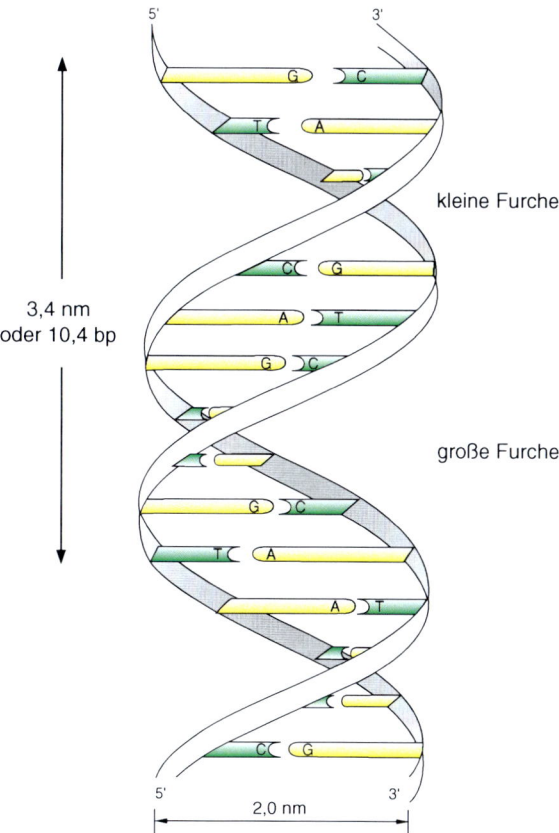

und die Verwertung der Information für die Proteinsynthese blieben unbekannt. Wie bei so vielen Entdeckungen waren es nicht nur die genialen Einfälle und die sorgfältigen Experimente einzelner Personen, die zur Aufklärung der DNA-Struktur beitrugen, sondern letztlich viele Daten aus verschiedenen Laboratorien sowie subjektive Komponenten und Zufälle, die zum Ziele führten. Es dauerte noch viele Jahre, bis die Bedeutung dieser Entdeckung richtig erkannt wurde. Delbrück war einer der Ersten, der die Wichtigkeit dieser Resultate erkannte und begeistert war. Wilkins hat noch einige Zeit an der genauen Ausarbeitung der Atomkoordinaten gearbeitet. Die Auslösung einer Mutation durch falsche Basenpaarung hatten Watson u. Crick schon diskutiert. Ernst Freese untersuchte die künstliche Auslösung von Mutationen durch 5-Brom-Uracil, einem synthetischen Analogon von Thymin, das als Bromuridin in die DNA eingebaut wird und Thymin ersetzt. So entsteht statt A-T die Basenpaarung G-C.

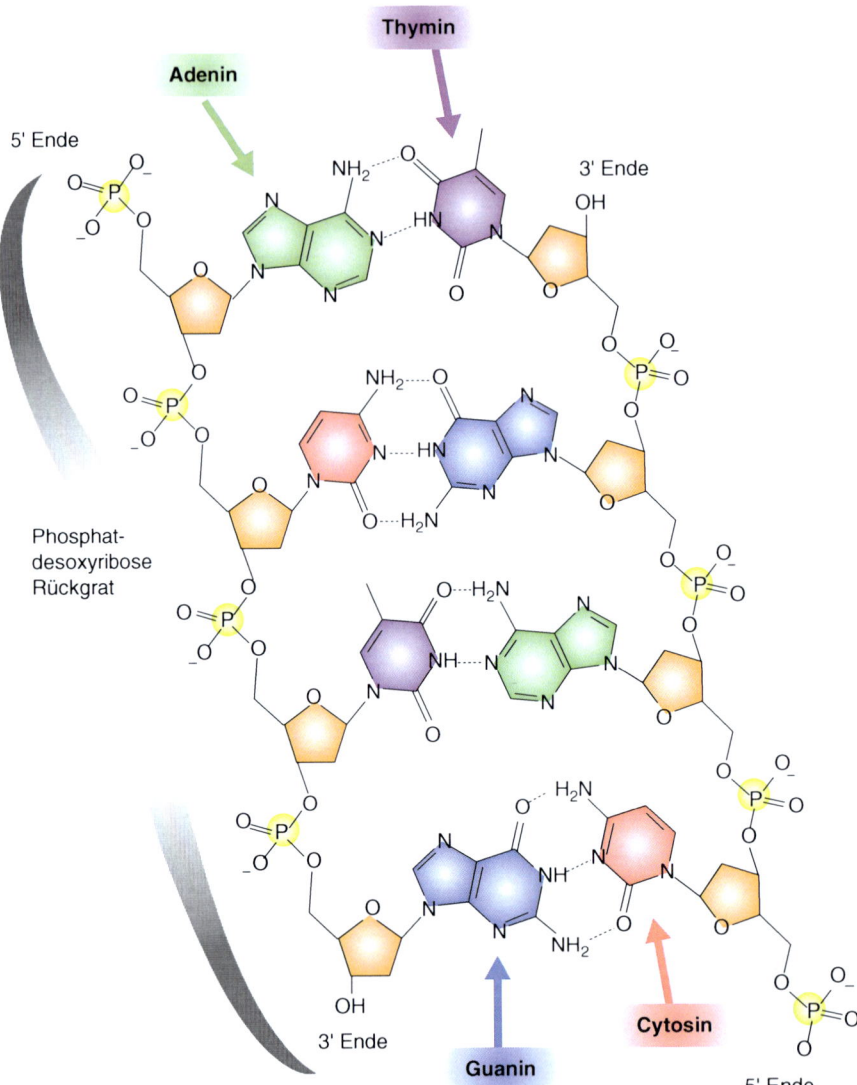

Abb. 10.3 Chemische Struktur der DNA. Die Zucker-Phosphat-Ketten bilden das Rückgrat der DNA. Durch Paarung der komplementären Basen mittels Wasserstoffbrücken werden die beiden DNA-Stränge verbunden. Zucker: *grün*, Phosphat: *rot*, Ketten: *blau-grün*. (Quelle: Zephiris GNN Lizenz, Richard Wheeler)

10.6.2 Replikation der DNA

Delbrück und G. Stent erkannten schon 1957 die Schwierigkeit, die miteinander verdrillten DNA-Stränge bei der Replikation zu trennen und zu replizieren. Bei einem langen Molekül hätte das Entwinden eine hohe Rotationsgeschwindigkeit erfordert und die gleichzeitige Neusynthese beider Stränge zu Problemen bei der Koordination beider Prozesse geführt. Andere Hypothesen gingen davon aus, dass ein oder beide Stränge geschnitten und nach der Neusynthese wieder vereint werden. Zwei Schüler von Delbrück, Matthew Meselson und Franklin Stahl, bestätigten durch ihre Versuche die semikonservative Hypothese der Replikation, die beinhaltet, dass ein Strang kontinuierlich, der zweite diskontinuierlich durch die DNA-abhängige DNA-Polymerase synthetisiert wird, immer in der $5'\text{-}{\to}3'$-Richtung der Desoxyribose-Phosphatbindung. Sie kultivierten *E. coli* mit dem schweren Stickstoffisotop ^{15}N unter Verwendung von $^{15}NH_4Cl$ als einziger Stickstoffquelle. Nach vielen Generationen wurde die Stickstoffquelle durch Zugabe eines Überschusses an normalem Ammoniumchlorid ($^{14}NH_4Cl$) verdünnt und zu verschiedenen Zeiten Proben entnommen; die DNA wurde aus den Zellen isoliert und die unterschiedlich schweren DNA-Fraktionen durch Zentrifugation im Cäsiumchloriddichtegradienten getrennt. Nach einer Zellteilung lag die Dichte der neu synthetisierten DNA genau in der Mitte zwischen den Dichten der ^{15}N- und der ^{14}N-markierten DNA. Dadurch war eine konservative Replikation ausgeschlossen. Nach einer weiteren Zellteilung lag die Dichte auch noch in der Mitte zwischen den beiden Dichten. Dadurch konnte das **semikonservative Modell der Replikation** bestätigt werden (Abb. 10.4). Bei einer dispersiven Replikation würde immer wieder neu synthetisierte DNA mit alter DNA verbunden werden und sich somit die Dichte der DNA immer mehr der normalen, ^{14}N-DNA nähern. Bei konservativer Replikation wären zwei Banden, eine mit ^{15}N-DNA und eine mit der ^{14}N-DNA, entstanden (Hausmann 1995).

Der Zusammenhalt der beiden DNA-Stränge wird durch die Wasserstoffbrücken zwischen den Basen Adenin und Thymin bzw. Guanin und Cytosin gewährleistet. S. Zamenhof beobachtete, dass ein Erhitzen der DNA in Lösung auf etwa 80°C die Viskosität stark verringerte. J. Marmur und Mitarbeiter erkannten, dass nach langsamem Abkühlen die Viskosität wieder anstieg. Bei sehr raschem Abkühlen konnte die normale Viskosität nicht erreicht werden. Der Vorgang der Denaturierung und Renaturierung der DNA konnte durch Trennung von ^{15}N- und ^{14}N-markierten DNA-Einzelsträngen nachgewiesen werden. Dieses Verhalten der Doppelstrang-DNA wurde zu der sehr empfindlichen Methode der **Hybridisierung** ausgebaut. Wenn man verschiedene DNAs, z. B. der Phagen T7 (^{15}N- markiert) und T3 (^{14}N-markiert), die sich in ihrer Basensequenz unterscheiden, mischt, durch Erhitzen denaturiert und nach Abkühlen renaturiert, so bilden sich im Dichtegradienten unterschiedliche Banden: T7-DNA-Doppelstrang, T3-DNA-Doppelstrang und T7-T3-DNA-Hybrid-Doppelstränge. Die Denaturierung der heterologen, also aus zwei in ihrer DNA-Sequenz unterschiedlichen Strängen zusammengesetzten DNA, geschah bei wesentlich niedriger Temperatur, weil nicht alle Basen wegen der Sequenzunterschiede gepaart werden konnten. Das Auftrennen der Wasserstoffbindungen

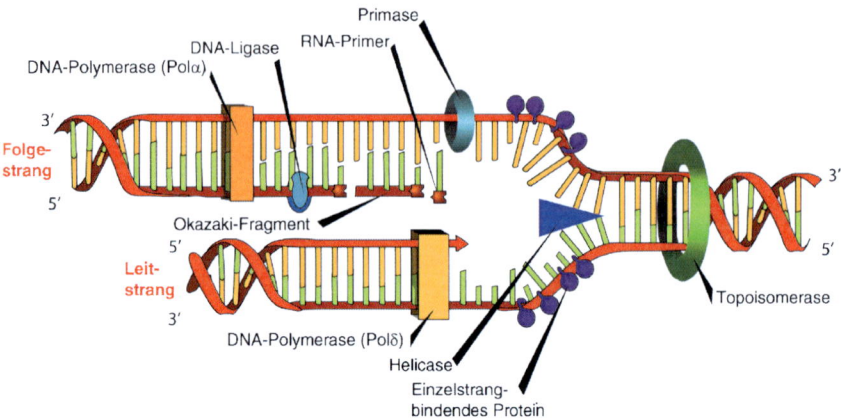

Abb. 10.4 DNA-Replikation. Das Bild zeigt schematisch die Replikationsgabel der DNA. Im führenden Strang (*leading strand*) werden nach Start der DNA-Synthese an einem RNA-Primer kontinuierlich in $5' \rightarrow 3'$-Richtung die komplementären Basen angefügt. Im verzögert synthetisierten (*lagging*) Strang, der wegen der $5' \rightarrow 3'$-Regel entgegen der DNA-Replikationsrichtung synthetisiert wird, werden an die RNA-Primer kurze, sogenannte Okazaki-Desoxyribonukleotidreste diskontinuierlich eingefügt. An C_1 der Desoxyribose sind die Basen *T* Thymin, *A* Adenin, *G* Guanin oder *C* Cytosin gebunden. Bei der Replikation wird an die 3'-OH-Gruppe der Desoxyribose nach Abspaltung von Pyrophosphat das komplementäre Nukleotid gebunden. Nach Ausschneiden der RNA-Primer werden die Lücken, nach Auffüllen mit den komplementären Nukleotiden, durch die Ligase geschlossen. Für die Replikation werden die helikalen Windungen und die überspannten Verdrillungen durch Enzyme geöffnet. (Quelle: http://en.wikipedia.org/wiki/GNU_Free_Documentation_License)

zwischen den Basen durch Wärme wird auch als **Schmelzen der DNA** bezeichnet. Da die G-C-Paare durch Dreifach- und die T-A-Paare durch Zweifach-Bindungen verbunden sind, erfordert das „Aufschmelzen" der G≡C-Bindungen eine höhere Temperatur als das der T=A-Bindungen. Die Methode der Denaturierung und Renaturierung kann benutzt werden, um den G/C-Gehalt einer DNA zu bestimmen, aber auch, um aus der Abhängigkeit der Stabilität von Hetero-Duplices von der Basensequenzhomologie der Paarungspartner die Verwandtschaft von DNAs zu bestimmen (Hausmann 1995).

Die Replikation der DNA besteht in dem exakten Kopieren der Reihenfolge der Nukleotidbausteine in dem DNA-Molekül nach dem Prinzip der komplementären Basenpaarung (Abb. 10.4). Der Vorgang ist komplex. Zunächst muss mit Hilfe von **Topoisomerasen** die hochkondensierte und verdrillte Superhelix des DNA-Doppelstrangs am Ort der Replikation aufgewunden werden; nach der Replikation muss die Überspiralisierung durch die **DNA-Gyrase** wiederhergestellt werden. An dem Replikationsursprung wird eine spezifische **Helikase** angelagert, die unter ATP-Verbrauch die Wasserstoffbrücken zwischen den beiden Strängen löst. Die einzelsträngigen Bereiche werden durch Einzelstrangbindeproteine stabilisiert. Dann wird ein **RNA-Primer**, eine Startstruktur für die DNA-Polymerasen, angelagert.

Der RNA-Primer ist eine Erkennungsstruktur für die DNA-abhängige DNA-Polymerase, die an das freie 3′-OH-Ende des Primers das neue 5′-Desoxyribonukleotidtriphosphat (in der Base komplementär) unter Abspaltung von Pyrophosphat bindet. Die beiden DNA-Stränge sind gegenläufig angeordnet: 5′ → 3′ und 3′ → 5′. 5′ liegt die Phosphatgruppe, die als Phosphodiesterbrücke die 3′-OH-Gruppe der Desoxyribose des einen Nukleotids mit der 5′-OH-Gruppe der Desoxyribose des benachbarten Nukleotids verbindet (Abb. 10.3, 10.4). Das 3′-Ende wird von der 3′-OH-Gruppe einer Desoxyribose gebildet. **DNA-Polymerasen** können nur 5′ → 3′ synthetisieren. Wenn also durch Öffnen des Doppelstranges eine Replikationsgabel entstanden ist, so kann die DNA-Polymerase III nur den einen, den Vorwärts- oder „*leading*"-Strang vom Primer aus startend kontinuierlich synthetisieren. Der andere, der Rückwärts- oder „*lagging*"-Strang wird gegenläufig, also nicht in Richtung der Replikationsgabel, diskontinuierlich, abschnittsweise synthetisiert (Abb. 10.4). Die Primer werden schließlich durch RNaseH oder DNA-Polymerase I entfernt und die entstehenden Lücken durch die DNA-Polymerase I aufgefüllt. Dann werden die noch offenen Stellen im Zucker-Phosphat-Rückgrat der DNA durch die **DNA-Ligase** geschlossen.

Die Replikation erfolgt sehr genau. Die Fehlerrate beträgt nur 10^{-8} bis 10^{-11} Fehler pro Basenpaar. Der DNA-Polmerase-III-Komplex kann, neben der Fähigkeit zur Neusynthese der DNA, auch **Korrektur** lesen. Bei diesem Prozess werden die falsch eingebauten Basen ausgeschnitten und durch die korrekten Basen ersetzt. Für die Reparatur von Fehlpaarungen gibt es eine Vielzahl von Reparaturenzymen und -mechanismen. Durch diese Kombination an fein abgestimmten Mechanismen, die sicherlich schrittweise in der Evolution entwickelt wurden, wird garantiert, dass das für den Erhalt der Konstanz von Arten so entscheidend wichtige Erbgut korrekt auf die nächste Generation übertragen wird. Mutationen, Rekombinationen und Neukombinationen von Erbgut bei der Befruchtung sowie die Selektion von einzelnen Individuen bei der Auseinandersetzung mit der Umwelt sorgen dafür, dass das Erbmaterial an veränderte Umweltbedingungen angepasst wird.

10.7 Der genetische Code und seine Übersetzung in die Sprache der Proteine

Wie kann die Sequenz der vier DNA-Basen in die Sequenz der zwanzig Aminosäuren in den Proteinen umgesetzt werden? Es muss eine Art Code geben, der die verschlüsselte Sprache der DNA in die der Proteine übersetzt. Der Astrophysiker Gamow, der Biochemiker Sidney Brenner, die Physiker Delbrück und Crick, sowie der Biologe Watson und einige andere beschäftigten sich theoretisch mit der aufregenden Frage, wie ein Codewort, also eine aus drei oder vier Basen bestehende Nukleotidsequenz, in die Aminosäuresequenz umgeschrieben werden kann. Diese geistreichen Spekulationen führten aber zu keiner, dem tatsächlichen Geschehen entsprechenden, Lösung. Crick war es, der 1958 eine Hypothese entwarf, die das zentrale Dogma der Molekularbiologie – das ist der Weg von der DNA-Sequenz bis zur Proteinsequenz – beschrieb und dem eine klare Formulierung gab: Die Spezifität der Nukleinsäuren liegt ausschließlich in der Sequenz ihrer Basen, die ihrerseits die Aminosäuresequenz der Proteine determiniert. **Durch das zentrale Dogma wurde postuliert, dass der Informationsfluss von der DNA über die RNA zu den Proteinen verläuft**.

Am Tabakmosaikvirus hatten Alfred Gierer und Gerhard Schramm in Tübingen und Heinz Fraenkel-Conrat in Berkeley 1956 bewiesen, dass der RNA beim Informationsfluss eine wichtige Rolle zukommt. Frederick Sanger und Mitarbeiter in Cambridge zeigten durch Aufklärung der Aminosäuresequenz des Insulins, dass die Sequenz der Proteine hoch spezifisch ist und keinem inhärenten Muster folgt. Seymour Benzer und Crick hatten versucht, durch Feinkartierung von Mutationen beim Bakteriophagen T4 den genetischen Code herauszufinden. Wegen des hohen experimentellen Aufwandes konnte jedoch kein Durchbruch erzielt werden. Ähnlich ging es Heinz-Günter Wittmann in Tübingen, der Mutationen der TMV-RNA mit Aminosäureaustauschen des Hüllproteins zu korrelieren versuchte.

Ein anderer, und schließlich erfolgreicher, Weg wurde von Wissenschaftlern beschritten, die ein System für die *in-vitro*-Synthese von Proteinen entwickelten. Paul Zamecnik und Mahlon Hoagland vom Massachusetts General Hospital identifizierten die **Aminosäure-Adenylate** (aktivierte Aminosäuren) als Stufe zwischen den freien Aminosäuren und den Proteinen (Hoagland et al. 1957). Zamecnik fand eine kurze, lösliche RNA (s-RNA), die in dem zellfreien *in-vitro*-System vorhanden war und mit den Aminosäuren eine Verbindung einging. Diese **Transfer-(t)RNA** hat eine zentrale Funktion bei der Übersetzung des RNA-Codes in die Sprache der Proteine, denn sie dirigiert die richtigen Aminosäuren an die von der **Messenger-(m)RNA** vorgegebene Position. tRNAs bestehen aus etwa 80 Nukleotiden, von denen einige eine ungewöhnliche Struktur haben wie Pseudouridin, Dihydrouridin, Methylguanosin u. a. Alle tRNAs haben zwei besondere Strukturelemente: Sie besitzen eine spezifische Dreiergruppe von Nukleotiden, den **Anticode**, der mit der komplementären Sequenz von Nukleotidtripletts auf der mRNA eine Wasserstoffbrückenbindung bildet. Außerdem hat die tRNA am 3′-Ende die Nukleotide CCA. An die OH-Gruppe der Ribose des letzten Nukleotids wird die spezifische Aminosäure durch Esterbindung mittels einer Aminoacyl-tRNA-Synthetase unter ATP-Verbrauch gebunden. Diese Enzyme sind entscheidend für die Genauigkeit der **Translation**, also der Übersetzung der genetischen Information in die Aminosäuresequenz der Proteine. Sie müssen eine Aminosäure und die passende tRNA erkennen und verknüpfen. Mit den experimentellen Mitteln dieser Zeit war es sehr schwierig, die Sequenz des Codeworts für die spezifische Aminosäure zu entziffern. Es brauchte acht Jahre, um die Sequenz der für Alanin spezifischen tRNA zu bestimmen (Holley et al. 1965). Die Länge der Zeit und die Beteiligung zahlreicher Mitarbeiter zeigen, dass die Beschreitung neuer Wege, hier die Sequenzierung von Nukleinsäuren und die Erforschung der Translation, viele Irrwege einschließt und viel Zeit braucht. Für die Aufklärung war die Methodenentwicklung genauso wichtig wie die Denkansätze für die Durchführung der Experimente.

10.7.1 Genkartierung und zellfreie Proteinsynthese

Von einem anderen Ausgangspunkt näherten sich François Jacob und Jaques Monod dem Thema des genetischen Codes. Monod hatte sich mit der Anpassung von *E. coli* an wechselnde Nahrungsquellen befasst. Seine Modellsubstanz war der Zucker Laktose. Zunächst vermutete er eine Art immunologischer Instruktion durch das Substrat. Begrifflich wandelte sich in den fünfziger Jahren seine Vorstellung von einer Enzym-Adaptation zu einer Enzym-Induktion, also einer genetischen Kontrolle der Enzymsynthese. Mitte der fünfziger Jahre konnten Monod und Georges Cohen drei Gene für den Laktoseabbau identifizieren, das *Y*-Gen für eine Permease des Laktosetransports, das *Z*-Gen für die zuckerabbauende *beta*-Galaktosidase und den *I*-Faktor für die Induktion des Systems.

Jacob begann 1950 in Zusammenarbeit mit Elie Wollman, der am Caltech in der Delbrück Gruppe an Phagen gearbeitet hatte, im Labor von André Lwoff am Institut Pasteur in Paris über Lysogenie zu arbeiten. Wir erinnern uns: der lysogene Phage λ wird in das Chromosom von *E. coli* integriert und mit diesem vermehrt. Beim Ausschneiden der Phagen-DNA können benachbarte Gene mit übertragen werden. Jacob und Wollman verwendeten den gleichen Stamm K12 von *E. coli*, mit dem Lederberg und Hayes schon erfolgreich Konjugation und Transduktion untersucht hatten. Sie benutzten einen Trick, um zu einer Genkartierung zu kommen. Sie unterbrachen den Konjugationsvorgang mechanisch durch Behandlung in einem Mixer. So konnte die lineare Übertragung von Merkmalen auf dem Genom zeitlich aufgelöst werden, vorausgesetzt, dass der Prozess der DNA-Übertragung immer vom gleichen Ausgangspunkt startet. Die Einteilung wurde nach der Zahl der Minuten vorgenommen, die ein Merkmal braucht, um vom Donor auf den Rezipienten übertragen zu werden. Das Gen für β-Galactosidase lag bei 25 Minuten, das Gen für den Phagen λ bei 26 Minuten (Jacob u. Wollman 1958).

Aufgrund ihrer eigenen Experimente und den Arbeiten in anderen Laboratorien begann eine Zusammenarbeit zwischen Monod, Jacob und Arthur Pardee, aus denen ein erstes Modell zur Regulation der Genexpression hervorging, an dem eine kurzlebige RNA beteiligt war, die die Information für die Enzymsynthese trug und **Messenger- oder Boten-RNA** genannt wurde. Diese These blieb zunächst unbeachtet. Da sich aber von verschiedenen Seiten ähnliche Vorstellungen entwickelten, gewann die Theorie an Gewicht. In dieser Zeit wurde auch bei höheren Organismen ein **zellfreies** Proteinsynthesesystem aus der so genannten Mikrosomenfraktion entwickelt. Diese bestand aus dem endoplasmatischen Retikulum und den Ribosomen, mit einem relativ stabilen eingebauten RNA-Template (Rheinberger 2000). Beide Systeme, das bakterielle und das eukaryotische, waren so verschieden, dass man ihre Gemeinsamkeiten nicht erkannte.

Aufgrund einer Einladung konnte dann am California Institute of Technology das folgende wichtige Experiment durchgeführt werden: Nach Markierung der Ribosomen mit schweren Isotopen und Infektion der Zellen mit virulenten Phagen in Gegenwart radioaktiver Isotope konnte gezeigt werden, dass die von der Phagen-DNA abgeschriebene Phagen-Messenger-RNA sich an die Ribosomen heftet und die Information für die Reihenfolge der Aminosäuren in der Messenger-RNA enthalten ist (Brenner et al. 1961). Marshall Nirenberg und Heinrich Matthaei gelang es 1961, mit einem zellfreien *E. coli*-System ein spezifisches Protein zu synthetisieren. Dieses *E. coli*-System baute radioaktive Aminosäuren wesentlich besser ein als das zellfreie System aus Leberzellen. Die Versuche zur Optimierung des zellfreien *E. coli*-Systems wurden anschaulich von Rudolf Hausmann (1995) beschrieben. Nirenberg und Matthaei benutzten als Messenger-RNA Homo- und Heteropolymere, beispielsweise Poly-Uridylsäure, die das Protein Polyphenylalanin kodiert.

Für die Entzifferung der weiteren Codewörter für Aminosäuren diente der **Triplett-Bindungsassay** von Philip Leder u. Nirenberg. Nach der von Leon Heppel entwickelten Methode wurden definierte Trinukleotide chemisch synthetisiert und in einem *in-vitro*-System aus Ribosomen, ATP, aktivierten, radioaktiv markierten Aminosäuren und tRNA eingesetzt. So konnte die genaue Reihenfolge der Nukleotide im Basen-Triplett bestimmt und der Einbau einer spezifischen Aminosäure ermittelt werden. Die mit ^{14}C-Aminosäure-beladene tRNA wurde durch ein Nitrocellulosefilter von den Ribosomen abgetrennt.

Neben Nirenberg war es vor allem Severo Ochoa mit seinen Mitarbeitern in New York, die mit synthetischen Polynukleotiden zur Aufklärung des genetischen Codes beitrugen. So erlaubte das Polymer 5′-UCUCUCUC-3′ den Einbau von Serin und Leucin. Im Trinukleotidbindungstest von Nirenberg und Leder band UCU die beladene Seryl-tRNA an das Ribosom, CUC war Leucin-spezifisch. Wurde Poly-UAC benutzt (5′…UACUACUACUAC…3′), so wurde von den zugegebenen Aminosäuren Tyrosin, Threonin und Leucin eingebaut. Das entsprach dem Lesen im Raster UAC für Tyrosin, ACU für Threonin und CUA für Leucin. Khorana und Mitarbeiter fanden 1966 heraus, dass die Triplets UAG und UAA nicht in Aminosäuren übersetzt wurden. Man bezeichnete sie daher als Unsinn-Codons. Sie wurden später Terminator-Codons genannt, weil sie zum Abbruch der Synthese einer Peptidkette führen (Hausmann 1995, S. 112).

Die vergleichende Analyse verschiedener Gene und Genome und ihrer Proteinprodukte ergab, **dass der genetische Code degeneriert und universal** ist. Er ist degeneriert, weil in der Regel eine Aminosäure durch mehrere Codewörter bestimmt werden kann, beispielsweise Arginin durch CGU, CGA, CGC, CGG, AGA, AGG. Andere Aminosäuren werden durch ein bis vier Triplets repräsentiert: so wird Methionin durch AUG bestimmt, das zugleich als Startcodon für eine Peptidkette dient. UAA, UAG, und UGA sind Terminator- oder Stoppcodons. **Der genetische Code ist universal**, weil er für alle Organismen gilt; allerdings werden die verschiedenen Codewörter für eine Aminosäure von den Organismen mit unterschiedlicher Häufigkeit benutzt. Die *in-vitro*-Versuche von Khorana konnten aber noch nicht die Verhältnisse in der lebenden Zelle erklären, weil in seinem System die Synthese der Peptide irgendwo auf der Polynukleotidkette begann. *In-vivo* musste es aber Initiationsstellen geben. Es wurde erkannt, dass ein sehr großer Teil der *E. coli*-Proteine mit Methionin beginnt.

In den folgenden Jahren wurden die Beziehungen zwischen mRNA, tRNA und Ribosomen geklärt, und es entstanden die Begriffe **Transkription** für das Ablesen der genetischen Codewörter von der DNA in die mRNA, und **Translation** für die

Übersetzung der Sprache der mRNA in die Sprache der Aminosäuresequenz der sich bildenden Proteine an den Ribosomen. Vor der Bindung der Aminosäure (AS) an die spezifische tRNA wird die Aminosäure aktiviert zu **Aminoacyladenylat** (AS-AMP). Die Aufklärung des **genetischen Codes** ist noch nicht abgeschlossen. Für die ribosomale Proteinsynthese werden 20 Sätze von **Aminoacyl-tRNAs** benötigt – eine für jede der klassischen Aminosäuren. Es wurde allgemein angenommen, dass bei allen Organismen 20 Aminoacyl-tRNA-Synthetasen vorhanden sind, für jede spezifische Aminosäure ein Enzym, das die Aminosäuren an die tRNA bindet. Die Sequenzierung vieler Bakteriengenome hat aber gezeigt, dass eine große Vielfalt bei der Aminoacyl-tRNA-Bildung besteht. Weitere Aminosäuren sind hinzugekommen – beispielsweise das Selenocystein. Es besteht auch eine Vielfalt an Biosynthesewegen. So gibt es verschiedene tRNA-abhängige Amidotransferasen. Die trimere GAT-Aminoacyl-tRNA-Amidotransferase katalysiert die Amidierung von Aspartat-tRNA^{Asn} und/oder Glu-tRNA^{Glu} zu Asn-tRNA^{Asn} und/oder Gln-tRNA^{Gln}. Selenocystein wird auch an einer spezifischen tRNA gebildet. In den drei Reichen, Bacteria, Archaea und Eukarya, bestehen verschiedene Wege und Enzyme für die Bildung und Funktion der Aminoacyl-tRNA Synthetasen und -Amidotransferasen.

Das war vielleicht für viele eine etwas verwirrende Menge an Ergebnissen. Aber die wichtige Botschaft aus allen diesen Detailuntersuchungen lautet: **Die in der DNA verschlüsselte Information wird über mehrere Zwischenschritte, mRNA, tRNA, an den Ribosomen in die Proteinketten übersetzt.** Die DNA hat aber noch viele weitere Informationen gespeichert. Sie bestimmt die Zusammensetzung der ribosomalen RNA, sie enthält viele Sequenzen, die nicht in Proteine übersetzt werden, sondern der Regulation des Stoffwechsels dienen.

10.8   Die molekulare Biologie der Zelle

Das gegen Ende des 20. Jahrhunderts exponentiell angewachsene Wissen erlaubt es nicht mehr, dem einzelnen Forscher über die Schulter zu schauen, um die Versuchsansätze, Erfolge und Misserfolge sowie den Verlauf der Entdeckungen im Einzelnen nachzuvollziehen. Daher sollen im folgenden Text nur die Fortschritte auf einigen Gebieten der molekularen Biologie besprochen werden.

Die Entzifferung des genetischen Codes, also die Bestimmung der Sequenz der Basen auf der DNA und die darin gespeicherte Information, sowie die auf der Basis dieser Erkenntnisse entwickelten neuen Methoden, eröffneten ein ganz neues Feld der Zellbiologie, zunächst das der Bakterien. Es wurde möglich, Fragen nach der Anordnung der genetischen Information auf dem Genom und ihrer Umsetzung in Aminosäuresequenzen der Proteine zu stellen und die Regulation der Genexpression und damit die des Stoffwechsels und der Zelldifferenzierung zu untersuchen. Wie reagiert die Bakterienzelle auf die Signale der Umwelt, und wie können Bakterien sich an die ständig ändernden Umweltbedingungen anpassen? Diese und viele andere Fragestellungen wurden in den folgenden Jahrzehnten von einer wachsenden Zahl von Forschern vor allem in den USA, in Europa und Japan bearbeitet und ergaben ein völlig neues und faszinierendes Bild vom Geschehen in einer lebenden Bakterienzelle.

Zunächst konzentrierte sich die Forschung auf *Escherichia coli* als Modellsystem, weil die rasche Generationsfolge (eine Zellteilung kann unter günstigen Laborbedingungen in weniger als 30 Minuten erfolgen), die große Zahl der hergestellten Mutanten und die an diesem Organismus entwickelten molekulargenetischen Methoden eine rasche Aufklärung der Fragestellungen erlaubten. Später wurden auch andere Mikroorganismen untersucht und die entwickelten Methoden benutzt, um auch die Zellen und Gewebe höherer Organismen zu studieren. Heute verfügen wir über eine große Anzahl von vollständig sequenzierten Genomen, die in so genannten Genbanken hinterlegt wurden und jedem Forscher zur Verfügung stehen. Die Entwicklung von Methoden zur Sequenzierung der Nukleinsäuren brauchte etwa 30 Jahre von der ersten Sequenzierung der tRNA^{Ala} durch Robert Holley (1965), der Entwicklung der Kettenabbruchmethode durch Frederic Sanger in den späten 1970er Jahren bis zur ersten Totalsequenz des Bakteriums *Haemophilus influencae*, das Entzündungen des Respirationstraktes und verschiedene Formen der Sepsis hervorruft, im Jahre 1995. Die Entwicklung der Sequenzierungsmethoden ist auch heute noch nicht abgeschlossen. Die Sequenzierung geht immer schneller und wird kostengünstiger, erfordert aber einen hohen Aufwand an Automaten und Computersoftware, um die Sequenzen kleiner Bruchstücke zusammenzufügen und auszuwerten.

10.8.1   Genomsequenzen

Heute verfügen wir über etwa 600 vollständig sequenzierte bakterielle Genome. Neben der Sequenzierung von Einzelgenomen von Bakterien, die als Krankheitserreger oder durch ihre biochemischen Leistungen das Interesse der Forscher erregt haben, werden auch **Metagenome** sequenziert. Diese bestehen aus einer Mischung von mikrobieller DNA, die aus einer Standortprobe, z. B. Meerwasser, isoliert wurde und eine große Zahl unkultivierbarer Mikroorganismen enthält. Etwa 1.400 **Genome von unkultivierbaren Bakterien** werden zurzeit sequenziert (Medini et al. 2008; Achtman u. Wagner 2008). Die Größe eines bakteriellen Genoms beträgt etwa 3–4 Mbp (*M* mega; *Mbp* Millionen Basenpaare). Das kleinste bisher gefundene Genom hat nur 0,16 Mbp (*Candidatus carsonella*), das größte 10 Mbp DNA (*Solibacter usitatus*; Medini et al. 2008). Mit dem gewaltigen Anstieg der Zahl sequenzierter bakterieller Genome erkannte man die außerordentliche Komplexität und Verschiedenartigkeit des mikrobiellen Genpools.

Die meisten Bakterien besitzen ein einzelnes, kovalent geschlossenes, ringförmiges **Chromosom** aus doppelsträngiger DNA. Einzelne Bakterien haben zwei Chromosome oder auch lineare Chromosome. Zusätzliche Erbinformationen können auch auf Plasmiden lokalisiert sein. **Plasmide** sind extrachromosomale, zirkuläre oder lineare, fast immer doppelsträngige DNA-Moleküle, die aus 1 bis mehr als

1.000 **kbp** (Kilobasenpaare) bestehen, zum Teil auf andere Zellen übertragbar sind und in der Regel nicht für Gene des zentralen Stoffwechsels, sondern für fakultative Stoffwechselleistungen kodieren, so für die Aufnahme und den Abbau spezieller Substrate oder für Antibiotikaresistenz. Plasmide können auch Informationen für die symbiontische und die pathogene Wechselwirkung zwischen Bakterien und höheren Organismen enthalten und diese Eigenschaft auf Artgenossen oder andere Bakterien übertragen. So gibt es neben den harmlosen *E. coli*-Stämmen solche, die Infektionen des Darmes oder der harnableitenden Wege hervorrufen. Die Virulenzgene können von einer Zelle auf eine andere übertragen und in das Empfänger Genom integriert werden. Diese so genannten **Pathogenitätsinseln** sind im Genom an ihrer Struktur erkenn- und identifizierbar. Die Aufklärung ihrer Struktur und Funktion erlaubt es, das komplexe Wechselspiel zwischen Wirt und Parasit zu untersuchen und auf der Basis dieses Wissens Strategien für die Bekämpfung der pathogenen Bakterien zu entwickeln.

Seit Beginn der molekularbiologischen Forschung und der Anwendung des Elektronenmikroskops in den 70er und 80er Jahren des 20. Jahrhunderts unterschied man die als Prokaryoten bezeichneten Zellen der Bakterien von den Zellen der Eukaryoten, also den höheren, meist vielzelligen Organismen. Die Prokaryoten sind Einzeller oder aus wenigen Zellen bestehende Zellverbände, die keinen Zellkern, keine Zellorganellen und keine zellulären Strukturen, sondern nur äquivalente Strukturen enthalten. Man vermutete daher anfänglich, dass sie gewissermaßen nur aus einem Sack voller Enzyme und anderer Zellbestandteile bestehen. Inzwischen hat man aber gelernt, dass Bakterien hoch organisiert sind und fast alle Funktionen und analoge Strukturen ausbilden, die auch bei höheren Organismen vorkommen. Wahrscheinlich sind sehr viele zelluläre Grundfunktionen im Laufe der langen, etwa 3,7 Milliarden Jahre andauernden Evolution von den Bakterien entwickelt und später in die Zelle der Eukaryoten übertragen und in ihr modifiziert worden.

10.8.2 Struktur und Teilung des bakteriellen Chromosoms

Das Chromosom der Bakterien besteht, wie bei den Eukaryoten, aus einem Doppelstrang DNA, auf dem etwa 4 Millionen Basenpaare (bp) gegenläufig und komplementär angeordnet sind. Zum Vergleich: Virusgenome enthalten 10^4–10^6 b(p), Bakterien 10^6–10^7 bp, Pilze 10^7–10^8 bp, Tiere und Pflanzen 10^9–10^{10} bp DNA verteilt auf mehrere Chromosomen. Bei allen Organismen sind im DNA-Doppelstrang jeweils die Basen Guanin (G) und Cytosin (C) sowie Adenin (A) und Thymin (T) durch Wasserstoffbrücken paarweise verbunden. Die DNA-Stränge sind helikal gewunden und überspiralisiert. Bei Bakterien wird dieses Knäuel aus einem etwa 1,3 mm langen Faden mit Hilfe von Proteinen hoch kondensiert und geordnet. Es bildet ein **Nukleoid**, also eine kernähnliche Struktur, die aber nicht durch eine Kernmembran vom Cytoplasma abgegrenzt ist. An die DNA sind zahlreiche Proteine gebunden, die an der Replikation, Transkription, Translation, Kondensation und

Teilung des Nukleoids beteiligt sind. Die Domänen der Superhelix werden durch Histon-ähnliche Proteine stabilisiert.

Die Replikation, also die Verdopplung des Erbgutes, und die Verteilung der Tochternukleoide auf die neuen Zellen vor ihrer Teilung werden bei den Bakterien streng reguliert (Abb. 10.4, 10.5). Vor der **Teilung** der Bakterienzelle wird durch einen dynamischen Prozess polar oszillierender, assemblierender und disassemblierender Min Proteine die Zellmitte bestimmt, dort wo der **Zellteilungsapparat**, der sich aus vielen Proteinen zusammensetzt, lokalisiert ist. Das Tubulin-Homologon FtsZ ist für die Zellteilung mit verantwortlich. Koordiniert mit der Zellteilung wird die bakterielle DNA aus dem durch Kondensine, Topoisomerasen und DNA-bindende Proteine hoch kondensierten Zustand lokal in eine entspannte Form überführt, repliziert und auf die Tochterzellen verteilt. Actin-ähnliche Proteine bilden eine Spindelstruktur, die eine Segregation der Nukleoide bewirken (Graumann 2008; Defeu Soufo et al. 2008).

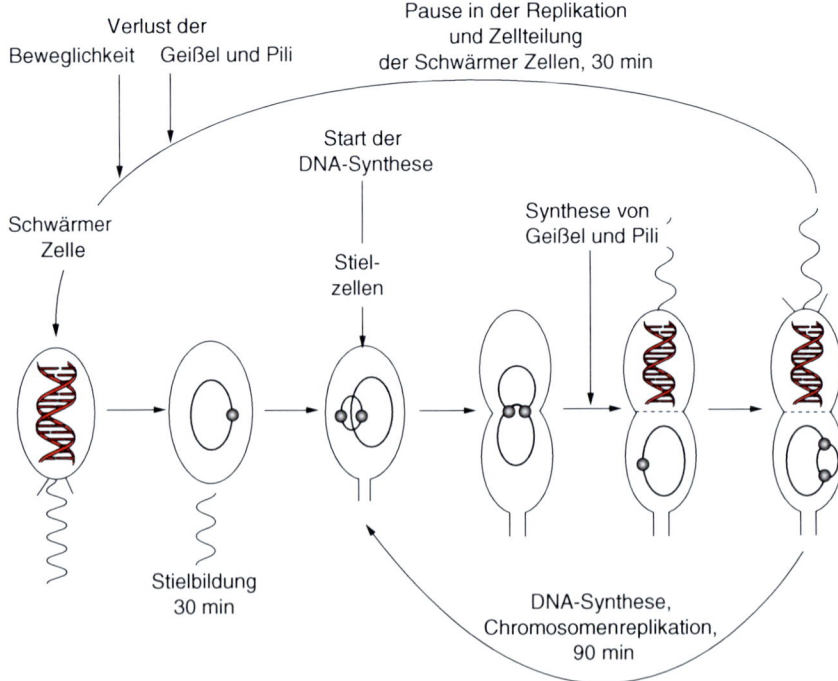

Abb. 10.5 *Caulobacter crescentus*, Zellzyklus-abhängige Differenzierung in Schwärmer- und Stielzellen. Nach Teilung des Kernäquivalents (Nukleoid) (*rot*) und Zellteilung kann die Stielzelle sofort mit einem neuen Zellzyklus beginnen. Die Schwärmerzelle hat eine Pause in der Replikation. Erst nach Abwurf der Geißel und Entspannung des kondensierten Nukleoids sowie Beginn der Stielbildung erfolgen Replikation und Teilung des Nukleoids und der Zelle.

10.8.3 Cytoplasmatische Membran und Cytoskelett

Bakterien besitzen **Cytoskelett**strukturen, die zu den Mikrotubuli, Mikrofilamenten und Intermediärfilamenten der Eukaryoten homolog sind. Sie sind an den Prozessen der Bewegung und Zelldifferenzierung beteiligt. Bei dem Bakterium *Caulobacter crescentus* entsteht vor der Zellteilung an einem Zellpol ein stielartiger Fortsatz, mit dem sich die Tochterzelle nach der Teilung an einer Oberfläche festsetzen kann. Am anderen Zellpol wird eine Geißel gebildet, mit der sich die Zelle nach der Teilung fortbewegt und eine neue Umgebung aufsucht (Abb. 10.5). Die beiden neu entstandenen Zellen, mit Geißel bzw. Zellfortsatz, sind unterschiedlich programmiert. Die begeißelte Zelle wirft nach einiger Zeit des Schwärmens die Geißel ab. Am ehemaligen Geißelpol wird ein Stiel gebildet und die Teilung des Chromosoms eingeleitet. In der Stielzelle können Chromosomen- und Zellteilung sofort einsetzen. Bei Bazillen wird am Ende der Wachstumsphase in einer Zellhälfte eine Spore gebildet, die ein Überdauern unter extremen Bedingungen ermöglicht.

Wie bei allen Organismen wird bei den Bakterien der Protoplast durch die **cytoplasmatische Membran** (CM) nach außen abgegrenzt. Diese besteht aus einer Doppelschicht von Phospholipiden, deren Fettsäureketten nach innen und die Phosphorester nach außen gerichtet sind. Die CM ist für die meisten Stoffe undurchlässig. Daher befinden sich in der CM Proteine, die für den Export und Import von Stoffen in die und aus der Zelle zuständig sind. Diese Transportsysteme sind meist komplexe und hoch spezifische Strukturen, die ihre Substrate erkennen und ihren Einbau in die CM oder die Zellwand vermitteln, oder die Stoffe nach außen transportieren bzw. in die Zelle aufnehmen. Es gibt verschiedene Transportmechanismen. Gase wie Sauerstoff und kleine Moleküle wie Wasser können durch Diffusion in die Zelle gelangen. Gramnegative Bakterien wie *Escherichia coli* besitzen außerhalb der CM das Stützkorsett des Mureinsacculus, das aus Glycopeptiden besteht, und die so genannte äußere Membran (OM), die asymmetrisch aus einer Phospholipidinnenschicht und einer Außenschicht aus Lipopolysaccharid zusammengesetzt ist (Abb. 10.6). Um diese Transportbarriere der äußeren Membran für gelöste Stoffe passierbar zu machen, sind Porine und Anteile von Transportsystemen eingelagert. Porine sind Kanäle, die den passiven Transport von gelösten Stoffen erlauben. Die Mechanismen des Transportes durch die CM richten sich nach Größe, Ladung und spezifischer Struktur des zu transportierenden Stoffes. Die treibende Kraft für den **Transport** eines Stoffes können der durch die Atmungskette erzeugte Protonengradient, oder andere, durch Stoffgradienten bereitgestellte, elektrochemische Potentiale sein. Im Antiport wird ein Substrat, z. B. Malat, aufgenommen und im Gegenzug Laktat exportiert.

In der CM sind auch die Enzyme der Atmungskette (Kap. 6.4.2), sowie Verankerung und Motor von Geißeln und starren Fortsätzen mit unterschiedlichen Funktionen (Pili, Fimbrien, Stiele) eingelagert. Auch Sensoren, die Signale aus der Umwelt verarbeiten, und Proteine, die für synthetische Prozesse im Periplasma und der Zellwand verantwortlich sind, haben in der CM ihren Sitz. Aufgrund von Untersuchungen an künstlichen Lipidfilmen wurde früher angenommen, dass Proteine in dem Lipidfilm der Membran lateral frei beweglich sind. Heute weiß man, dass viele membrangebundene Funktionskomplexe in der Zelle streng lokalisiert sind, so z. B.

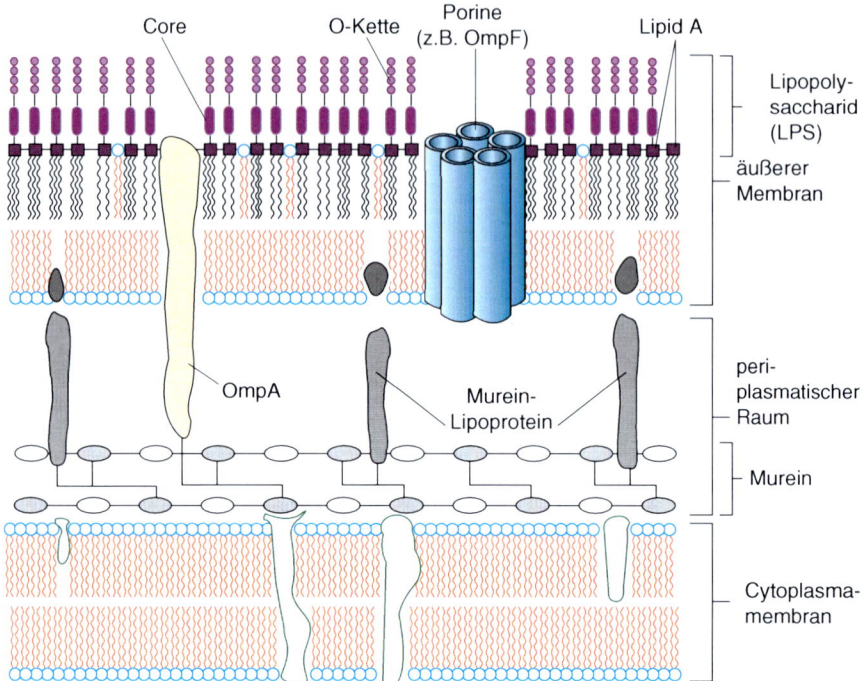

Abb. 10.6 Cytoplasmatische Membran, Mureinsacculus und äußere Membran bei gramnegativen Bakterien.

polar angeordnete Geißeln und Zellstiele oder der für die Zellteilung verantwortliche Zellteilungsapparat. Meistens sind diese Strukturen auch von einem speziellen Lipidgemisch (*lipid raft*) umgeben.

10.9   Der Begriff der Spezies und die Sexualität bei Bakterien

Zunächst glaubte man, mit der Genomsequenz eines Vertreters einer Art ausreichend Informationen über diesen Organismus zu haben. Es stellte sich aber heraus, dass z. B. von drei *E. coli*-Stämmen nur 39% der Gene in allen drei Stämmen vorhanden waren. Von Art zu Art war die Variabilität der Genome sehr unterschiedlich, aber immer relativ hoch. Aus dieser Erkenntnis entstanden die Fragen nach den Ursachen der großen Verschiedenartigkeit und einer Neudefinition des Artbegriffs bei Bakterien.

Bei höheren Organismen mit geschlechtlicher Fortpflanzung ist die Art durch eine Abstammungsbande zwischen Eltern und Nachkommen gekennzeichnet. Bei zweigeschlechtlichen Organismen kann die Art als eine geschlossene Fortpflanzungsgemeinschaft definiert werden. Vielfach bestehen prä- und postzygotische

Barrieren zwischen den eukaryotischen Spezies. *Prokaryoten kennen keine sexuelle Fortpflanzung wie bei den Eukaryoten.* Sie besitzen aber verschiedene Mechanismen, um genetisches Material auch über Artgrenzen auszutauschen. So kann DNA von einer Zelle auf eine andere Zelle nach Herstellung eines direkten Kontaktes übertragen und in der Empfängerzelle durch Rekombination mit der eigenen DNA in das Erbgut eingebaut werden. Dieser Vorgang wird als **Konjugation** bezeichnet. Er ist bestimmten Bedingungen unterworfen und wird von einer großen Anzahl von Proteinen bewerkstelligt. DNA kann auch durch Phagen übertragen werden (**Transduktion**). Kürzlich wurde in einem Cyanophagen-Genom eine Kassette für die Photosystem I-Gene entdeckt (Sharon et al. 2009). Die sieben Genprodukte sind theoretisch in der Lage, einen vollständigen PSI-Komplex zu bilden. Auch PSII-Gene wurden bei marinen Cyanophagen entdeckt. Da Cyanophagen häufig in marinen Habitaten vorkommen, ist anzunehmen, dass Cyanophagen innerhalb der Populationen von *Synechococcus* und *Prochlorococcus* eine wichtige Rolle bei Transduktion von Merkmalen ausüben. Bakterienzellen können, wenn sie einen kompetenten Status erreicht haben, DNA sowohl ausschleusen als auch direkt aufnehmen und in ihr Genom integrieren (**Transformation**). Neben der direkten Weitergabe des Erbgutes von einer Generation auf die nächste und der Veränderung des Erbgutes durch Mutation und Rekombination ist bei den Bakterien der so genannte **horizontaler Gentransport** zwischen Zellen unterschiedlicher Arten für die Mischung des Erbgutes im Genpool einer Population von großer Bedeutung (Drews 2006). So genannte **springende oder mobile Gene**, das sind kurze DNA-Abschnitte, die innerhalb des Genoms ausgeschnitten und an anderer Stelle wieder eingefügt werden, können die Expression von Genen oder die Gene selber wie bei einer Mutation verändern. Allerdings sind der Übertragung von Genen und ihrem Einbau in das fremde Genom Grenzen gesetzt, so dass trotz hoher Variabilität Artgrenzen bestehen. Alle Bakterien haben Mechanismen entwickelt, um die Aufnahme und den Einbau von Fremd-DNA in das eigene Chromosom zu verhindern. Der Erhalt des Genpools einer Art und das Entstehen neuer Arten, also die Evolution der Arten, werden zum einen durch die geschilderten genetischen Mechanismen und zum anderen durch die Selektion mittels ökologischer Faktoren bestimmt.

10.9.1   Methoden der Klassifizierung von Bakterien

Bei dem Vergleich zahlreicher DNA-Sequenzen erwies sich die 16S-ribosomale (r)RNA als ein sehr konservatives und stabiles Molekül, das daher für die Bestimmung der Phylogenie der Bakterien, also ihrer Abstammung, Verwendung finden konnte. (S steht für Svedberg-Einheiten bei der Sedimentation in der Ultrazentrifuge und ist ein Maß für die Größe der Nukleinsäure). Die 16S-rRNA-Sequenzen besitzen aber nicht genügend Auflösung für die Trennung von Arten. Aber 98% Sequenzidentität der 16S-rRNA zwischen zwei Stämmen ist wohl ein Merkmal für die Zuordnung zu einer Art. Eine viel verwendete Definition für das Spezieskonzept war das Ergebnis von reziproken DNA-**Reassoziationswerten** von

≥70% bei DNA-DNA-Hybridisierungsexperimenten und Unterschieden bei der Schmelzpunkttemperatur von ≤5°C (Achtman u. Wagner 2008).

Der Schmelzpunkt einer Doppelstrang-DNA hängt vom G/C-Gehalt ab. Wir erinnern uns, zwischen den G≡C Molekülen des DNA-Doppelstranges besteht eine Dreifachbindung, zwischen A=T nur eine Doppelbindung. Die thermische Trennung der Dreifachbindung erfordert eine höhere Energie als die Trennung der Doppelbindung. Der G/C-Gehalt kann bei Bakterien erheblich zwischen 30 und 70% variieren. Bei der Hybridisierung wird der Grad der Reassoziation von DNA-Einzelsträngen untersucht, das heißt, der Paarung zwischen den Einzelsträngen nach Denaturierung aufgrund der verwandten Basensequenzen. So hybridisiert z. B. G-C-A-T-T-A-A-G-A mit C-G-T-A-A-T-T-C-T vollständig. Die Stärke der Hybridisierung hängt von dem Grad der Identität der Sequenzen in den Einzelsträngen ab. Verschiedene Arten sind durch genetische Abstände getrennt, die als Barrieren bei der homologen Rekombination wirken können.

Bei allen Arten gibt es im Genom einen relativ stabilen Kernbereich, der für die Replikation, Transkription und Translation sowie den zentralen Stoffwechsel verantwortlich ist. Verlust oder wesentliche Veränderungen dieses Bereiches wirken sich meist letal aus. Dagegen können Gene für den Transport und den Stoffwechsel spezieller Substrate, die Resistenz gegen Antibiotika oder Gene für Virulenzfaktoren leicht durch den horizontalen Gentransfer in andere Organismen übertragen werden. Subtypen von Arten können sich in verschiedenen Habitaten oder Wirten in Anpassung an ihre Umgebung entwickeln. Man bezeichnet solche Gruppen von Organismen, die einer Art zuzuordnen sind, sich aber deutlich voneinander unterscheiden, als Metapopulationen.

Natürliche Arten sind Organismen, die sich durch eine Gruppe kohäsiver Eigenschaften gegen andere Arten abgrenzen. Die Variationsbreite innerhalb einer Art kann sehr verschieden sein. Für die Abgrenzung von Spezies werden die genannten Hybridisierungs- und Schmelzpunktwerte herangezogen. Diese sind aber nicht ausreichend, um eine neue Art zu definieren. Neben diesen Kriterien sollten DNA-Sequenzen mehrerer Stämme aus verschiedenen Habitaten und eine genaue Beschreibung der morphologischen, biochemischen und physiologischen Merkmale und deren Abgrenzung sowie die Modularität, d. h. die Gruppierung von Genmodulen, gegenüber ähnlichen Arten herangezogen werden. Die Adaptation der Mitglieder einer Art an verschiedene Habitate, oder innerhalb eines Habitats an unterschiedliche ökologische Bedingungen, also andere Nahrungsstoffe oder unterschiedliche Konkurrenzbedingungen zu anderen Mikroben, können zu Subtypen einer Art und schließlich zu neuen Arten führen (Fraser et al. 2009).

10.9.2   *Genomorganisation und Expression*

Zunächst konzentrierte sich die Forschung auf die Identifizierung der Information der einzelnen Gene, für welche Proteine sie kodieren, welche Funktion diese Proteine haben und wie sie angeordnet sind. Es stellte sich heraus, dass bei den Bakterien die Gene von Funktionsgruppen, so die Gene der Enzyme für die Synthese einer bestimmten Aminosäure, oder für den Abbau eines Zuckers, in so genannten Operonstrukturen zusammengefasst sind, und ihre Transkription gemeinsam aktiviert oder gehemmt wird. Das **Operon** oder auch ein einzelnes Gen besitzt am Anfang eine Promoterstruktur: das ist eine DNA Sequenz, an welche die RNA-Polymerase bindet, und die als Initiator und Startpunkt der Transkription dient. Sie bestimmt die Rate der Transkriptionsinitiation. Es folgt eine Operatorstruktur, an die der Repressor binden kann und die Transkription blockiert. Das Gen für den Repressor liegt außerhalb des Operons. Die positive Kontrolle der Transkription kann auf verschiedene Weise erfolgen. Vor der RNA-Polymerasebindungstelle liegt die **Repressor- oder Aktivator-Region**, an die kleine Effektorproteine binden und somit Transkriptionsstart und -geschwindigkeit bestimmen. Durch Wechselwirkung zwischen Effektorproteinen und Repressor oder Aktivator wird die Rate der Transkription fein reguliert. Die Leader-Region kann regulativ wirken oder über die Leader-mRNA, die vor dem ersten Cistron liegt, ein Leader-Protein kodieren. Mechanismen und Evolution der Transkriptionsregulation sind heute in ihren vielen Elementen und Mechanismen gut untersucht. Eine ausführliche Darstellung wurde kürzlich veröffentlicht (van Hijum et al. 2009). Es folgen die Cistronen, also der Text für die Herstellung eines Proteins, die Ribosomen-Bindungstelle, die DNA-Kontrollelemente sowie die Transkriptions- und Terminationssignale.

Bei der Untersuchung einer Art wird heute auch das **Transkriptom** untersucht. Das Transkriptom besteht aus der Summe der Transkripte, der Expression von mRNA und ihrer Regulation unter bestimmten Umweltbedingungen. Wie schon erwähnt, werden Transkripte, die zu einer Funktionseinheit gehören, als Operons gemeinsam unter der Regie einer Promotorstruktur exprimiert. Oft werden mehrere Operons koordiniert als ein **Regulon** von der DNA in mRNA abgeschrieben. Die Regulation der Expression der verschiedenen Operons wird durch ein **Regulationsnetzwerk** koordiniert, das dafür sorgt, die für den Stoffwechsel und das Wachstum notwendigen Enzyme, Strukturproteine und Regulationsfaktoren bereitzustellen, aber eine Überproduktion zu vermeiden. Bei der Regulation der Transkription spielen Modifikationen der DNA, wie Methylierung und Acetylierung, DNA-bindende Proteine und niedermolekulare Effektorproteine sowie kleine RNA-Moleküle eine Rolle. Alle vererbbaren und nicht vererbbaren Mechanismen, die die Genexpression regulieren, also Gene ein- und ausschalten, ohne die DNA-Sequenzen zu verändern, werden unter dem Begriff der **Epigenetik** zusammengefasst. Jede Zelle enthält ein charakteristisches Muster an Genaktivierungen und Genunterdrückungen, das sehr stark von Umweltfaktoren wie Nährstoffangebot, Temperatur, pH-Wert, Stressfaktoren und die Interaktionen mit den anderen Organismen am Standort beeinflusst wird. Epigenetische, von außen induzierte Veränderungen der Genexpression können an die Folgegeneration weiter gegeben werden.

Beispiel Arabinose-Operon. Die Gene für die Aufnahme von Arabinose in die Zelle und dessen Stoffwechsel liegen auf dem Arabinose-Operon (*araC*, *araB*, *araA* und *araD*); andere Arabinose-Gene wie *araFGHE*, für den Transport in die Zelle, liegen getrennt vom Arabinose-Operon auf dem Genom. Das AraC-Protein vermittelt die Information über das Fehlen oder Vorkommen von Arabinose in der Nährlösung. Bei Abwesenheit von Arabinose bindet ein Dimer von AraC an zwei spezifische Bindungsstellen (I_1 und O_2). Dadurch entsteht eine Schleifenstruktur der DNA, die verhindert, dass die RNA-Polymerase von den Promotoren p_c und p_{bad} aus die *ara*-Gene und *ara*C transkribieren kann. Die Expression der Arabinose-Gene wird reprimiert. Wenn die Konzentration von AraC stark abgesunken ist, kann *ara*C wieder transkribiert werden. AraC ist ein Autoregulator seiner eigenen Synthese. Bei Vorkommen von Arabinose im Medium bindet diese an AraC. Durch Bindung des Modulators Arabinose wird die Konformation von AraC allosterisch verändert, so dass der N-terminale Arm nicht mehr an die DNA-Bindungsstellen O_2 und I_1 sondern an die benachbarten DNA-Bindungsstellen I_1 und I_2 und auch an die RNA-Polymerase bindet. Dadurch wird der Promoter p_{bad} frei für die Transkription (Schleif 2002). Allosterie wird auch bei der Regulation von Enzymproteinen beobachtet (s. u.). Sie beruht bei AraC auf Änderung der Konformation an dem N-terminalen Arm, der an die DNA bindet.

10.9.3   Regulation des Stoffwechsels

Die Regulation des Stoffwechsels erfolgt nicht nur auf der Transkriptionsebene, sondern auch auf der Translationsebene, durch die Regulation der Lebenszeit der mRNA, durch RNA-bindende Proteine, kleine RNAs oder die Sekundärstruktur der RNA. Sehr wirksam ist auch die Regulation auf der Posttranslationsebene durch verschiedene Mechanismen bei der Regulation der **Enzymaktivität**. So wird z. B. die Menge einer Aminosäure in einer Zelle (*pool*, Größe) streng geregelt. Sobald der Verbrauch dieser speziellen Aminosäure für die Proteinsynthese geringer ist als die Produktion, wird durch einen Rückkopplungsmechanismus (*feedback*) das Schlüsselenzym für den Syntheseweg dieser Aminosäure gehemmt. Bei einer allosterischen Hemmung lagert sich der Effektor, in diesem Fall das Endprodukt, an die regulatorische Bindungsstelle des Enzyms an. Das hat eine Konformationsänderung des Enzymproteins und damit eine Änderung der Aktivität zur Folge. Bei einer kovalenten Modifikation wird das Enzym durch eine kovalente Bindung, z. B. eine Phosphorylierung, modifiziert, was zu einer Erhöhung oder einer Verringerung der Aktivität führen kann. Wenn der Bedarf für diese Aminosäure plötzlich sehr stark ansteigt, z. B. durch Übertragung eines in der Ruhephase befindlichen Bakteriums in ein Medium mit einem reichen Angebot an Substraten, wird auch die Synthese des Enzyms durch Erhöhung der Transkriptionsrate positiv stimuliert. Die zahlreichen Mechanismen der Regulation verschiedenster Aktivitäten in einer Bakterienzelle werden durch übergeordnete Netzwerke koordiniert, die man auf der Basis zahlreicher Messungen und mathematischer Modelle zu entschlüsseln versucht (Kim et al. 2009).

Jetzt wird vielleicht mancher, der mit der Materie nicht vertraut ist, vor der Stofffülle kapitulieren. Die einfache Botschaft lautet: In etwa drei Milliarden Jahren haben Bakterien gelernt, sich an eine Fülle der verschiedensten Bedingungen der Umwelt und ihrer Ressourcen anzupassen, und diese optimal auszunutzen. Die Mechanismen, die sie entwickelt haben, lassen sich trotz der ungeheuren Variationsbreite auf eine sehr begrenzte Zahl zurückführen. Es sind Module, die immer wieder neu kombiniert werden können. Die DNA ist die modulationsfähige Software, die anders als ein starres Computerprogramm immer wieder den veränderten Bedingungen durch Rekombination, durch mutationsabhängige Veränderungen und Neukombination, verursacht durch springende Gene, sowie Import und Export von Genmaterial, angepasst werden kann. Sie bestimmt durch eine begrenzte Menge an Regulationsmechanismen den Ablauf und die Kombination von Modulen des Energie- und Baustoffwechsels. Die Bakterien haben ihre „Erfahrungen" an die sich aus ihnen entwickelnden Eukaryoten weiter gegeben.

Kapitel 11
Die Verwandtschaft zwischen Bacteria, Archaea und Eukarya

Das 19. Jahrhundert brachte zwei fundamentale Erkenntnisse: die Zelle als Grundeinheit aller Organismen und die Abstammung aller Organismen von einer gemeinsamen Urform, aus der sich im Laufe der Evolution die Vielfalt der Organismen entwickelt hat. Diese Theorien entstanden fast ausschließlich durch Untersuchungen an lebenden und versteinerten höheren Pflanzen und Tieren. Bei den Mikroorganismen wurde ein Durchbruch in der Forschung erst erreicht, als Anreicherungskulturen und später, unter Koch und de Bary, Reinkulturen einzelner Arten auf festen Nährböden hergestellt werden konnten, um an ihnen die Eigenschaften des Stoffwechsels und der Pathogenität untersuchen zu können. Aus zahlreichen Beobachtungen erwuchs die Erkenntnis, dass in Anpassung an einen Wirt oder ein spezielles Habitat im Laufe der Evolution viele neue Arten mit unterschiedlichen physiologischen Eigenschaften entstanden. Vergleichende biochemische Untersuchungen im 20. Jahrhundert ergaben, dass allen Organismen einheitliche Prinzipien des Stoffwechsels und der stofflichen Zusammensetzung zugrunde liegen, die somit die Evolution der unterschiedlichsten Arten aus primitiven Vorläufern bestätigten.

Zelluläre Analysen zur Feinstruktur mit dem Elektronenmikroskop und biochemische Analysen führten zu der von Stanier und van Niel entwickelten Hypothese von zwei Hauptgruppen der Organismen, den **Prokaryoten** und den **Eukaryoten** (Stanier u. van Niel 1962). Die Prokaryoten (zu ihnen gehört die große Vielfalt der Bakterien) sind Einzeller, oder aus Einzellern zusammengesetzte Zellaggregate, die nicht die für Eukaryoten charakteristischen Zellorganellen wie den Membran-umhüllten Zellkern, Mitochondrien, Chloroplasten oder das endoplasmatische Retikulum ausbilden. Die Zellen der Prokaryoten sind meistens klein (Durchmesser 1–10 μm) und daher mit dem bloßen Auge unsichtbar. Sie können aber Aggregate bilden, die dann für das bloße Auge sichtbar werden, wie die Fruchtkörper der Myxobakterien. Die Eukaryoten bevölkern die für den Naturbeobachter sichtbare Welt: Tiere, Pflanzen, Algen, Pilze, Protozoen. Welche stammesgeschichtlichen Beziehungen bestehen zwischen Prokaryoten und Eukaryoten?

In den 1970er Jahren entdeckte Carl Woese die **ribosomale RNA (rRNA)** als ein geeignetes Molekül, um die Abstammung und Verwandtschaft der Organismen zu untersuchen. Ribosomale RNAs sind Bestandteile der Ribosomen, an denen die Proteinbausteine der Zelle gebildet werden. Sie sind daher in allen Lebewesen

G. Drews, *Mikrobiologie,* DOI 10.1007/978-3-642-10757-3_11,
© Springer-Verlag Berlin Heidelberg 2010

vorhanden und in ihrer Sequenz relativ konservativ. Sequenzhomologien von rRNAs aus verschiedenen Arten sprechen daher für Verwandtschaft, größere Abweichungen für eine frühe Trennung in der Entwicklung von Arten während der Evolution. Die Analyse der 16S-rRNA zahlreicher Bakterien durch Woese und Mitarbeiter führte zu einem überraschenden Ergebnis: Innerhalb der Prokaryoten bildeten sich zwei Gruppen heraus. Zu der einen Gruppe gehören so bekannte Bakterien wie *Escherichia coli* und *Bacillus subtilis*. Die andere Gruppe bestand aus Bakterien, die durch ihren Stoffwechsel, beispielsweise die Bildung von Methan, oder ihre extreme Lebensweise unter hohen Temperaturen oder in Gewässern mit hohen Salzkonzentrationen auffielen.

Woese zog aus dem Vergleich der Sequenzen von 16S- und 23S-rRNAs verschiedener Bakterien den Schluss, dass die Prokaryoten keine einheitliche Gruppe bilden, sondern sich in zwei Gruppen aufspalten: die Eubakterien und die Archaebakterien. Nachdem man noch viele weitere Merkmale dieser und der höheren Organismen (Eukaryoten) untersucht hatte, entstand 1990 das **Konzept der drei Reiche der Lebewesen** – das der **Archaea**, der **Bacteria** und der **Eukarya** (Woese et al. 1990). Die Archaea haben sowohl Merkmale der Bacteria als auch der Eukarya. In der zellulären Organisation gleichen die Archaea den Bacteria, sind also Prokaryoten. Sie haben auch ein Kernäquivalent und einen vergleichbaren Stoffwechsel. Die Mechanismen von Transkription und Translation bei den Archaea sind aber mit denen der Eukarya verwandt, aber nicht identisch. Viele Archaeen sind an extreme Umweltbedingungen angepasst. So gibt es hyperthermophile Arten, die bei Temperaturen von höher als 80°C wachsen können und daher in heißen Quellen mariner und terrestrischer Standorte wie Tiefseequellen und Geysiren vorkommen. Andere leben in hoch konzentrierten Salzlösungen (halophil) oder in stark saurem Milieu (pH-Wert bis 0, acidophil), bzw. in stark basischem Gewässer (pH Wert bis >10; alkaliphil). Viele leben autotroph, also mit CO_2 als einziger Kohlenstoffquelle. Die Archaea gewinnen heute zunehmend an Interesse, weil sie vielleicht ursprüngliche Formen des Lebens, wie sie in der Urzeit der Erde vorhanden waren, repräsentieren (Dworkin et al. 2006). Besonders interessiert ihr Stoffwechsel unter extremen Bedingungen. Während fast alle Organismen durch Erhitzen auf 100°C abgetötet werden, können einige Archaeen bis zu Temperaturen von 110°C wachsen. Daher sind sie für die industrielle Biotechnologie und die mikrobielle Ökologie interessante Untersuchungsobjekte geworden. Bisher konnten keine Krankheitserreger unter den Archaeen gefunden werden. Es fehlen auch Photosysteme mit Chlorophyllen, wie sie bei Bakterien, Cyanobakterien und Pflanzen vorkommen. Die Zellstrukturen und viele Stoffwechselwege der Archaea ähneln denen der Bakterien. Statt des Zellwandbausteins Murein (Peptidoglycan) enthalten die Archaeen Pseudomurein oder Polysaccharide und Proteine als Bestandteile der Zellwand. Sie sind daher resistent gegen Antibiotika, die die Zellwandsynthese der Bacteria hemmen, wie die Penicilline. Das Grundgerüst der cytoplasmatischen Membran besteht bei den Archaeen aus reduzierten Isoprenoidalkoholen, die an Glycerol-Diether oder Glycerol-Tetraether gebunden sind. Dagegen enthält die cytoplasmatische Membran der Bakterien Phospholipide, bei denen die Fettsäuren esterartig an Glycerin gebunden sind. Es besteht heute Übereinstimmung bei allen phylogenetisch arbeitenden Wissenschaftlern, dass Bacteria und Archaea sehr früh in der Evolution der Lebewesen entstanden sind. Aber je tiefer man zu den Verzweigungen des Stammbaumes der Lebewesen vordringt, desto zwiespältiger werden die Aussagen. Viele Wissenschaftler nahmen an, dass die Vorfahren von Eukarya und Archaea sich früh in der Evolution teilten und die Eukarya sich durch Mutation und Selektion herausbildeten.

11.1   Die Symbiontentheorie und ihr Einfluss auf die Deutung der Stammesentwicklung

Margulis (1993) vermutet, dass die eukaryotische Zelle durch sukzessive endosymbiontische Ereignisse zwischen verschiedenen prokaryotischen Organismen entstanden ist. So sollen die **Mitochondrien** von Bakterien abstammen, die vor mehr als 500 Ma in eine Zelle einwanderten und das Atmungskettensystem mitbrachten. Dafür spricht, dass Mitochondrien und gramnegative Bakterien von einer Doppelmembran umgeben sind und Energie mit Hilfe der Sauerstoffatmung erzeugen. Mitochondrien haben ihre eigene DNA, die sich teilt, wenn die Mitochondrien sich teilen. Die Gene der mitochondrialen DNA gleichen nicht eukarytischen Genen, sondern Genen von α-Proteobakterien. Einige Proteine mit mitochondrialer Funktion werden durch die eukaryotische Kern-DNA kodiert. Diese Gene wiederum ähneln in ihrer Sequenz bakteriellen Genen, sind also vermutlich bakteriellen Ursprungs, die sekundär aus den Mitochondrien in den Kern verlagert wurden.

Einige Eukaryoten, wie die Ciliaten, Trichomonaden und Chytridiomycota, enthalten keine Mitochondrien sondern **Hydrogenosomen**: das sind Zellorganellen, die meist kein Genom enthalten und durch Gärung unter anaeroben Bedingungen Wasserstoff und ATP bilden. Man vermutet heute, dass Hydrogenosomen auch bakteriellen Ursprungs sind (Zimmer 2009). Die Mitochondrien-freie Protozoe *Giardia* bildet Schwefel-Eisen-Verbindungen wie die Mitochondrien, so dass auch diese Eukaryoten vermutlich durch Endosymbiose entstanden.

Die **Chloroplasten** der Pflanzen, in denen durch Photosynthese ATP und Reduktionsäquivalente für die CO_2-Assimilation gebildet werden, entstammen Cyanobakterien, die wie die Mitochondrien endosymbiontisch während einer frühen Phase der Evolution in die Vorläufer der Pflanzenzelle aufgenommen wurden. Das wurde schon zu Beginn des 20. Jahrhunderts von Konstantin S. Mereschkowsky vermutet (Mereschkowsky 1905). Moderne, genomische Sequenzvergleiche und biochemische Untersuchungen haben die Symbiontentheorie von Mereschkowsky bestätigt und nachgewiesen, dass, wie bei den Mitochondrien, große Teile des cyanobakteriellen Genoms verloren gingen oder in den Kern der Wirtszelle verlagert wurden. Die Wirtszelle muss auch Mechanismen bereitstellen, die im Cytoplasma gebildeten Chloroplastenproteine in die Chloroplasten zu transferieren. Nach paläontologischen Untersuchungen entstand die photoautothrophe eukaryotische Zelle durch Endosymbiose vor 1.200 Ma (Butterfield 2000). Aus diesem vermutlich einmaligen Ereignis sind später drei Chloroplastenlinien hervorgegangen (Kowallik 2008).

Es wurde auch postuliert, dass die Eucyte durch Verschmelzung einer archaealen und einer eubakterialen Zelle entstand. Der archaeale Typ brachte die Informationsgene (Replikation, Transkription) und die eubakteriale Zelle die Gene für den Stoffwechsel mit (Horiike et al. 2004).

11.2   Die Drei-Domänen- und die Eocytenhypothese

Ein modernes Konzept der Prokaryoten, das natürlich die Existenz der Archaea und Bacteria und ihre großen Unterschiede anerkennt, aber die Gemeinsamkeiten der zellulären und biochemischen Merkmale beider Gruppen herausstellt (Whitman 2009), wird von den strengen Vertretern der drei Reiche vehement abgelehnt (Pace 2009; Woese u. Goldenfeld 2009). Die Drei-Domänen-Entwicklungshypothese (Abb. 11.1), basierend auf den Sequenzen der kleinen ribosomalen Untereinheit und der Analyse der Transkriptions- und Translationsmaschinerie, zeigt Eukaryoten und Archaebakterien als monophyletische Schwestergruppen, mit einem gemeinsamen Vorfahren unter Ausschluss der Eubakterien (Woese et al. 1990; Pace 2006). Nach der Eocytenhypothese (Abb. 11.1; Eocyte = Zelle der extrem thermophilen und Schwefel-stoffwechselnden Archaea, identisch mit den Crenarchaeota) haben Eukaryoten und Crenarchaeota – das ist eine Gruppe der Archaebakterien – eine gemeinsame Wurzel in der Evolution. Eine Analyse von 53 Genen der eukaryotischen Nukleinsäurereplikation, Transkription und Translation unterstützt die Eocytenhypothese stärker als die archaebakterielle Monophylie und den Drei-Domänen-Baum des Lebens (Cox et al. 2008; Foster et al. 2009). Etwa 75% aller eukaryotischen Gene sind stärker mit Genen von Bakterien verwandt als mit Genen der Archaea. Eine starke phylogenetische Beziehung besteht zwischen Genen der Archaea und

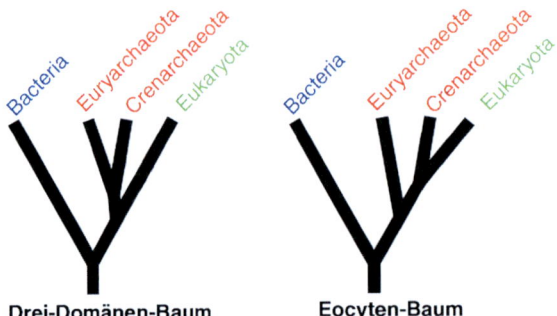

Drei-Domänen-Baum   **Eocyten-Baum**

Abb. 11.1 Drei-Domänen- und Eocyten-Baum der Evolution. Die These vom Drei-Domänen-Baum geht von einer monophyletischen Entwicklung der drei Reiche der Organismen aus. Die Hypothese vom Eocyten-Baum sagt aus, dass Crenarchaeota und Eukaryota eine gemeinsame Wurzel haben. Euryarchaeota und Bacteria haben tiefer liegende Wurzeln. (Quelle: http://commons.wikimedia.org/wiki/File:Eocyte_hypothesis.png)

Eukarya, die an der Informationsverarbeitung, also Replikation, Transkription und Translation, beteiligt sind. Die Gene bakteriellen Ursprungs sind vorwiegend für Stoffwechsel und die Zellstrukturen der Eukaryoten zuständig. Die Gene für die doppelte Kernmembran der Eukaryoten zeigen Verwandtschaft sowohl zu bakteriellen als auch zu archaeellen Genen. Daraus folgt, dass die meisten Gene der Eukaryoten von endosymbiontischen Prokaryoten abstammen. Die Ausbildung der Kernmembran bei den frühen Eukaryoten könnte als ein Schutzmechanismus gegen den Angriff mobiler („springender") Gene gedeutet werden.

Mutation und Selektion galten ursprünglich als die treibenden Kräfte der Evolution. Auf ihrem Verständnis beruhte die Konstruktion der zahlreichen Stammbäume der Evolution, die seit über 150 Jahren konstruiert wurden. Da bei der Entstehung neuer Arten auch der laterale Gentransport über die Artgrenzen hinweg, und die Mischung von Genomen durch Endosymbiose, einen großen Einfluss hatten, ist die phylogenetische Auswertung von Gensequenzen schwierig geworden. Daher wurde vorgeschlagen, anstatt der Konstruktion von Bäumen die evolutionären Beziehungen zwischen den Organismen durch Netzwerke darzustellen (Dagan u. Martin 2009).

11.3   Bacteria und Archaea

Sowohl Bacteria als auch Archaea spalten sich in zahlreiche taxonomische Gruppen auf, deren phylogenetische Wurzeln aufzuklären sicher sehr schwierig sein wird, da sie in der Frühzeit der Erde entstanden sind. Bei den Bakterien gibt es zwei Gruppen, die sich in ihrer Färbbarkeit nach Gram unterscheiden: die grampositven und die gramnegativen. Die grampositiven Bakterien haben außerhalb der cytoplasmatischen Membran eine Zellwand, die aus Peptidoglycan, Teichonsäure und bei den Actinobacteriales, zu denen z. B. Mycobakterien und Streptomyceten gehören, aus Glycolipiden besteht. Die gramnegativen Bakterien, wie z. B. *Escherichia coli*, besitzen außerhalb der cytoplasmatischen Membran das Stützkorsett des Mureinsacculus und die so genannte äußere Membran, die asymmetrisch aus Phospholipiden (Innenschicht) und Lipopolysacchariden (Außenschicht) aufgebaut ist (Abb. 10.6). Vor 2.400 bis 2.700 Ma, also weit vor der Entwicklung der Eukaryoten, sollen die Prokaryoten mit einer Doppelmembran – also die Gram-negativen, die heute die weitaus größte Gruppe der Bakterien bilden (α-, β-, γ-, δ- und ϵ-Proteobakterien, Cyanobakterien, Chloroflexi, Chlorobi, Spirochaetes, Planctomycetes und Aquificales) – sich endosymbiontisch aus den Actinobacteria und Clostridia entwickelt haben (Lake 2009; Abb. 11.2). Die Doppelmembran soll durch Verschmelzung beider Zelltypen entstanden sein. Die Bakterien mit einer Doppelmembran haben das Hitzeschockprotein Hsp70 und die PyrD-, HisA- und HisF-Proteine, die an der Pyrimidin- und Histidinbiosynthese beteiligt sind. Die Diversifizierung der Doppelmembrangruppe erfolgte vermutlich vor dem Anstieg des Sauerstoffs in der Atmosphäre vor 2.400 Ma in vielen Schritten, an denen neben der Symbiose auch andere Mechanismen beteiligt waren (Lake 2009).

Abb. 11.2 Entstehung von gramnegativen Bakterien durch Endosymbiose aus Clostridien und Actinobacteriales. (Quelle: in Anlehnung an Abb. 3 in: Lake JA (2009) Nature 460:967–971)

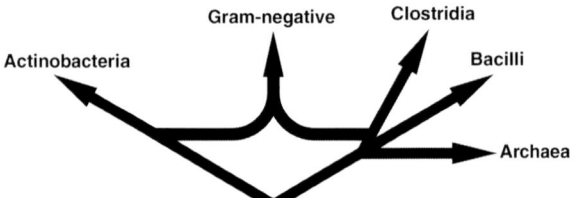

Die Methanbildung ist eine Besonderheit des archaeellen Stoffwechsels mit charakteristischen Coenzymen – wie Coenzym F_{420} oder Methanofuran. Die Vertreter der Methanogenen gehören zu den Euryarchaeota. Die Crenarchaeota unterscheiden sich deutlich von den Euryarchaeota. Zu ihnen gehören extrem Thermophile wie *Pyrodictium*, Psychrophile (das sind kälteliebende Archaea, die noch bei 0°C wachsen), thermophile Schwefelarchaea wie Sulfolobus (80°C, pH 2–4), säureliebende Archaea und Ammonium-Oxidierer (*Nitrosopumilus maritimus*). Archaeen können chemoorganotroph oder chemolithoautotroph (Energie aus chemischen Umsetzungen mit organischen bzw. anorganischen Stoffen) leben. Bei den Crenarchaeota wurden verschiedene Mechanismen der CO_2-Fixierung entdeckt. Die Fähigkeit der Crenarchaeota, CO_2, Schwefel und Wasserstoff für ihren Stoffwechsel zu nutzen, spricht für eine frühe Entstehung der Crenarchaeota in der Evolution der Lebewesen. Bei den Archaea gibt es keinen Photosynthesemechanismus wie er bei Bakterien und Cyanobakterien verbreitet ist, aber eine lichtabhängige Bakteriorhodopsin-unterstützte ATP-Synthese (Drews 1999b).

Einige Archaea (*Halobacterium salinarium*: salzliebend; existieren bei 3,5–5 M NaCl) können die Lichtenergie mit Hilfe von Bakteriorhodopsin ausnutzen, indem sie über eine *all-trans*-13-*cis*-Umlagerung im membrangebundenen Retinal (an Protein gebundenes Bakteriorhodopsin) eine Konformationsänderung auslösen, die zu einer Protonentranslokation über die Membran von innen nach außen führt. Der Protonengradient kann, wie bei der Photosynthese der Cyanobakterien und Pflanzen, zur Bildung von ATP genutzt werden. Der Mechanismus ist völlig verschieden von der Chlorophyll-getriebenen bakteriellen und eukaryotischen Photosynthese. Viele Archaea sind autotroph. Sie gewinnen den Kohlenstoff für den Aufbau ihrer Zellbestandteile ausschließlich aus CO_2. Es gibt sowohl anaerob als auch aerob lebende Vertreter der Archaea.

Die Zellgrößen der Archaea sind sehr verschieden: *Nanoarchaeum equitans* hat einen Durchmesser von etwa 0,4 µm, *Methanospirillum hungatei* kann bis zu 100 µm groß sein. Es gibt kokkenförmige Zellen, Stäbchen, schraubenförmige Zellen, gelappte Kokken, lange Filamente oder quadratische Zellen. *Nanoarchaeum equitans* kann nur in Symbiose oder parasitisch in enger Verbindung mit *Ignicoccus hospitalis* leben (Abb. 11.3). *Ignicoccus hospitalis* bildet auf seiner Zelloberfläche Fasern aus (Durchmesser 14 nm, Länge bis zu 20 µm), die in ihrer Zusammensetzung den Flagellinen oder Fimbrinen der Archaeen ähneln. Ihre Funktion ist unbekannt (Müller et al. 2009). Diese wenigen Anmerkungen zeigen, dass die Archaea phylogenetisch eine sehr alte Gruppe der Organismen bilden, die sich in

Abb. 11.3 *Nanoarchaeum equitans* (*rot*) und *Ignicoccus hospitalis* (*grün*). Submarines Hydrothermalgebiet, *black smoker*, schwarzer Rauchkamin. Wachstum bei 80–100°C. Die Färbung beruht auf spezifischen Gensonden, die mit Fluoreszenzfarbstoffen markiert wurden (*FISH* fluorescence in situ hybridization). (Quelle: Die Aufnahme wurde von Prof. Dr. Karl Stetter, München, Regensburg zur Verfügung gestellt)

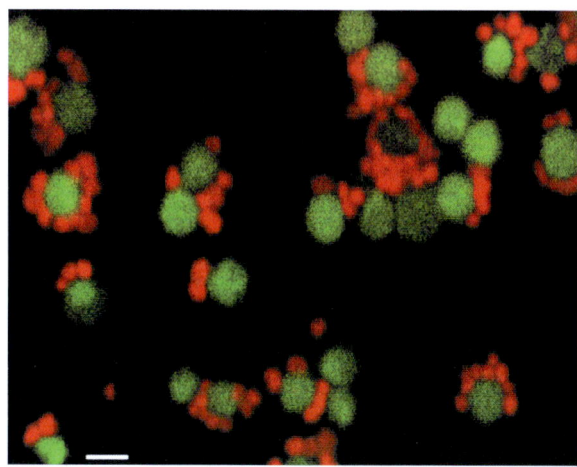

der Frühzeit der Erde, möglicherweise in der Tiefsee, entwickelt hat. Der Eocyten-Baum (Abb. 11.1) zeigt eine relativ späte Abzweigung der Crenachaeota. Viele der chemolithoautotrophen Enzyme sind unter den Bedingungen der jungen Erde vor etwa 3.500 Ma entstanden. Bei welchen Organismen diese Enzyme entwickelt wurden ist unbekannt.

Biotechnologisch haben die Archaeen bei der Biogasproduktion, der mikrobiellen Erzlaugung von niederwertigen, sulfidischen Erzen und bei der Herstellung hitzeresistenter Enzyme (α-Amylasen, Proteasen, DNA-Polymerasen) Bedeutung. Die Thermotogales sind thermophile oder hyperthermophile Bakterien, die durch horizontalen Gentransfer archaeale Gene aufgenommen haben und an den Tiefseequellen gefunden wurden. Taxonomisch werden sie in die Nähe der Firmicutes gestellt (Zhaxybayeva et al. 2009).

Kapitel 12
Regulation von Stoffwechsel und Zelldifferenzierung

Das Kultivieren von Bakterien im Labor auf Nährböden, die Nahrungsstoffe im Überfluss enthalten, entspricht ja nicht den natürlichen Bedingungen. In der Regel herrscht in den meisten Ökosystemen ein extremer Nährstoffmangel. Außerdem ändern sich ständig die Standortbedingungen für die einzelne Bakterienzelle. Die verfügbaren Nahrungsstoffe, also vor allem die Kohlenstoff-, Stickstoff- und Phosphorverbindungen, aber auch die benötigten Spurenelemente wie Calcium, Magnesium, Eisen, Kupfer, Selen, Molybdän und einige Vitamine, sind an den verschiedenen Standorten in sehr unterschiedlichen Konzentrationen vorhanden und können sich ständig ändern. Der Säuregrad (pH-Wert), die Konzentrationen von Sauerstoff und gelösten Stoffen sowie die Temperatur am Standort beeinflussen sehr stark die Zusammensetzung und Stoffwechselaktivitäten der Mikroorganismenpopulationen.

Neben den Universalisten, die viele Substrate verwerten können, gibt es ausgesprochene Spezialisten. So können die meisten Methanbildner nur mit CO_2 oder Acetat als Kohlenstoffquelle wachsen. Zucker, Kohlenhydrate, Eiweiß, Aminosäuren, Fettsäuren, die andere Mikroorganismen als Kohlenstoffquelle nutzen, sind für die Methanbildner nicht verwertbar. Als Energiequelle werden von Bakterien das Sonnenlicht, organische Kohlenstoff- oder Stickstoffverbindungen, also z. B. Glukose, Aminosäuren oder anorganische Stoffe verwertet, die für energieliefernde Reduktions-/Oxidations-Reaktionen genutzt werden können. So gewinnt *Thiobacillus denitrificans* Energie durch Oxidation von Pyrit (FeS_2), HS^-, S^0, $S_2O_3^{2-}$ oder $S_4O_6^{2-}$ unter anaeroben Bedingungen mit Nitrat als Elektronenakzeptor.

$$4HS^- + 4NO_3^- \rightarrow 4SO_4^{2-} + 4NO_2^- + 4H^+ \ (\Delta G^{0'} - 500 \ \text{kJ/mol})$$

$$5\text{Glucose} + 24NO_3^- + 24H^+ \rightarrow 30CO_2 + N_2 + 42H_2O;$$

$$\Delta G^{0'} = -2657 \ \text{kJ/mol Glucose}$$

Box 12.1 ΔG^0 Symbol der für den Organismus verwertbaren Energie

ΔG^0 ist das Symbol für die so genannte **freie Enthalpie** nach Willard Gibbs, der diesen Begriff 1878 einführte. Es ist die Veränderung der freien Energie,

---

G. Drews, *Mikrobiologie,* DOI 10.1007/978-3-642-10757-3_12,
© Springer-Verlag Berlin Heidelberg 2010

die aus einer Reaktion für den Organismus nutzbar gemacht werden kann. Reaktionen, bei denen freie Energie entsteht, bei denen also die Produkte weniger freie Enthalpie enthalten als die Ausgangsstoffe, bezeichnet man als exergonisch. ΔG^0 ist in diesem Fall negativ. Besitzen die Produkte mehr freie Enthalpie als die Ausgangsstoffe, ist die Reaktion endergonisch und ΔG^0 wird dann positiv. Ein Teil der bei den Reaktionen umgesetzten Energie steht nicht für die Arbeitsleistung im Organismus zur Verfügung. Er verschwindet als Wärme und Entropie. $\Delta G^{0'}$ ist ΔG unter Standardbedingungen, bei pH 7, einmolarer Konzentration der Stoffe und 25°C. Da bei Stoffwechselprozessen die Substrate fast immer in Konzentrationen niedriger als ein-molar vorliegen, verändert sich der Wert für die dem Organismus zur Verfügung stehende Energie.

$\Delta G^{0'}$ gilt auch für die freie Energie einer Reaktion, die sich aus der Differenz der Redoxpotentiale zweier miteinander reagierenden Redoxsysteme ΔE^0 berechnen lässt. So liegen die Normalpotentiale in der Atmungskette (Kap. 6.4.2), bestehend aus einer Reihe membrangebundener Enzymkomplexe bei Bakterien oder in den Mitochondrien der Eukaryoten, zwischen −0,32 V für NAD$^+$/NADH (Nicotinamidadenindinukleotid), Coenzym von Dehydrogenasen, die Wasserstoffatome von Substraten abspalten und das Äquivalent eines Protons (H$^+$) und zweier Elektronen auf NAD$^+$ übertragen → NADH + H$^+$, und +0,81 V für ½O$_2$/H$_2$O in der Cytochromoxidase (Enzym, das die Elektronen von reduziertem Cytochrom c von der Membranaußenseite auf O$_2$ auf der Membraninnenseite überträgt). Die Reduktion von Sauerstoff zu Wasser verbraucht Protonen aus dem Cytoplasma, die über die cytoplasmatische Membran gepumpt werden. Viele Cytochromoxidasen enthalten Cytochrom a, Cytochrom a$_2$ und drei Kupferatome: Pro reduziertem Sauerstoffatom werden 2H$^+$ nach außen transportiert.

12.1   Die ATP-Synthase

Der durch die Aktivitäten der Protonen-translozierenden Enzyme in der Atmungskette gebildete **Protonengradient (ΔH$^+$)** über die Membran, und das dabei gebildete **Membranpotential ($\Delta\psi$)** dienen als treibende Kraft zur Erzeugung von ATP (Adenosintriphosphat), dem universellen Energietreibstoff der Zellen, an der **ATP-Synthase**. Die ATP-Synthase ist ein bei fast allen Lebewesen vorhandener Enzymkomplex, der mit seinem basalen Anteil F$_0$ in der Membran der Mitochondrien und Chloroplasten, oder bei Bakterien in der cytoplasmatischen Membran verankert ist. Der F$_1$-Teil ist nach der Cytoplasmaseite orientiert (Abb. 12.1). Die ATP-Synthase kann als ATP-verbrauchende Protonenpumpe (F$_0$F$_1$-ATP-ase) oder als Protonen-getriebene ATP-Synthase arbeiten. Der ins Cytoplasma ragende F$_1$-Teil ist mit dem membrangebundenen F$_0$-Teil durch einen Stator, bestehend aus den a- und b-Unter-

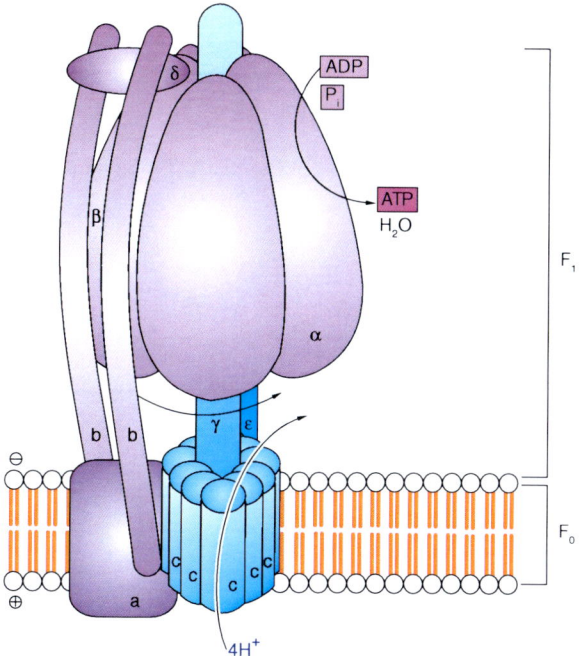

Abb. 12.1 ATP-Synthase; F_0 ist der in der Membran verankerte Basalteil, in dem mit Hilfe des Protonengradienten Bewegungsenergie erzeugt wird, die im F_1-Kopf zur Synthese von ATP aus ADP und Phosphat führt. Siehe Text für die Beschreibung des Mechanismus und die Funktion der Bauteile.

einheiten, und der Achse γ verbunden. F_0c bildet einen Zylinder aus 10–15, bei *E. coli* 12, helikal strukturierten hydrophoben Proteinen. F_1 wird von den alternierend angeordneten je drei α- und drei β-Proteinen $(F_1(\alpha\beta)_3)$ gebildet. Die 3 katalytischen Zentren liegen zwischen den α- und β-Untereinheiten. $F_1\gamma$ ist die drehbare Achse des Systems. $F_1\delta$ ist ein Bindeglied zwischen F_0b und dem $(\alpha\beta)_3$-Komplex. $F_1\varepsilon$ verbindet vermutlich den F_0c-Ring mit der $F_1\gamma$-Achse. Stöchiometrisch werden etwa 4 Protonen (H^+) zur Bildung eines ATP Moleküls verbraucht.

Jedes F_0c-Peptid des Rotorringes hat auf Position 61 einen Asparaginsäure- (Asp-) Rest, dessen Carbonylgruppen im Ruhezustand protoniert sind. Das Rotorpeptid 1 liegt neben einer Arginingruppe des Statorproteins. Dessen positive Ladung kann durch ionische Wechselwirkung eine negative Ladung stabilisieren, so dass der Asp-Rest deprotoniert vorliegt: Arg-(+) (−)-Asp. Durch diese Ladungsänderung wird in dem Peptid 1 eine Konformationsänderung, und dadurch eine mechanische Spannung aufgebaut. Gelangt ein H^+ von außen an diese Position, geht das Peptid wieder in den entspannten Normalzustand über. Die durch Protonierung und Deprotonierung ausgelöste Konformationsänderung ist eine mechanische Kraft, die eine Drehbewegung des Rotorringes F_0c um 40° gegen den Stator ab$_2$ hervorruft, die über die ε-Untereinheit auf die Achse γ übertragen wird, so dass im Kopfteil F_1 ebenfalls eine Konformationsänderung ausgelöst wird. Somit wird **chemische Energie in eine Bewegungsenergie umgewandelt**. Die Auslösung der Konformationsänderung im Kopfteil F_1 wurde von W. Junge et al. als eine elastische Drehmoment-Kraftübertragung von F_0 auf F_1 beschrieben. Durch die Drehbewegung gelangt das Peptid 2 von F_0c unter den Einfluss der geladenen Arginingruppe. Der Vorgang wiederholt sich. Der Kopf F_1 enthält drei katalytische Zentren. Das Zentrum 1 hat eine hohe Affinität für ADP und Phosphat. Beide werden gebunden. Im nächsten Schritt (Zentrum 2) wird ATP gebildet und im dritten Schritt (Zentrum 3) ATP freigesetzt. Dieser letzte Schritt verbraucht Energie. Insgesamt werden für die Bildung von einem Molekül ATP etwa 4 Protonen oder 45 kJ/mol verbraucht. Relativ zu F_0 wird F_1 bei der Synthese von einem Molekül ATP um 120° im Uhrzeigersinn gedreht. Die Drehung hat man durch Bindung eines Actinmoleküls an $F_1\alpha\beta$ an der isolierten und fixierten ATP-Synthase nach Zugabe von ATP nachweisen können. In diesem Fall dreht sich der F_1-Teil entgegen dem Uhrzeigersinn.

12.2   Energieproduktion durch Substratstufenphoshorylierung

Energie in Form von ATP kann auch durch die Substratkettenphosphorylierung gebildet werden, z. B. durch Dehydrierung von Glycerinaldehyd-3-Phosphat zu 3-Phosphoglycerat. Wenn unter anaeroben Bedingungen genügend ATP durch Gärungsprozesse (Substratstufenphosphorylierung) gebildet wurde, kann die ATPase auch ATP hydrolysieren, somit als Protonenpumpe arbeiten und einen Protonen- und Ladungsgradienten über die Membran aufbauen, der z. B. bei der Methansynthese zur positiven Energiebilanz beiträgt oder einen Transportvorgang über die Zellmembran ermöglicht. Anstelle von H^+ kann bei einigen Bakterien Na^+ als treibendes Ion in der ATP-Synthese fungieren.

Neben den Potentialdifferenzen zwischen $NADH+H^+/NAD^+$ und Sauerstoff in der Atmungskette können von den Mikroorganismen viele Potentialdifferenzen zwischen spezifischen Substraten zur Energieerzeugung genutzt werden. Die moderne Bioenergetik hat zeigen können, dass bei der Bildung freier Energie an Membranen ablaufende Protonentranslokationen nicht nur in der Atmungskette eine wichtige Rolle spielen, sondern auch bei der anaerob ablaufenden Methansynthese und anderen Enzymreaktionen an Membranen.

12.3   Anpassung an Umweltfaktoren

12.3.1   Temperatur

Bakterien haben sich auf bestimmte Bereiche der Temperatur und des Säuregrades spezialisiert. Die meisten im Boden und Wasser lebenden Bakterien sind mesophil. Sie erreichen ihre maximale Wachstumsrate zwischen 20 und 40°C. Einige sind thermotolerant und können bis zu 50°C wachsen. Die thermophilen Bakterien wachsen zwischen 40 und 70°C. Bei den hyperthermophilen Organismen, meist Archaea, liegt das Temperaturoptimum oberhalb von 65°C. Einige können noch bei 110°C wachsen (*Pyrodictium occultum*), einer Temperatur bei der Hühnereiweiß gerinnt und in den DNA-Doppelsträngen die Bindungen zwischen den Basen A=T und G≡C getrennt werden! Es gibt auch psychrophile Organismen, die zwischen −2 und +25°C ihr Leben fristen.

12.3.2   Konzentration von H⁺- und OH⁻-Ionen

Der pH-Wert (negativer dekadischer Logarithmus der Wasserstoffionenkonzentration; 0–7 sauer, 7 neutral: 7–14 basisch) hat einen großen Einfluss auf Wachstum und Entwicklung. Die meisten Organismen wachsen am besten bei gleicher Konzentration beider Ionen, also bei neutralem pH 7,0. Einige alkaliphile *Bacillus*-Stämme bevorzugen pH-Werte ≥ pH 10; acidophile, wie *Sulfolobus acidocaldarius* und einige Pilze, leben unter sauren Bedingungen. Sowohl bei den Acidophilen als auch bei den Alkaliphilen wird der pH-Wert des Cytoplasmas durch Regulation des Ionentransportes über die Cytoplasmamembran in Richtung pH 7 verschoben.

12.3.3   Andere, das Wachstum beeinflussende Faktoren

Der Wassergehalt (relative Feuchtigkeit) und der osmotische Wert des wasserhaltigen Milieus wirken sich auch auf das Wachstum der Mikroorganismen aus. *Halobacterium* kann noch in 25%iger Salzlösung wachsen, einige Pilze in hoch konzentrierten Zuckerlösungen. Alle Mikroorganismen haben die Fähigkeit, Schwankungen von Temperatur, pH, osmotischem Wert und Konzentration der Nahrungsstoffe in gewissen, artspezifischen Grenzbereichen zu kompensieren (Homeostase). So wird z. B. bei osmotischem Stress durch Erhöhung der Salzkonzentration in der Umgebung der Zellen der intrazelluläre Turgor durch Ansammlung von Ionen und kompatible *solutes* (Stoffe in Lösung) wie Betain, Ectoin oder Trehalose stabilisiert. Diese Verbindungen stören nicht den Zellstoffwechsel, sind osmotisch aktiv und schützen die Proteine (vergleiche Kap. 13.4).

An natürlichen Standorten leben Mikroorganismen mit zahlreichen anderen Arten zusammen, die verschiedene Ansprüche an ihre Umgebung stellen, aber auch als Konkurrenten um das Nahrungsangebot auftreten oder Stoffe ausscheiden, die andere Mikroorganismen hemmen oder fördern. So konkurrieren Sulfatreduzierer und Methanbildner um Wasserstoff. Es kann aber auch eine Abhängigkeit von Stoffwechselprodukten anderer Mikroorganismen vorliegen. So sind Methanbildner abhängig vom Abbau der Polysaccharide zu Acetat, CO_2 und H_2 durch Clostridien und andere Anaerobier.

Bakterien sind in der Lage, einem Konzentrationsgradienten folgend eine für sie günstige Konzentration eines Nahrungsstoffes, z. B. eines verwertbaren Zuckers, mittels Eigenbewegung aufzusuchen, ein Vorgang, der **Chemotaxis** genannt wird (Taxis, Ordnung; Orientierung frei beweglicher Organismen; Chemo-, Orientierung durch einen chemischen Konzentrationsgradienten). Bakterien kommunizieren miteinander. Um die für bestimmte Reaktionen notwendige Zelldichte der eigenen Art festzustellen (*quorum sensing*), scheiden sie einen Autoinduktor aus (N-Acyl-Homoserinlacton), der bei Erreichen eines Schwellenwertes zur Induktion bestimmter Enzyme führt. So bei der **Biolumineszenz** von Leuchtbakterien. Nur bei Erreichen einer bestimmten Zelldichte wird durch Oxidation einer organischen Verbindung mit Sauerstoff ein energiereiches Zwischenprodukt gebildet, das unter Lichtemission zerfällt. Die Information über die Dichte der Population ist auch notwendig, wenn Myxobakterien Sporangien bilden oder wenn pathogene Bakterien in Zellen oder Gewebe eindringen wollen und dafür eine gewisse Konzentration von Exoenzymen benötigen. Die Konzentration der Pheromone signalisiert den Bakterien, ob eine ausreichende Zelldichte erreicht wurde. Die Bakteriendichte in einem Habitat wird neben den genannten abiotischen Faktoren und den Wechselbeziehungen zu anderen Organismen von den Fressfeinden der Bakterien, den Protozoen und Bakteriophagen bestimmt.

Diese wenigen Anmerkungen sollen darauf hinweisen, dass sich Mikroorganismen in ihrer natürlichen Umgebung auf ständig wechselnde Umweltbedingungen einzustellen vermögen und sich an diese anpassen, um in ihrer Umgebung zu überleben. Die Regulationsmechanismen auf den Ebenen der Transkription, Translation und der Enzyme, und die Anpassung des Genoms durch Mutation, Rekombination, horizontalen Gentransfer und Selektion haben wir schon kennen gelernt (Kap. 10.9).

Kapitel 13
Mikroorganismen und ihre Umwelt

Für jede Art der Mikroorganismen gibt es in der freien Natur einen Standort, auch **Habitat** genannt. Es ist der Lebensraum, den ein bestimmter Organismus oder eine Population von Organismen normalerweise bewohnt. Unter einer **ökologischen Nische** versteht man nicht einen räumlichen Bezirk, sondern die Funktion einer Art oder Population in der Lebensgemeinschaft, gewissermaßen ihren Beruf, der durch die ernährungsphysiologischen Ansprüche, ihre biochemischen Fähigkeiten und alle Eigenschaften bedingt ist, in einem bestimmten Ökosystem leben zu können. S. N. Winogradsky unterschied **autochthone** und **allochthone Organismen**. Die autochthonen gehören zum normalen Bestand eines Ökosystems: sie sind dort fast immer anzutreffen. Die allochthonen findet man nur, wenn bestimmte Nahrungsstoffe in diesem Ökosystem in höheren Konzentrationen vorkommen und den allochthonen eine Gelegenheit bieten, sich dort rasch zu vermehren. Ihre Wachstumsrate nimmt mit Anstieg der Nährstoffkonzentration stärker zu als bei den autochthonen. Sie sterben aber bei Mangel an diesen Nahrungsstoffen, wo hingegen die autochthonen an Mangelbedingungen in diesem Ökosystem angepasst sind und überleben.

Die Eigenschaften vieler Arten wurden durch enzymatische Analysen und physiologische Experimente im Laufe des 20. Jahrhunderts aufgeklärt und führten zu einem umfangreichen Wissen über die Fähigkeiten von Mikroorganismen, die Ressourcen ihrer Umwelt zu nutzen und sich vermehren zu können. Aus diesem Wissen erwuchsen neue Fragen über die Wechselwirkungen zwischen den Organismen eines Habitats, der Regulation der Stoffwechselprozesse in den Zellen in Anpassung an die Umwelt und vor allem die Ermittlung der Eigenschaften neuer, bisher nicht entdeckter und mit den gebräuchlichen Methoden nicht kultivierbarer Organismen. Aus der Analyse von Metagenomen, also der DNA aller Organismen, die man aus einem bestimmten Volumen von Meerwasser oder anderen Habitaten entnommen hat, ergab sich, dass wir heute nur wenige Prozente aller Bakterienarten kennen. Die meisten gehören zu den so genannten „**unkultivierbaren**" **Bakterien**. Das sind Bakterien, die man zwar durch Epifluoreszenzfärbung sichtbar machen, und deren Genom man isolieren und sequenzieren kann, die sich aber mit den bisher angewandten Methoden im Labor nicht kultivieren ließen und daher physiologischen Untersuchungen nicht zugänglich sind. Ihre Eigenschaften konnten teilweise

G. Drews, *Mikrobiologie*, DOI 10.1007/978-3-642-10757-3_13,
© Springer-Verlag Berlin Heidelberg 2010

durch Übereinstimmung mit DNA- oder Proteinsequenzen bekannter Bakterien, deren Funktionen wir kennen, bestimmt werden. Wenn die Daten ausreichten, um eine neue Art dieser noch nicht kultivierbaren Organismen zu definieren, wurde ihnen ein vorläufiger Name mit dem Zusatz „Candidatus" gegeben.

Die meisten Bakterien und Archaeen sind einzellige Organismen von kokken-, stäbchen- oder schraubenförmiger Gestalt, die von Leeuwenhoek zum ersten Mal gesehen und dokumentiert wurde. Einige Bakteriengruppen, vor allem die zu den Actinobakterien gehörenden **Streptomyces-Arten**, bilden lange, fädige und sich verzweigende Wuchsformen, die den Myzelien der Pilze ähnlich sind. Wie der Name Actinomyceten erkennen lässt, wurden sie früher taxonomisch zu den Pilzen gestellt. Die prokaryotische Zellstruktur, die viel dünneren Hyphen (~1 µm Durchmesser) im Vergleich mit Pilzen, ihre bakteriellen Zellwandkomponenten wie Peptidoglycan und das Fehlen von Sexualorganen sowie ihre Phylogenie weisen auf ihre eindeutig bakterielle Natur hin. Pilze dagegen sind Eukaryoten – sie haben phylogenetisch mehrere Wurzeln. Ihre Zellwände enthalten Polyglucane oder/und Chitin. Sie vermehren sich vegetativ oder geschlechtlich. Das Myzel der Pilze und das der Streptomyceten wächst durch Spitzenwachstum der Hyphen. Der aus einer vegetativen Spore der Streptomyceten durch polarisiertes Wachstum entstehende Keimschlauch entwickelt sich zu einem sich verzweigenden Myzel, das sich durch ausschließliches Wachstum der Hyphenspitzen im Boden ausbreitet. Bei den Bakterien geschieht die Zellverlängerung durch eine vom Cytoskelett (Actinhomolog MreB) vermittelte Einlagerung von Peptidoglycan lateral in die Zellwand und nicht in die Zellpole. Bei den Actinobakterien geschieht das polare Wachstum ausschließlich durch Einlagerung von Peptidoglycan unter Direktion des Proteins DivIVA an der Hyphenspitze. Nach Verarmung des Substrates an Nahrungsstoffen oder anderen Signalen entsteht ein Luftmyzel, das sich vom Substrat abhebt und Sporen bildet. Zur Überwindung der Oberflächenspannung des wässrigen Mediums bilden die Hyphen des Luftmyzels von *Streptomyces* eine Scheide aus oberflächenaktiven (wasserabweisenden) Peptiden. Wachstum und Zelldifferenzierung stehen unter der Kontrolle einer großen Zahl von Genen, die zur Ausbildung von Signalketten und Zelldifferenzierungsmustern führen (Flärdh u. Buttner 2009). Die Gruppe der Actinomyceten enthält viele Antibiotikaproduzenten.

Durch Filme oder eigene Beobachtung gewinnen wir Eindrücke von der Masse an Lebewesen, die die Erde bevölkern, so z. B. wenn in einem Stadion 100.000 Menschen einer sportlichen Veranstaltung folgen oder in einem noch relativ unberührten Urwald ein riesige Masse an Bäumen und Pflanzen, die sich an ihnen emporranken oder den Boden bedecken, uns beeindrucken oder eine große Herde von Gnus, die in einer Savanne nach Nahrung sucht oder wenn wir im Film große Fischschwärme sehen. **Was aber für uns nicht sichtbar ist und realisiert wird, ist die Masse an Mikroorganismen, die größer ist als die Masse aller dieser Tiere und Pflanzen. Diese Mikroorganismen sind überall gegenwärtig und bewirken einen erheblichen Teil der Stoffumsätze auf der Erde!** Bakterien aber auch Pilze und Protozoen sind Hauptakteure in den Kreisläufen von Stickstoff und Schwefel und bei der Remineralisierung organischen Materials. Im Laufe der langen Erdgeschichte haben Bakterien und Archaebakterien (Archaea) fast alle Lebensräume besiedelt und die Fähigkeit entwickelt, für Tier und Pflanze toxische und nicht verwertbare Substanzen als Nahrungsstoffe zu benutzen. Wir wollen uns hier nur beispielhaft einige dieser Habitate etwas genauer ansehen.

13.1   Süßwasser-Binnenseen

Seen unterscheiden sich erheblich in der Zusammensetzung ihrer Bewohner, in Abhängigkeit von der Größe und Tiefe des Sees, der Wasserzusammensetzung und -schichtung, dem Eintrag an Nährstoffen durch Zuflüsse und dem örtlichen Klima. In der Regel sind Binnenseen in unseren Breiten jahreszeitlich geschichtet, da das Wasser seine größte Dichte bei 4°C hat. Im Frühling wird das Oberflächenwasser (**Epilimnion**) durch die Sonne erwärmt und schwimmt durch seine verminderte Dichte auf dem kälteren Tiefenwasser (**Hypolimnion**). Das Epilimnion steht im Austausch mit dem Sauerstoffgehalt der Luft und erhält zusätzlich Sauerstoff durch die photosynthetische Aktivität von Algen und Cyanobakterien, die die lichtdurchflutete Schicht des Sees bevölkern. Daher ist das Epilimnion sauerstoffreich oder sogar mit Sauerstoff übersättigt. Im Hypolimnion wird der Sauerstoff durch Atmung und Abbau organischer Stoffe aufgezehrt, so dass es zur Anoxie, zum völligen Fehlen von Sauerstoff, kommen kann. Im Herbst kühlt sich das Epilimnion ab und, unterstützt durch herbstliche Stürme, kann es zu einer vollständigen Umschichtung und Durchmischung des Wasserkörpers kommen.

Neben Seen, die ein- bis zweimal im Jahr umgeschichtet werden (holomiktisch), gibt es Seen, bei denen eine vollständige Durchmischung ausbleibt (meromiktisch). Das Fehlen einer vollständigen Durchmischung kann durch das Oberflächen/Tiefenverhältnis, die Windexposition oder einen Salzeintrag bedingt sein. Es gibt auch Seen, wie zum Beispiel den Bodensee, die ganzjährig bis in die Tiefe sauerstoffhaltiges Wasser aufweisen, weil sie von einem Fluss, hier vom Rhein, durchströmt werden. Die Auswertung von Wasserproben aus verschiedenen Tiefen eines geschichteten Sees nach kontinuierlicher Entnahme hat ergeben, dass in jeder Schicht bestimmte Populationen von Lebewesen dominieren. In der Oberflächenschicht kommt es im Frühjahr und Sommer zur Anreicherung von Algen, Cyanobakterien und Diatomeen (Kieselalgen), die so dicht werden können, dass sie das Wasser färben und als Algenblüten oder Wasserblüten sichtbar werden. Diese Organismen verwerten als Energiequelle das Sonnenlicht und bilden aus Kohlendioxyd (CO_2) ihre Zellsubstanz. Sie werden als Primärproduzenten bezeichnet, weil sie die Ernährungsgrundlage für die übrigen Lebewesen in der Nahrungskette bilden. Die Menge an Primärproduzenten hängt vor allem von den verfügbaren Nährstoffen, so dem Stickstoff, aber auch dem Phosphor ab.

In vielen Gewässern hat es durch den Zufluss von Düngemitteln aus den angrenzenden Äckern, aber auch durch die Phosphate und andere Nährstoffe, die früher durch das Abwasser in die Seen gelangten, große Probleme gegeben, weil die Belastung mit organischem Material zur Beeinträchtigung der Trinkwasserqualität und des Stoffwechselgleichgewichts im See führte.

Im Epilimnion und in der Zwischenschicht zum Hypolimnion, die noch ausreichend mit Sauerstoff versorgt wird, leben neben aeroben Bakterien Protozoen, Copepoden und andere tierische Organismen. Sie leben von Algen, Bakterien und organischem Material, das von den Algen ausgeschieden, oder aus ihnen durch Zersetzung frei wird. Diese Organismen werden als Sekundärproduzenten bezeichnet. Sie dienen Fischen und Gliederfüßlern als Nahrung. Unterhalb der Sprungschicht, die das sauerstoffhaltige Epilimnion vom anoxischen und häufig sulfidhaltigen Hypolimnion trennt, leben rote und grüne Schwefelbakterien. Sie nutzen die sehr geringe – aber für sie noch ausreichende – Lichtintensität zu einer anoxygenen, das heißt, nicht Sauerstoff-bildenden, Photosynthese und verwerten das für viele Lebewesen giftige H_2S als Elektronendonator für die Reduktion von CO_2 zu Kohlenhydraten. Neben CO_2 können diese Bakterien auch Aminosäuren und kurzkettige Fettsäuren als Kohlenstoffquelle nutzen. Diese monomolekularen Bausteine werden von Bakterien bereitgestellt, die Makromoleküle wie Cellulose, Lignin, Kohlenhydrate und Proteine abbauen.

Unterhalb dieser Schicht und im Sediment des Sees leben anaerobe Bakterien und Archaebakterien, die herabsinkendes organisches Material durch Gärung in einfache Bausteine zerlegen, und aus diesem Prozess Energie gewinnen. Aus den gebildeten Säuren entstehen unter Reduktion von Sulfat H_2S, CO_2 und Acetat sowie mineralische Stoffe. Die Sulfatreduzierer gewinnen ihre Energie aus der Potentialdifferenz zwischen Wasserstoff oder organischen Verbindungen und Sulfat (Sulfatatmung, Kap. 6.3.1). Bei der Sulfatatmung entsteht Schwefelwasserstoff, H_2S. Die Methan-bildenden Archaebakterien verwerten die durch Gärung aus der Zersetzung organischer Stoffe frei werdenden Mineralstoffe, CO_2, H_2 und Acetat für Wachstum und Vermehrung. Als Endprodukte des Stoffwechsels in der anaeroben Zone entstehen Methan (CH_4), das als Gas aufsteigt, CO_2 und H_2S. Die Gewinnung von Stoffwechselenergie aus der Reduktion von CO_2 mit H_2 zu CH_4 ist an einen niedrigen, eng begrenzten Partialdruck von Wasserstoff und an die Bereitstellung von CO_2 oder einer anderen einfachen C-Quelle gebunden.

Ein See ist, wie jedes Habitat, ein dynamisches System mit einer großen Anzahl und Diversität an Organismen, die sich ständig in gegenseitiger Abhängigkeit und Konkurrenz um die Ressourcen den jeweiligen Bedingungen anpassen müssen. Die Methanogenen, die verschiedenen Gruppen der Euryarchaeota angehören, sind auf die gärenden Bakterien angewiesen, da sie selber keine polymeren Stoffe und auch nicht viele einfache Substrate wie Zucker, Aminosäuren, Alkane etc. verwerten können. Neben den primären Gärern, die Biopolymere wie Cellulose, Stärke, Peptide zu Säuren und Alkoholen abbauen, gibt es sekundäre Gärer, die die primären Gärprodukte zu Acetat, Wasserstoff und Kohlendioxid umsetzten. Durch den Verbrauch von Wasserstoff stellt sich am Standort ein extrem niedriger Partialdruck von 10^{-5} bar für H_2 ein, der gerade noch ausreicht, um thermodynamisch eine Methanbildung zu katalysieren. Andererseits ist der niedrige Wasserstoffpartialdruck eine Voraussetzung dafür, dass die sekundären Gärer Wasserstoff als Gärungsprodukt freisetzen können.

$$CH_3-CH_2-CH_2-COOH + 2H_2O \rightarrow 2H_3C-COOH + 2H_2$$

$$(\Delta G^{0'} = +48 \text{ kJ/mol})$$

Diese Reaktion ist unter Standardbedingungen stark endergon: sie kann also nicht in der durch den Pfeil angegebenen Richtung ablaufen. Unter Standortbedingungen werden Wasserstoffpartialdruck und Acetatkonzentration durch Methanbildner und Sulfatreduzierer so stark erniedrigt, dass die Reaktion exergon wird, also thermo-dynamisch in der gezeigten Richtung ablaufen kann ($\Delta G^0 = -26$ kJ/mol bei 1 mM Butyrat, 0,1 mM Acetat und 10^{-4} bar Wasserstoff). Das Beispiel zeigt die engen gegenseitigen Abhängigkeiten (Syntrophie) innerhalb von Bakterienpopulationen. Die Wachstumsraten und die Rate des Substratumsatzes sind bei den einzelnen Or-ganismen sehr verschieden. **Autochthone** Organismen haben im Allgemeinen unter hohen Substratkonzentrationen keine hohen Substrataufnahme- und Wachstums-raten, wachsen aber noch bei sehr niedrigen Konzentrationen. Die **allochthonen** haben einen Vorteil bei hohen Substratkonzentrationen: Sie wachsen dann schnell, sterben aber bei sehr niedrigen Konzentrationen ab. Viele marine Bakterien wach-sen optimal entweder bei hohen (copiotroph) oder bei niedrigen (oligotroph) Nähr-stoffkonzentrationen.

Als Modell für copiotrophes Wachstum im Ozean wurde *Photobacterium angus-tum* S14 und für oligotrophes Wachstum *Sphingopyxis alaskensis* RB 2256 ausge-sucht (Lauro et al. 2009). Durch Auswertung von Sequenzdaten ozeanischer Meta-genome konnte nachgewiesen werden, dass die Oligotrophen die frei lebenden Bak-terienpopulationen dominieren (Lauro et al. 2009). Die wechselseitige Abhängig-keit kann auch zu einer engen Stoffwechsel- oder sogar räumlichen Gemeinschaft führen. In Mischkulturen des grünen phototrophen Bakteriums *Chlorobium spec.* und des schwefelreduzierenden Bakteriums *Desulfuromonas acetoxidans* werden H_2S und CO_2 von *Desulfuromonas* gebildet und von *Chlorobium* verwertet. Eine enge räumliche Verbindung besteht bei dem phototrophen Konsortium *Chlorochro-matium aggregatum*, das sich aus dem grünen Schwefelbakterium, dem Epibiont, und einem zentralen, beweglichen, chemotrophen Bakterium zusammensetzt. Zwi-schen beiden Symbionten bestehen enge morphologische Beziehungen in Form von haarähnlichen und tubulären Strukturen, die auf einen Austausch von Stoffwechsel-produkten schließen lassen. Auf der Kontaktseite zwischen Epibiont und Zentral-bakterium fehlen im grünen Bakterium die Chlorosomen – das sind Lichtsammel-strukturen der grünen Schwefelbakterien (Wanner et al. 2008). Eine Syntrophie, eine Kooperation in der Ernährung, besteht auch zwischen einem gärenden Bakte-rium (*Pelotomaculum thermopropionicum*) und einem Methanbildner (*Methanot-hermobacter thermaautotrophicus*), der von *P. thermopropionicum* H_2 und Acetat erhält. Die enge räumliche Assoziation zwischen beiden Bakterien wird durch das Geißelprotein von *P. thermopropionicum* bewirkt (Shimoyama et al. 2009).

Für die Ökologie aquatischer Systeme gilt allgemein das „*top-down-* und *bottom-up*"-Konzept. Diese Konzepte sehen als Hauptkontrollfaktoren für die Masse der Bakterien am Standort zum einen das Fraßverhalten des Zooplanktons und der Pro-tozoen, die Bakterien als Nahrung aufnehmen („*top-down control*"), und zum ande-ren das Nahrungsangebot, das die Wachstumsrate der Bakterien bestimmt („*bottom-up control*"). Wie wir gesehen haben, spielen die Wechselwirkungen zwischen den verschiedenen Bakterienarten ebenfalls eine entscheidende Rolle. Konkurrenz und Abhängigkeit zwischen den Arten bestimmen, neben den physikalischen Faktoren wie pH-Wert, Temperatur, Salzgehalt, Lichtklima, die Entwicklung einer Art. Zu den Räubern, die Bakterien als Nahrung verwenden, gehören auch die Bakteriophagen, die Bakterien lysieren oder genetisch verändern sowie die *Bdellovibrio*-ähnlichen Organismen. *Bdellovibrio bakteriovorans* ist ein parasitisches Bakterium, das seine Artgenossen bei den gramnegativen Bakterien „anbohrt", durch die Zellwand in den periplasmatischen Raum eindringt, sich dort auf Kosten der Wirtszelle ernährt, bis deren Zellinhalt völlig aufgebraucht ist und dann durch Lyse der Zellwand seinen Wirt verlässt (Stolp u. Petzold 1962; Burger et al. 1968; Chauhan et al. 2009).

13.2   Strategien der Bakterien, einen optimalen Lebensraum zu besetzen

Bakterien werden großräumig durch physikalische Kräfte wie Wasserströmung, Wind und andere Transportvorgänge verfrachtet. Viele Bakterien haben die Fähigkeit, sich mit Hilfe von haarähnlichen Fortsätzen, Schleimmaterial oder spezifischen Rezeptoren auf ihrer Zelloberfläche auf unterschiedlichen Materialien festzusetzen. Solche Oberflächen, auf denen sie haften, können Steine in einem Bach, Rohrleitungen, Holzspäne bei der biologischen Essigherstellung, Partikel aus organischem Material abgestorbener Lebewesen, die innere Oberfläche des Darmes, Implantate, spezifisches Gewebe und andere feste Gebilde sein. Meist geschieht das Festsetzen zufällig und unspezifisch. Durch das Festsetzen auf Oberflächen entstehen **Biofilme**: das sind, im Endstadium, mehrschichtige und oft aus verschiedenen Populationen zusammengesetzte Schichten. Das Festsetzen im Biofilm hat für die Bakterien den Vorteil, dass sie sich nicht zum Substrat hin bewegen müssen und gegen viele Einwirkungen von außen, z. B. Antibiotika, geschützt sind. Nachteilig ist die schlechte Versorgung mit Sauerstoff und Nahrungsstoffen in der Tiefe des gebildeten Biofilms. Wenn die Umgebung oder das vorbeiströmende Wasser geeignete Nahrungsstoffe enthalten, können dicke Schichten entstehen.

Um die Sukzession bei der Bildung von Biofilmen zu untersuchen, haben Forscher Glasstäbe an der Luft-Wasser-Grenzschicht im Auslauf des Fairy Geysirs im Yellowstone Nationalpark lokalisiert. Mit diesen Versuchen sollte die Bildung natürlicher Matten in den Spritzzonen des Geysirs simuliert werden (Boomer et al. 2009). Dicht unter der Wasseroberfläche exponierte Glasstäbe (60–70°C) wurden von *Synechococcus* (einzelliges Cyanobacterium) und *Thermus* (aerobes, thermophiles Bakterium) besiedelt. Während der Wintermonate bildeten sich rote und grüne Biofilme, in denen neben Cyanobakterien (Chlorophyll a) Chloroflexi (fädige, photosynthetische Bakterien mit Bakteriochlorophyll c) vom Typ *Roseiflexus*, und chemoorganotrophe Bakterien, die sich von organischen Kohlenstoffquellen ernähren wie *Planctomycetes*, dominierten.

Biofilmbildung kann für den Menschen Probleme bringen, wenn sich beispielsweise auf einem Implantat im Körper pathogene Bakterien festsetzen, oder Rohrleitungen von Bakterien verstopft werden. Bakterien, die sich mit Rezeptoren an bestimmten Zellen spezifisch anheften, sind oft Krankheitserreger, die vom Ort der

Bindung in Gewebe eindringen – zum Beispiel Typhuserreger in Zellen der Darmwand, Tuberkuloseerreger in Zellen des Lungengewebes oder *Helicobacter pylori*, der sich in der Schleimhaut des Magenepithels einnistet.

13.3 Aktive Bewegung von Bakterien

Rhizobium- und *Bradyrhizobium-*Arten werden in der Rhizosphäre durch Ausscheidungen der Pflanzenwurzeln chemotaktisch angelockt und heften sich an die Spitzen von Wurzelhaaren einer bestimmten Wirtspflanze an. Durch spezifische Wechselwirkungen mit den Zellen des Wirtes entstehen Wurzel- oder Sprosswucherungen, in deren Zellen eine symbiontische Stickstoff-Fixierung stattfindet, die wir schon im Kap. 6.2.1 kennen gelernt haben. Die Interaktion mit den Zellen des Wirts wird in dem Abschnitt über die Rhizosphäre beschrieben (Kap. 13.9.1).

Kleinräumig, also im Millimeterbereich, suchen Bakterien Bereiche optimaler Lebensbedingungen auf, indem sie sich mit Hilfe von Sensoren **photo**- oder **chemotaktisch** in Gradienten von gelösten Nahrungs- oder Lockstoffen, Licht, Sauerstoff oder pH-Werten auf einen optimalen Bereich zubewegen. Die Chemotaxis wird von einem Sensor- und einem Signaltransduktionssystem kontrolliert, das die Drehrichtung und die Drehgeschwindigkeit des Geißelmotors bestimmt. Die Drehung im Uhrzeigersinn verursacht ein Taumeln der Bakterien, die Umkehr der Drehrichtung ein Schwimmen in gerader Richtung. Das Taumeln führt zu einer Neuorientierung in der Schwimmrichtung. Wenn die Bakterien in der Richtung des Stoffgradienten schwimmen, überwiegt die Geißelrotation entgegen dem Uhrzeigersinn. **Bakteriengeißeln** sind dünne, fädige Gebilde (Länge etwa 10 µm, Durchmesser ca. 20 nm). Sie sind polar, also an den Zellenden, lokalisiert oder über die Zelloberfläche verteilt (peritrich). Geißeln bestehen aus einem Filament und dem gekrümmten Haken, der das Filament mit dem Basalkörper verbindet. Der Basalkörper ist in der Zellhülle – bestehend aus Zellwand und cytoplasmatischer Membran – verankert (Abb. 13.1).

Die Drehbewegung (bis zu 100 Umdrehungen pro Sekunde) wird durch den Geißelmotor erzeugt. Dieser besteht aus dem Stator und dem Rotor. Als Energiequelle für die Rotationsbewegung fungiert die protonenmotorische Kraft der Zelle, die durch die ATP-Synthase oder andere Energie erzeugende Prozesse bereitgestellt wird. Die treibende Kraft ist ein Gradient von Protonen (Protonendiffusionspotential, ΔpH) und das elektrische Membranpotential ($\Delta \psi$) über die cytoplasmatische Membran. Für eine Umdrehung werden etwa 1.000 Protonen über die Membran transportiert. Zu dem Geißelapparat gehören auch noch Proteine, die die Richtung der Geißeldrehung und ihre Bildung bestimmen, und ein sensorisches System, das, je nach Art der Bakterien, Reize der Umwelt – wie Gradienten von gelösten Stoffen oder der Lichtintensität – in eine Bewegungsreaktion umsetzen. Archaea besitzen Geißeln, die multifunktionell zu sein scheinen. Sie dienen der Fortbewegung, der Anheftung an Oberflächen und dem Zell-Zell-Kontakt (Näther et al. 2006). Über Aufbau und Biosynthese der archaealen Geißel ist noch wenig bekannt.

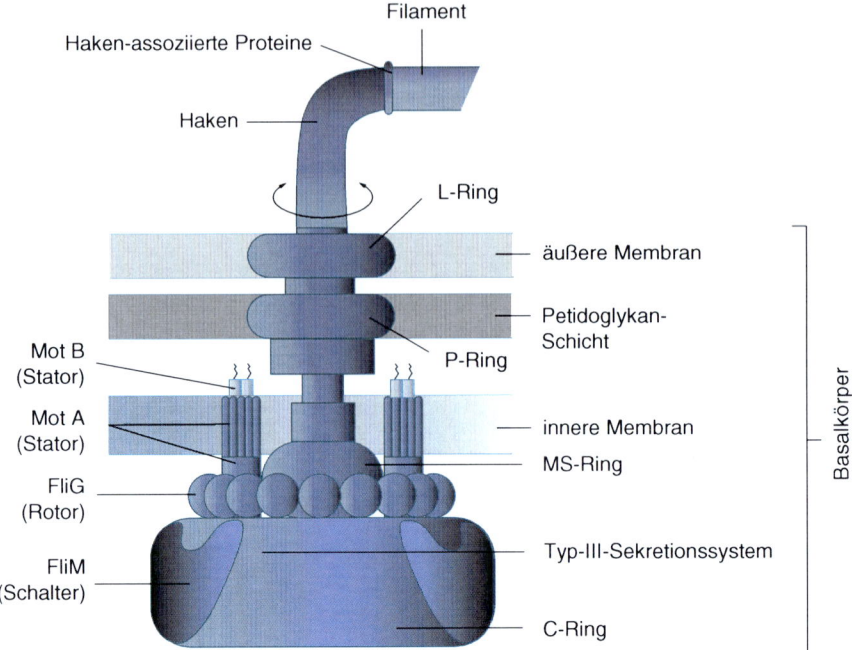

Abb. 13.1 Bakteriengeißel. Das Schema zeigt die wichtigsten Bauelemente. Der Basalkörper ist durch L- und P-Ring in der äußeren Membran und der Peptidoglycanschicht verankert. Der Basalkörper besteht aus zahlreichen Proteinen, die den Stator, den Rotor und den Schalter bilden. Ein Typ III Sekretionssystem ist für den Transport der Geißelbausteine durch die cytoplasmatische Membran verantwortlich. Die treibende Kraft für die Rotation der Geißel ist ein Protonengradient über die Membran.

Bakterien, die sich durch eine Gleitbewegung fortbewegen, wie beispielsweise einige fädige Cyanobakterien oder Myxobakterien, können ebenfalls in einer bestimmten Richtung, gerichtet, gleiten. Wenn Cyanobakterien einseitig mit dem Licht bestimmter Wellenlänge bestrahlt werden, gleiten sie entweder durch eine gerichtete, orientierte Bewegung (einige *Anabaena*-Arten) dem Lichtgradienten folgend oder durch Vor- und Zurückgleiten in verschiedenen Richtungen sich neu orientierend und, wenn sie zufällig in Richtung des Lichtgradienten kriechen, die Vorwärtsbewegung bevorzugend (*Phormidium spec.*). Die Reizaufnahme, die Vermittlung und Verarbeitung des Reizes, und die dadurch ausgelöste Steuerung der Bewegung, sind heute auf der molekularen Ebene in ihren Grundzügen aufgeklärt (Lengeler et al. 1999; Bhaya 2004; Mignot et al. 2005). Der Mechanismus der Gleitbewegung ist noch nicht vollständig verstanden. Schleimausscheidung durch Poren, Pili, die durch Festheften, Kontraktion und Relaxation die Zelle vorwärts ziehen, und das Cytoskelett scheinen beteiligt zu sein.

13.4 Das Streifenwatt

Die Watten sind flache Strandgebiete am Meer, die regelmäßig durch die Flut überschwemmt werden und bei Ebbe trocken liegen. Auf diesen Flächen lagern sich organische Schwebstoffe ab, die die Ausbildung von Zonen intensiven Lebens, so auch von mikrobiellen Matten begünstigen. Die Bezeichnung Streifenwatt ist auf eine streifenförmige Verfärbung zurückzuführen. In der gelblich-grünlich gefärbten Deckschicht dominieren Diatomeen (Kieselalgen) und Cyanobakterien, die photosynthetisch aktiv sind. Darunter können sich blaugrüne Cyanobakterien einnisten, die eine geringere Lichtintensität bevorzugen. Beide Zonen sind am Tag mit Sauerstoff gesättigt, der für andere Organismen wie Wattwurm, Polychaeten und aerobe Bakterien lebenswichtig ist. Darunter beginnt eine rosarot gefärbte Zone, die durch eine starke Sauerstoffzehrung anaerob geworden ist, in der sich Schwefel-Purpurbakterien ansiedeln. Diese Bakterien erhalten noch ausreichend Licht, um eine anoxigene (keine Sauerstoffbildung) Photosynthese zu betreiben. Sie verwenden Schwefelwasserstoff, der aus tieferen Schichten durch Diffusion aufsteigt, als Elektronendonor zur Reduktion von Kohlendioxid. Unterlagert wird diese Schicht durch eine olivgrüne Zone aus grünen Schwefelbakterien, die ebenfalls eine anoxigene Photosynthese als Energiequelle benutzen und mit noch geringerer Lichtintensität als die Schwefel-Purpurbakterien auskommen. In der darunter liegenden Schicht, die schwärzlich gefärbt ist, dominieren Sulfatreduzierer, die das im Meerwasser reichlich vorhandene Sulfat zu H_2S, Schwefelwasserstoff, reduzieren und damit Energie für ihren Stoffwechsel gewinnen. Ein Teil des H_2S reagiert mit Eisen zu FeS/FeS_2, das durch seine schwarze Farbe sichtbar wird. Durch Diffusion gelangt H_2S in die darüberliegenden Schichten und wird von den Schwefelpurpur- und den grünen Schwefelbakterien verbraucht. In der anoxischen Zone leben auch viele Anaerobier, die organisches Material in kleinere Bausteine zersetzen. Diese Zonierung entsteht teilweise durch chemotaktische und phototaktische Bewegungen der verschiedenen Organismen, die den für sie optimalen Lebensbereich aufsuchen (Abb. 13.2). Sie ist aber auch auf eine Steigerung des Wachstums in den Zonen, die eine optimale Entwicklung begünstigen, zurückzuführen.

Ein hypersalines Watt entsteht, wenn in Lagunen durch Verdunstung die Salzkonzentration ansteigt, obwohl zeitweise Meerwasser vom Ozean nachströmt. Hohe Salzkonzentrationen stellen für Mikroorganismen eine enorme Herausforderung dar. Halophile Bakterien kompensieren den Salzstress durch verschiedene Strategien. So werden Natriumionen im Tausch gegen Protonen oder Kaliumionen, deren Hydrathülle kleiner ist als die der Natriumionen, aus der Zelle gepumpt. Viele Bakterien bilden im Zellinneren kompatible Soluten – das sind verschiedene Zucker oder Aminosäurederivate wie Betain oder Ectoin, die den osmotischen Wert im Zellinneren gegen den des Außenmediums ausgleichen. Ein hypersalines Watt an der Küste von

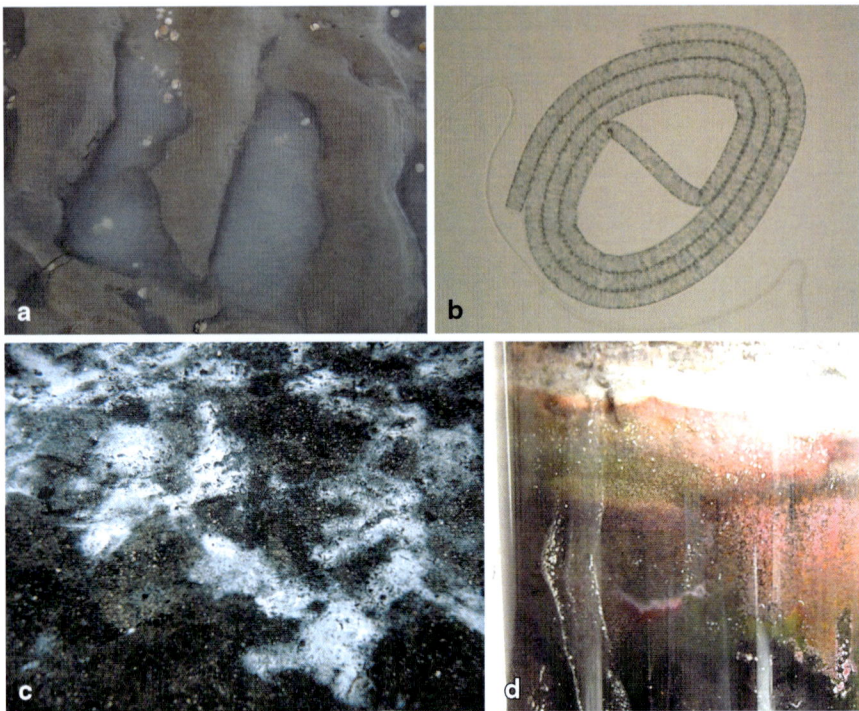

Abb. 13.2a–d Bakteriengesellschaften im Watt. **a** Schwefelwasserstoffhaltige Gezeitenpfütze im Sandwatt mit oxidativer Bildung von Schwefel (milchig-weiße Flecke); **b** *Beggiatoa:* fädiges, vielzelliges chemolithoautotrophes Bakterium mit Schwefeltröpfchen im Zellinneren. (Quelle: Aufnahmen von Marc Mussmann, MPI für marine Mikrobiologie, Bremen); **c** Bakteriengesellschaften im Sandwatt. (Quelle: #Mikro 239858 psd phototrophe und S-oxidierende Bakterien, Miriam Weber, MPI für marine Mikrobiologie, Bremen); **d** Ansammlungen roter und grüner phototropher Schwefelbakterien. (Quelle: Wikipedia, 727px-purp_d_winogradsky)

Baja California bei Guerrero Negro enthielt neben den photosynthetischen Bakterien eine Vielfalt an Archaea. In den oberen 2–3 mm dominierten Euryarchaeota (z. B. *Methanohalobium*), in tieferen Schichten Crenarchaeota (Robertson et al. 2009). Zu den Crenarchaeota gehören viele Extremophile, die bei sehr hohen oder sehr niedrigen Temperaturen oder bei tiefem pH-Wert wachsen. Die von Robertson et al. identifizierten Crenarchaeota wurden mit spezifischen Gensonden identifiziert.

13.5 Lebensgemeinschaften an den Hydrothermalquellen der Tiefsee

Die Tiefsee galt für lange Zeit als ein lebensfeindlicher Raum. Als man jedoch Wege fand, mit Messsonden und später mit bemannten U-Booten in die Tiefsee der Ozeane (>2.000 m) vorzudringen, entdeckte man 1977 in den Zonen, dort wo die Kontinentalplatten auseinanderweichen oder zusammenstoßen, heiße Quellen. Diese entstehen durch Eindringen von Meereswasser in Spalten, in denen Magma aus dem Erdinneren vordringt und das Wasser erhitzt. Die Schlote der „**schwarzen Raucher**" (*black smoker*) liegen über den Spreizungszonen im Bereich mittelozeanischer Rücken, wo die Kontinentalplatten auseinanderdriften, so z. B. am Juan de Fuca Ridge in einer Tiefe von 2.200 m. Das austretende Wasser kann eine Temperatur bis zu 400°C erreichen und ist sehr sauer (pH 2–3). Es enthält gelöste Metallionen wie Fe(II), Mn (II), Wasserstoff (H_2) sowie CO_2 und Schwefelwasserstoff (H_2S). Auch Methan wurde im Wasser der schwarzen Raucher gefunden. Die Reaktion der Ionen mit dem sauerstoff- und sulfathaltigen Meereswasser führt zur Bildung von Niederschlägen (FeO(OH), MnO_2) und Anhydriden, die schwärzlich gefärbt sind und zur Bezeichnung „schwarze Raucher" (Abb. 13.3) geführt haben.

H_2S, CO_2 und H_2 ermöglichen das chemolithoautotrophe Wachstum von Bakterien und Archaea, die wiederum die Ernährungsgrundlage für Röhrenwürmer und Muscheln bilden. Die Primärproduktion, und damit die Basis des Lebens in der Tiefsee, beruht auf der Chemolithoautotrophie: das ist die Erzeugung von Energie durch chemische, und nicht durch photosynthetische Prozesse und der Bildung von organischem Zellmaterial aus CO_2 und anorganischen Ionen (Abb. 11.3, 13.4). Einige schwefeloxidierende Bakterien leben in Symbiose mit Würmern. Genauere Untersuchungen an verschiedenen hydrothermalen Schloten der Tiefsee haben eine große Vielfalt von bakteriellen Stoffwechseltypen entdeckt. Während einer Expedition mit dem U-Boot Alvin zu den Schloten am Juan de Fuca Rücken, 300 km westlich von Vancouver Island, wurden Proben von der neu gebildeten Spitze des Schlotes (Proto-O und Proto-I) und vom älteren Teil eines Schlotes (4143-1) gesammelt und

Abb. 13.3 Heiße Tiefseequelle (*black smoker*); schwarzer Raucherkamin vom Tiefseeboden aufsteigend. 21° N, Ostpazifischer Rücken in ca. 2.800 m Tiefe. (Quelle: Die Aufnahme wurde von Prof. Dr. Karl Stetter, München, Univ. Regensburg zur Verfügung gestellt.)

Abb. 13.4 *Methanopyrus kandleri.* UV-mikroskopische Aufnahme der Zellen. Die blaugrüne Fluoreszenz resultiert von dem Cofaktor F420. (Quelle: Die Aufnahme wurde von Prof. Stetter, München, Regensburg, zur Verfügung gestellt.)

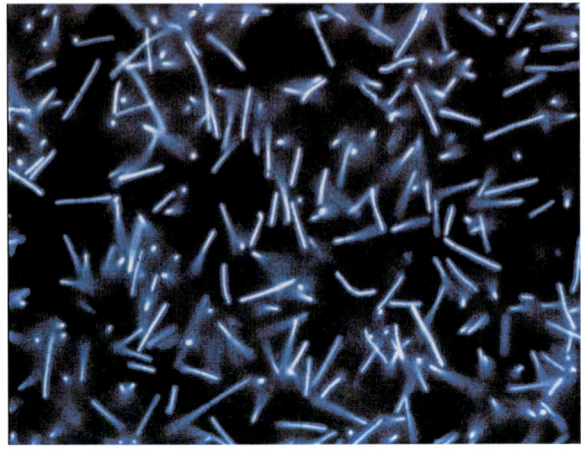

später die DNA mit Gensonden getestet (Peng et al. 2009). Die maximale Temperatur an der Mündung des Schlotes betrug 310°C. Das Proto-O-Material aus dem neu gebildeten, porösen Anhydrit, das mit dem kalten und sauerstoffreichen Meerwasser in Verbindung gestanden hatte, enthielt eine deutlich andere Population als Proto-I, den mehr ursprünglichen Sulfat- und Sulfid- Strukturen, die keine Verbindung zum Meereswasser hatten. Die dritte Probe stammte von der Außenseite eines reifen Schlotes vom Mothra-Feld. Es wurden RuBisCO-Gene unterschiedlichen Typs (siehe Kap. 6.4.3; Box 6.2), Gene für die Methanbildung und der aeroben und anaeroben Methanoxidation, sowie Gene der Stickstofffixierung, der Nitrifikation, der Denitrifikation und der Schwermetallresistenz nachgewiesen (Pernthales et al. 2008). Vertreter der Proteobakterien waren stärker vertreten als die Archaebakterien. Auch Ammonium-oxidierende Archaea (AOA; siehe Kap. 6.2.6) wurden im Gebiet der hydrothermalen Schlote des Juan-de-Fuca-Rückens an den äußeren Schichten des Schlotes in 2.267 m Tiefe bei einer Temperatur von 29,2°C nachgewiesen. Die Sequenzdaten der Monooxygenase waren zu ≤95% mit denen in der Genbank identisch. Das lässt vermuten, dass diese AOA mit denen an anderen Standorten übereinstimmen (Wang et al. 2009). Die Verschiedenartigkeit der Populationen in den Zonen an den Tiefseeschloten werden durch eine große Dynamik in den Kleinräumen dieser Biotope und die große Heterogenität der physikalischen und chemischen Lebensbedingungen dieser extremen Mikrohabitate begründet (Wang et al. 2009). Methan kann im Bereich der Schlote sowohl durch geochemische Reduktion von CO_2 als auch durch methanogene Bakterien gebildet werden.

Im Jahr 2000 wurde ein anderer Typ von Tiefsee-Hydrothermalquellen entdeckt, dessen austretendes Wasser nur eine Temperatur von 40–90°C besitzt. Der erste Vertreter wurde „*Lost City*" genannt (Kelley et al. 2002). Diese Quellen liegen einige km von den Spreizungszonen entfernt. Das aus der Kruste aufsteigende Wasser fließt durch Gestein, das viel Mg^{2+} und Fe^2, aber nur wenig Kieselsäure enthält und alkalisch ist (pH 9–11). Durch die Wechselwirkung des heißen Wassers mit dem Gestein entstehen CH_4, H_2, NH_3, H_2S, FeS, NiS, kurzkettige Kohlenwasserstoffe und das Mineral Serpentinit ($Mg_{2,85}Fe_{0,15}Si_2O_5(OH)_4$). Die Schlote von *Lost City* enthalten Carbonat-Ablagerungen und sind von Eubakterien und Methanosarcinales besiedelt. Im Bereich der hydrothermalen Quellen, aber auch an verschiedenen anderen marinen Standorten, wurden anaerobe, Methan-oxidierende Bakterien (AOM) gefunden, die einen erheblichen Beitrag zur Verminderung des CH_4-Gehalts der Atmosphäre liefern. An der anaeroben Methanoxidation sind Archaea der Gruppe ANME und verschiedene sulfat- oder metallreduzierende Bakterien beteiligt. Der Stoffwechsel der synthrophen Lebensgemeinschaft der AOM wurde in Kap. 6.4.3 beschrieben. Schwefelstoffwechsel und Methanogenese an einem hypersalinen Standort werden von Borin et al. (2009) beschrieben.

Einzelne Wissenschaftler haben die These vertreten, dass das Leben auf der Erde in der Tiefsee entstand, und nicht durch frühe Formen der Photosynthese an der Erdoberfläche. Es wird vermutet, dass in Mikrokompartimenten urzeitlicher Hydrothermalquellen Konzentrationsprozesse zur Bildung erster biologischer Substanzen geführt haben (Martin et al. 2008). Die durch Gensonden und Isolierung identifizierten Bewohner der Tiefseestandorte sind mit ihren Artgenossen, die in Habitaten an der Oberfläche der Kontinente oder im Meer leben, eng verwandt, so dass es schwierig sein wird, die ökologischen Nischen ausfindig zu machen, in denen die ersten Lebensformen auf der Erde entstanden.

Bohrungen in verschiedenen Meeressedimenten haben die überraschende Erkenntnis gebracht, dass auch tief in Meeressedimenten (10–300 m) Spuren von lebenden Bakterien und Archaeen gefunden werden. Es gibt aber noch keine näheren Daten über die Ernährungsgrundlage und Wachstumsrate dieser Bakterien.

13.6 Leben unter dem Eis in der Antarktis

Ein anderer, extremer Standort ist die Antarktis mit ihren sehr niedrigen Temperaturen und langen Dunkelperioden. Der in der Antarktis liegende, 14.000 km^2 große See Vostok wird seit ca. 18.000 Jahren von etwa 4 km dickem Gletschereis bedeckt. An der Unterseite des Gletschers entstand durch Frieren und Tauen sowie Bewegung des Gletschers über flache Stellen des Sees eine Schicht von Eis mit mineralischen Einschlüssen. Die Durchschnittstemperatur im See beträgt $-2°C$ und der Druck 400 Atmosphären. Es ist dort vollständig dunkel. Sauerstoff ist vorhanden, Nahrungsstoffe sind aber nur in sehr niedrigen Konzentrationen verfügbar. Durch Bohrungen wurden Proben aus dem, an den Gletscher aggregierten Eis in etwa 3.590 m Tiefe gewonnen, das etwa 3.400 bis 3.500 Jahre alt ist. Proben aus dem Gletschereis (3.500 m) waren 1 bis 2 Millionen Jahre alt. Auch in dieser unwirtlichen Welt wurden vermehrungsfähige Bakterien in einer großen Artenvielfalt, aber in sehr geringen Konzentrationen gefunden (5–10 Zellen/ml). Die isolierten Bakterien gehören zu den Bacillus-ähnlichen Formen (Firmicutes), den *Nocardia*- und *Arthrobacter*-verwandten (Actinobacteria) und den *Nitrobacter*-verwandten α-Proteobacteria. Auch einige Pilze kommen in diesem extremen Ökosystem vor (D'Elia et al. 2008). Eine noch ausstehende Sequenzierung der Genome der isolierten Stämme und ihre genaue physiologische und biochemische Charakterisierung sollten Erkenntnisse über ihre Evolution in dieser isolierten Biosphäre ergeben.

13.7   Der Pansen und seine Bewohner

Wiederkäuer, zu denen die Rinder gehören, besitzen eine 100–150 l große Gärkammer, den Pansen. In diesem Teil des Verdauungsapparates wird die aufgenommene Pflanzennahrung nach wiederholter Zerkleinerung und Durchmischung mit bikarbonathaltigem Speichel durch Mikroorganismen abgebaut. Die pflanzlichen Kohlenhydrate wie Stärke, Cellulose, Hemicellulose und Pectine werden durch mikrobielle Enzyme bei etwa 39°C und einem leicht sauren pH Wert von etwa 6,5 verdaut und so für andere Mikroorganismen verfügbar gemacht. Die im Pansen sich entwickelnde Mikrobenflora ist sehr komplex und artenreich. Sie setzt sich aus Bakterien und Archaeen (*Ruminococcus*, *Selenomonas*, *Fibrobacter* und *Methanobrevibacter* und vielen anderen Arten), anaeroben Protozoen, Ciliaten und Pilzen zusammen. Der Anteil der Bakterien (≥200 Arten) beträgt 10^{10} bis 10^{11} Zellen pro Gramm Trockengewicht. Zunächst werden mit Hilfe der von Mikroorganismen ausgeschiedenen Exoenzyme die Polysaccharide und andere Makromoleküle zu niedermolekularen Verbindungen gespalten. Die Spaltprodukte, also Oligo- und Monosaccharide, werden zu Essig-, Propion- und Buttersäure vergoren, die vom Rind als Nahrung aufgenommen werden. Aus Kohlendioxid und Wasserstoff, die bei der Gärung entstehen, bilden *Methanobrevibacter* und andere Archaebakterien Methan, das zusammen mit CO_2 den Pansen durch Rülpsen verlässt und mit zur Erhöhung der atmosphärischen Konzentration an Treibhausgasen beiträgt. Der für die Proteinsynthese der Pansenmikrobionta notwendige Stickstoff wird durch Zufuhr von Harnstoff aus der Leber des Rindes in den Pansen bereitgestellt. Die Bakterien gelangen vom Pansen in den Blätter- und Labmagen, werden dort verdaut und dienen als Quelle für Aminosäuren und Vitamine.

13.8   Andere extreme Standorte

Außer der Tiefsee gibt es auf der Erde noch viele andere extreme, lebensfeindliche Standorte, die für Menschen, höhere Tieren und Pflanzen nicht bewohnbar sind, an die sich aber im Laufe der Evolution viele Bakterien und Archaebakterien angepasst haben. In den 70er Jahren haben Thomas Brock und seine Mitarbeiter in den heißen Quellen des Yellowstone Nationalparks thermophile Bakterien entdeckt und isoliert, die bei 65–75°C ihr Wachstumsoptimum haben. Später konnten Holger Jannasch, Karl Stetter und Wolfram Zillig in den submarinen oder oberirdischen heißen Quellen Bakterien entdecken, die noch bei Temperaturen über 100°C lebensfähig sind, einer Temperatur, die ausreicht, um fast alle Lebewesen abzutöten. Die meisten der hyperthermophilen Bakterien gehören zu den Archaea (*Pyrococcus*, *Pyrobaculum*,

Sulfolobus). In den heißen Quellen leben chemolithotrophe Primärproduzenten, die H_2S, H_2 und elementaren Schwefel mit Hilfe von Nitrat, CO_2, Sulfat oder Sauerstoff oxidieren, und heterotrophe Konsumenten, die durch Vergärung oder Oxidation organischer Stoffe ihren Stoffwechsel betreiben. Die Temperaturmaxima der einzelnen Arten liegen zwischen 75 und 103°C.

Die Wissenschaft bemüht sich seit vielen Jahren herauszufinden, wie Enzymproteine und die als Erbsubstanz dienende Desoxyribonukleinsäure (DNA) bei den hohen Temperaturen ihre Funktionalität erhalten können. Die meisten Proteine werden durch Kochen irreversibel denaturiert. Jeder hat diesen Vorgang schon beim Kochen von Eiern beobachtet. Man hat herausgefunden, dass die Primärstruktur der thermostabilen Proteine, also die Sequenz der Aminosäuren in der Peptidkette, nicht substantiell verschieden ist von der funktional gleicher Proteine mesophiler Bakterien, die ihr Wachstumsoptimum bei etwa 30°C haben. Allerdings liegen an der Oberfläche der gefalteten thermostabilen Enzymproteine eine größere Anzahl Aminosäuren mit geladenen Gruppen. Außerdem schützen so genannte Chaperone, das sind Faltungshelfer, die Proteine vor Denaturierung. Die DNA wird vermutlich durch eine zusätzliche Knäuelung und durch Bindung von Polyaminen vor der Denaturierung geschützt. Der Gehalt an freiem Wasser ist bei Hyperthermophilen niedriger als bei mesophilen Bakterien. Hitzeresistente Enzyme aus hyperthermophilen Bakterien werden heute intensiv untersucht und in der Lebensmittel- und Waschmittelindustrie sowie für die Forschung eingesetzt. So werden z. B. thermostabile Proteasen den Waschmitteln zugesetzt. Die thermostabile Taq-DNA-Polymerase hat eine große Bedeutung bei der Polymerasekettenreaktion (PCR) erlangt, die dazu dient, kleinste Mengen an DNA in zyklischen Schritten zu vermehren und dadurch nachweisbar und sequenzierbar zu machen. Diese Methode hat es ermöglicht, dass heute geringste Spuren von DNA – beispielsweise aus Mumien oder Tieren, die über Jahrtausende in Permaeis eingefroren überdauerten, oder die an Toten und an Gegenständen haftenden Spuren von Fremd-DNA bei der Verbrecherjagd – sequenziert und identifiziert werden können.

In einer Tiefe von 2,8 km wurde in südafrikanischen Goldminen eine DNA-Probe eines beweglichen, sporulierenden, Sulfat-reduzierenden, chemoautotrophen und thermophilen Bakteriums gefunden, die darauf hinweist, dass auch dieses Habitat von Bakterien besiedelt wird.

13.9   Lebensgemeinschaften im Boden

Die Vegetation auf der Erde mit ihren Wäldern und Feldern, bedeckt mit Kulturpflanzen, Wiesen, Steppen, Tundren und Hochgebirgszonen, ist nicht nur abhängig vom Klima, sondern steht auch in einer engen Wechselbeziehung zum Boden. Böden sind als ein mineralisches Verwitterungsprodukt entstanden und sind daher in ihrer Zusammensetzung und Struktur sehr verschieden. Sie sind angereichert mit Humus und bewohnt von einer großen Zahl von Bakterien, Pilzen, Protozoen, Gliederfüßern (Springschwänze) und Würmern. Ein gesunder Boden hat eine lockere, gut durchlüftete Struktur, ist salzarm und hat einen etwa neutralen Säurewert (pH ~7).

Regenwürmer und Springschwänze (Colembolen) nehmen abgestorbenes Pflanzen-material, Bakterien, Pilzsporen und andere organische Moleküle als Nahrung auf, zerkleinern sie und verdauen sie mit Hilfe von Darmbakterien. Die frei lebenden Bodenbakterien, die in ungeheurer Zahl und Artenvielfalt im Boden vorkommen, bauen das organische und anorganische Material weiter ab und liefern so den Pflanzen mineralische Nahrungsstoffe. Der Boden ist als ein lebendes System sehr heterogen und hinsichtlich Konzentration und Zusammensetzung an organischen und anorganischen Verbindungen, Sauerstoffgehalt, pH-Wert meist in unterschiedliche Zonen gegliedert. Wir kennen heute nur einen ganz geringen Prozentsatz der im Boden lebenden Bakterien, die auf bestimmten Nährböden wachsen und in ihrem Stoffwechsel heute gut charakterisiert sind. Einige haben wir in vorangegangenen Abschnitten kennen gelernt (Kap. 6, 13). Mit den Methoden der Molekularbiologie können wir heute ganze Genome von Bakterienpopulationen sequenzieren und mit Gensonden artspezifische Merkmale (16S-rRNA), Gene für Enzyme und andere Eigenschaften nachweisen, so dass wir Einblicke in die Dynamik und Typen des Stoffwechsels im Boden gewinnen können.

13.9.1   Die Rhizosphäre

Im Bereich von Pflanzenwurzeln, vor allem in unmittelbarer Umgebung der feinen Haarwurzeln, bildet sich eine Zone von besonders intensiver mikrobieller Aktivität. Diese **Rhizosphäre** ist von einer Bakterienpopulation bevölkert, die sich in Zahl und Zusammensetzung deutlich von der im umgebenden Bodenbereich unterscheidet. Das reiche Leben in dieser Zone wird durch Zucker, Aminosäuren, Hormone und Vitamine begünstigt, die von den Wurzeln ausgeschieden und von Bakterien und Pilzen als Nahrungsstoffe genutzt werden. Einige der Bakterien werden durch die Ausscheidungen der Pflanze chemotaktisch angelockt. Das sind vor allem Knöllchenbakterien der Gattungen *Rhizobium*, *Bradyrhizobium* und andere Arten, die sich bei den Leguminosen (Schmetterlingsblütlern wie Klee oder Bohne) – durch Ausscheidung von Flavonoiden angelockt – an die Oberfläche der Wurzelhaare anheften. Die Bakterien scheiden ihrerseits so genannte Nod-Faktoren aus, die eine Krümmung der Wurzelhaarspitze verursachen und zur Bildung eines Infektionsschlauches führen. Durch diesen dringen die Bakterien in die Wurzelrinde ein, gelangen schließlich ins Cytoplasma der Zellen und vermehren sich dort. Die Knöllchenbakterien wandeln sich in Bakteroide um, denen die äußere Membran (Abb. 10.6) fehlt, und die sich nicht mehr teilen. Sie werden von einer Doppelmembran umgeben. Die Zellen der Wurzelrinde teilen sich mehrfach, was zu der Bildung von Wurzelknöllchen führt. Das Enzym für die Distickstoffbindung, die Nitrogenase (Kap. 13.9.2), ist sehr sauerstoffempfindlich. Die Pflanze sorgt auf molekularer Ebene für einen geeigneten, niedrigen Sauerstoffpartialdruck, der für ein spezielles Atmungssystem der Bakterien ausreicht, um genügend Energie zu erzeugen und für die Bildung und Aktivität der sauerstoffempfindlichen Nitrogenase notwendig ist. Zum einen ist die Diffusionsrate des Sauerstoffs in die Wurzelknöllchen relativ niedrig. Zum anderen bindet das von der Pflanze synthetisierte Leghämoglobin Sauerstoff und wirkt so als Sauerstoffpuffer. Das Leghämoglobin ist mit dem Blutfarbstoff Hämoglobin verwandt, bindet aber nur ein Mol O_2 pro Mol Leghämoglobin.

13.9.2 Nitrogenase

Die Nitrogenase ist ein Enzymsystem, das nur bei Prokaryoten vorkommt. Es bindet molekularen Stickstoff (N_2) und reduziert ihn zu NH_3 (Kap. 6.2.1). Ammoniak wird über die Glutaminsynthetase als Stickstoffquelle (Glutamat/Glutamin) der Pflanze zur Verfügung gestellt. Als Energiequelle für den Prozess der Stickstofffixierung dient ATP. Die Elektronen für die Reduktion von N_2 werden aus dem Stoffwechsel der Bakterien über Ferredoxin oder Flavodoxin bereitgestellt. Die meisten Nitrogenasen besitzen ein Molybdän-Eisen-haltiges Zentrum als Katalysator. Mit synthetisch hergestellten Eisen-Molybdän- und anderen Metallclustern konnte bisher keine mit den nativen Enzymen vergleichbare Rate der Reduktion von N_2 erzielt werden. Die Pflanze liefert den Bakterien organische Säuren (Succinat, Fumarat, Malat) als Kohlenstoffquelle. *Rhizobium leguminosarum* erhält von der Pflanze auch verzweigtkettige Aminosäuren (Prell et al. 2009). Nitrogenasen kommen bei verschiedenen Bakteriengruppen vor und unterscheiden sich durch die Zusammensetzung der Metallzentren (Molybdän, Eisen-Schwefel, FeMo-Cofaktoren; oder Ersatz des Mo durch Vanadium oder Eisen). Das Enzym entstand sehr früh während der Evolution der Bakterien und kommt bei verschiedenen taxonomischen Gruppen vor. Die Bereitstellung von Ammoniak als Stickstoffquelle durch die Stickstoffreduktion mit der bakteriellen Nitrogenase spielt im terrestrischen und marinen Bereich eine große Rolle. Im marinen Bereich sind es vor allem Cyanobakterien, die Stickstoff fixieren.

13.10   Trinkwasser und Abwasser

Schon im Altertum wurde in verschiedenen Kommunen das Abwasser in den Kloaken vom Trinkwasser getrennt, eine bewusste Reinigung der Abwässer gab es aber noch nicht. Die ländliche Kleinstadt Rom des 7. bis 3. vorchristlichen Jahrhunderts deckte ihren Wasserbedarf aus dem Tiber und einigen Quellen. Mit der Zunahme der Bevölkerung und steigendem Lebensstandard stieg die Nachfrage für sauberes Wasser. Schon um 320 v. Chr. begann der Bau der ersten Fernwasserleitung, der 18 km langen Aqua Appia, die unterirdisch verlief. Im Laufe der folgenden Jahrhunderte wurden weitere Leitungen gebaut, um auch die höher gelegenen Teile der Stadt und vor allem die Brunnen und Bäder der Stadt mit Wasser zu versorgen. Das Wasser wurde in offenen Rinnen oberirdisch, einem genau bestimmten Gefälle folgend, in z. T. über 20 m hohen Aquädukten in die Stadt geleitet. Die Leitungen endeten in

Verteilungsbauwerken oder Brunnen, von denen die Fontana di Trevi, die unterirdisch verläuft, noch heute in Betrieb ist und unter anderem den Brunnen am Fuß der Spanischen Treppe mit Wasser versorgt. Den größten Wasserbedarf hatten die Thermen. Private Haushalte entnahmen ihren Wasserbedarf den Brunnen. Da das Wasser ständig lief, wurden mit dem Auslauf die Kloaken gespült. Das antike Rom mit seinen mehr als eine Million Einwohnern versorgte sich aus elf großen Wasserleitungen, die das Wasser aus Entfernungen bis zu 90 km in die Stadt brachten. Diese hoch entwickelte Technik, verbunden mit den daraus folgenden hygienischen Maßnahmen, blieb für mehr als 1.500 Jahre unübertroffen.

Im Mittelalter fielen die hygienischen und wasserbaulichen Einrichtungen in ganz Europa auf einen katastrophalen Tiefstand. Noch um 1.800 flossen in den Berliner Rinnsteinen zwischen Bürgersteig und Straße nicht nur das Regenwasser, sondern auch die Abwässer der Häuser mit den Inhalten der Nachttöpfe, modernden Küchenabfällen, toten Hunden und Katzen langsam der Spree zu. Der Gestank muss unerträglich gewesen sein. Das Wasser zum Trinken, Kochen und Waschen wurde aus der Spree oder den Brunnen entnommen, die aber durch den hohen Grundwasserstand in Berlin oft mit dem verseuchten Flusswasser in Verbindung standen und so verunreinigt waren. Trotz der Anordnungen, die Nachttöpfe nicht in die Brunnen zu entleeren und die Gassen sauber zu halten, kam es aufgrund der Wasserverunreinigung immer wieder zu Typhus- und Choleraepidemien. So forderte im Jahr 1831 die Cholera 1426 Todesopfer.

Die unhaltbaren hygienischen Zustände führten schließlich zum Bau des ersten Berliner Wasserwerkes vor dem Stralauer Tor im Jahr 1852. Von einem Hochbehälter wurde das Wasser durch natürliches Gefälle in der Stadt verteilt. Das Rohrnetz wurde in den folgenden Jahren ausgebaut und erweitert, konnte aber mit der Zunahme der Bevölkerung nicht Schritt halten. Rudolf Virchow empfahl den Bau einer Schwemmkanalisation, ein System bei dem Regenwasser, Abwässer und Fäkalien unterirdisch gesammelt und in einem Durchlaufbecken die flüssigen von den festen Stoffen getrennt wurden. Der flüssige Anteil des Abwassers wurde in die Flüsse eingeleitet. Später wurden die Abwässer auf die so genannten Rieselfeldern aufgebracht, in denen das Wasser versickerte. Im März 1891 waren bereits 20.200 Berliner Grundstücke an die Kanalisation angeschlossen. Nach Einführung der Kanalisation starben deutlich weniger Menschen an Typhus, und Berlin blieb von der letzten großen deutschen Choleraepidemie im Jahr 1892, die u. a. in Hamburg wütete, verschont. Die Folge war aber, dass die Flüsse immer stärker verschmutzt wurden. Wie in einem früheren Kapitel berichtet (Kap. 5.3.3, 5.3.8), haben Robert Koch und viele seiner Kollegen nachgewiesen, dass die Verseuchung des Trinkwassers mit Abwasser eine Ursache für die großen Choleraepidemien war, die über Jahrhunderte zu einer Dezimierung der Bevölkerung in ganz Europa führten. Als Konsequenz wurde in dieser Zeit Hygiene als ein wissenschaftliches Fach an den Universitäten etabliert und hygienische Maßnahmen zur Verbesserung der Trink- und Abwassertechnologie entwickelt. Max von Pettenkofer in München und Robert Koch in Berlin waren die ersten Lehrstuhlinhaber auf diesem Gebiet in Deutschland. Erst im 20. Jahrhundert begann der Bau von modernen Abwasseranlagen. Die Benutzung von Rieselfeldern war aber noch bis in die heutige Zeit üblich.

13.10.1 Moderne Abwasseranlagen

Die Erkenntnis, dass Mikroorganismen auch als Arbeitstiere bei der Beseitigung der großen Abwassermengen aus Industrie und Haushalten tätig sind, setzte sich erst im 20. Jahrhundert durch. Auch moderne Abwasseranlagen benutzen die natürlichen Bakterienpopulationen, die in der Natur organische Stoffe abbauen. Durch technische Einrichtungen wird dieser Prozess beschleunigt. Gesetzliche Vorschriften verlangen heute vom Hersteller, dass chemische Produkte wie Detergenzien durch Mikroben abbaubar sind. Häusliche Abwässer enthalten vor allem Kohlenhydrate, Fette, Proteine, Harnstoff, Detergenzien und andere Chemikalien, daneben Phosphat und Stickstoff in Form von Ammoniak und Nitrat. Als Maß für die Menge an organischem und anorganischem Material im Abwasser dient der **biologische Sauerstoffbedarf** (**BSB**). Der BSB ist die Menge an Sauerstoff, gemessen in mg O_2 pro Liter Abwasser, die in einem bestimmten Zeitraum, meist in 5 Tagen, verbraucht wird. Häusliches Abwasser hat einen BSB_5-Wert von 300–550 mg O_2/l; industrielle Abwässer aus Papierindustrie, Schlachthöfen, Brauereien etc. erreichen Werte von bis zu 100.000 mg O_2/l.

Moderne Abwasseranlagen reinigen Abwasser in der Regel in drei Abschnitten: In der ersten mechanischen Reinigungsstufe werden Feststoffe durch Rechen abgefangen und Sinkstoffe in einem Stillwassertank durch Sedimentation abgetrennt. Der wichtige zweite Schritt ist die Belebtschlammanlage. In dieser wird durch intensiven Eintrag von Luft und durch mechanisches Mischen ein großer Teil der organischen Stoffe durch eine komplex zusammengesetzte mikrobielle Population abgebaut. Viele der im Belebtschlamm aktiven Bakterien sind noch nie kultiviert worden. Sie konnten aber mit modernen Gensonden bestimmten Gattungen zugeordnet werden (Fuchs 2007, S. 627). Im darauf folgenden Absetzbecken werden das von organischen Stoffen weitgehend befreite Wasser und der Belebtschlamm, der zum großen Teil aus Mikroorganismen besteht, getrennt. Das geklärte Wasser wird nach eventuell notwendiger chemischer Fällung von Phosphor- und Stickstoffverbindungen dem Vorfluter zugeführt. Der Belebtschlamm wird zum größten Teil in die Belebtschlammanlage zurückgepumpt, um einen wirksamen biologischen Abbau zu gewährleisten. Der Belebtschlamm enthält neben Flocken aus Bakterien auch Protozoen, die vor allem pathogene und frei suspendierte Bakterien verzehren. Die Struktur des Belebtschlammes ist sehr wichtig. Er sollte gut sedimentierbar sein und keine schwimmenden Aggregate bilden, die vor allem aus fädigen Bakterien bestehen und den effektiven Abbau in der Belebtschlammanlage stören. Der überschüssige Belebtschlamm wird zusammen mit dem sedimentierten organischen Material dem Faulturm zugeleitet. Im Faulturm herrschen anoxische Verhältnisse, da der vorhandene Sauerstoff rasch aufgezehrt und die Schlammmassen nicht belüftet werden. Der Abbau im Faulturm vollzieht sich wesentlich langsamer als im Belebtschlammbecken. Hier kommen anaerobe Bakterien zum Zuge, die durch Gärungsprozesse organische Säuren, Wasserstoff und CO_2 produzieren. Durch die sich anschließende Methanbildung entsteht Biogas, das abgefangen und zur Energieversorgung der Anlage verwendet werden kann. Durch primäre anaerobe Abwasserbehandlung kann die Menge an Klärschlamm verringert werden.

Die Abwasserbehandlung ist, wie dargestellt, ein biologischer Prozess und kann durch Einleitung von toxischen Verbindungen empfindlich gestört werden. Daher müssen diese Anlagen ständig überwacht werden, um im Störfall Gegenmaßnahmen einzuleiten. Trotz der reinigenden Kraft der Abwasseranlagen sollte vermieden werden, infektiöses Material, vor allem multiresistente bakterielle Erreger und hoch pathogene Viren aus den Infektionsabteilungen der Krankenhäuser, durch das Abwasser zu entsorgen.

Kapitel 14
Mikroorganismen im Dienste des Menschen: Biotechnologie

Mikroorganismen wurden seit den frühen Zeiten der Menschheit für die Produktion von Gärungsprodukten – vor allem akoholische Getränke und fermentierte Nahrungsmittel – verwendet. Die Verfahren zur Herstellung wurden rein empirisch entwickelt. Die beteiligten Mikroorganismen waren unbekannt. Da nicht mit Reinkulturen gearbeitet wurde, kam es oft zu unerwünschten Nebenwirkungen durch Fehlgärungen. Die Gärorganismen und ihre Eigenschaften wurden erst im 19. und 20. Jahrhundert entdeckt. Für die Herstellung von Wein – also die anaerobe Vergärung von Zucker zu Äthylalkohol – dienten zunächst die auf den Weintrauben natürlich vorkommenden Hefen als Gärorganismen. Ein Zusatz von Sulfit (SO_3^{2-}) als Reduktionsmittel verhinderte das Wachstum vieler unerwünschter Mikroorganismen. Heute werden für die Herstellung von Wein und Bier Reinzucht-Stämme von *Saccharomyces cerevisiae* verwendet, die auf eine rasche und effektive Vergärung und die Bildung von Aromastoffen selektioniert wurden.

Die Produktion von Essigsäure ist ein streng aerober Prozess. Im klassischen Verfahren rieselt Alkohol über Buchenholzspäne, auf denen die Essigsäurebakterien als Biofilm sitzen. Von unten, in Gegenrichtung, sorgt ein Luftstrom für die notwendige Sauerstoffzufuhr. Heute wird die aerobe Oxidation von Alkohol zu Essigsäure durch Essigsäurebakterien (*Acetobacter*-, *Gluconobacter*-Arten) meistens in hoch technisierten Tieftankverfahren durchgeführt, um nichts dem Zufall zu überlassen und eine optimale und wirtschaftlich ertragreiche Produktionsrate zu erreichen. In der Nahrungsmittelindustrie wurden im Laufe der Zeit viele weitere mikrobiologische Verfahren entwickelt, um Lebensmittel zu konservieren oder deren Geschmack zu verändern. Joghurt, Kefir, Tofu, Käse, Zitronensäure und andere Säuren, Sauerkraut und andere Gärungsprodukte werden heute mit Hilfe von selektionierten Hochleistungsstämmen in technisch optimierten Verfahren oder noch nach alten Methoden mit natürlich angereicherten Organismen produziert.

Weniger bekannt ist die Herstellung von Aminosäuren, wie L-Glutaminsäure. Es wurden Stämme selektioniert, die die Aminosäure ins Medium ausscheiden und – durch Verwendung geeigneter Nährmedien und Selektion von Mutanten, die in der Regulation der Aminosäurebiosynthesewege verändert sind – Glutamat überproduzieren. Mit diesen Bakterien konnten Produktionsraten von 50 g

G. Drews, *Mikrobiologie,* DOI 10.1007/978-3-642-10757-3_14,
© Springer-Verlag Berlin Heidelberg 2010

L-Glutamat pro Liter Nährlösung in 40 Stunden erzielt werden. Weltweit werden im Jahr etwa 1,5 Millionen Tonnen Glutamat hergestellt. In einem normalen Wildstamm wird ja nur die für die Biosynthese von Proteinen benötigte Menge an Aminosäuren gebildet. Die Biosynthese von Aminosäuren wird, vor allem auf der posttranslationalen Ebene, in der normalen Wildstammzelle streng reguliert (Kap. 10.9.3). Für die Herstellung anderer Aminosäuren, wie L-Lysin, L-Homoserin, L-Valin, L-Isoleucin, L-Tryptophan und L-Tyrosin wurden auxotrophe Mutanten von *Corynebacterium glutamicum* und anderer Bakterien isoliert. Auxotrophe benötigen einen zusätzlichen Nährstoff zum Wachstum. So scheiden Homoserin-bedürftige Mutanten unter geeigneten Bedingungen 20 g L-Lysin ins Medium aus. Die genannten Aminosäuren werden in der Nahrungsmittel- und pharmazeutischen Industrie und für die biochemische Forschung verwendet. Glutamat wird als Geschmacksverstärker Lebensmitteln zugesetzt. Dies kann zu allergieähnlichen Reaktionen führen.

Vitamine wie Vitamin B_{12} werden durch *Propionibacterium spec.*, und Vitamin C durch eine Kombination vom chemischen und biologischen (*Gluconobacter*) Verfahren hergestellt. Mikroorganismen besitzen Enzyme, die komplexe organische Stoffe an bestimmten Positionen spezifisch umwandeln können. Sie sind damit chemischen Verfahren überlegen, die nur unter großen Schwierigkeiten z. B. eine Hydroxylierung von 11-Desoxycortisol zu Hydrocortison durchführen können – eine Reaktion, die von *Streptomyces fradiae* und *Cunninghamella* katalysiert wird.

A. Fleming entdeckte 1928 durch Zufall die Hemmung des Wachstums von *Staphylococcus aureus*, einem Erreger von Wundinfektionen, durch eine Pilzkolonie von *Penicillium notatum*. Intensive Forschung und die Entwicklung des großtechnischen Tieftankverfahrens führten zur Entdeckung und Produktion von antibiotisch wirksamen Sekundärstoffwechselprodukten in Pilzen, Streptomyceten und anderen Bakterien. Durch Mutattion, rekombinante molekulargenetische Veränderungen und Selektion, sowie chemische Modifikationen konnten Hochleistungsstämme isoliert werden, die höhere Ausbeuten erbrachten, sowie das Wirkungsspektren der Antibiotika, ihre Stabilität und Verträglichkeit für Patienten optimierten. Antibiotika wirken selektiv. So wird durch Penicilline die Zellwandbildung (Synthese von Peptidoglycan) und damit das Wachstum des pathogenen Bakteriums *Staphylococcus aureus*, gehemmt ohne den Menschen zu schädigen. Tetracycline hemmen die ribosomale Proteinsynthese; die Makrolidantibiotika (mit komplexer makrozyklischer Ringstruktur) hemmen die bakterielle Proteinsynthese im Schritt der Transpeptidierung an den Ribosomen. Die Proteinsynthesehemmer wirken auch selektiv, weil die Proteinsynthese bei den Eukaryoten, also auch beim Menschen, zwar nach dem gleichen Prinzip wie bei den Bakterien erfolgt, doch die Struktur der Ribosomen und der Mechanismus der Proteinsynthese sind so verschieden, dass diese Antibiotika nur bei den Prokaryoten wirken. Makrolidantibiotika gehören zu den Breitbandantibiotika, die also ein breites Spektrum von Bakterien hemmen. Die neuen gentechnischen Verfahren erlauben es, die Produktion von Antibiotika und anderen Wirkstoffen zu optimieren und den medizinischen Bedürfnissen anzupassen. So wurden z. B. die Penicilline in ihrer Struktur so verändert, dass ihr Wirkungsspektrum verbreitert, ihre Verträglichkeit erhöht und ihre Abbaurate im Organismus verringert werden konnte. Leider haben viele Infektionserreger Resistenzmechanismen gegen die Antibiotika entwickelt. So gibt es multiresistente *Staphylococcus aureus*-Stämme, die gegenüber mehreren Antibiotika resistent geworden sind und sich vor allem in Krankenhäusern ausgebreitet haben. Vielfach werden Resistenzgene durch horizontalen Gentransport innerhalb von Bakterienpopulationen verbreitet. Auch das ist ein Prozess der Evolution, der einen ständigen Einsatz der Forschung erfordert, um neue Antibiotika zu entwickeln, Verbreitung der Resistenz zu vermeiden und neue Wege der Krankheitsbekämpfung aufzufinden.

Durch molekulargenetische Verfahren ist es gelungen, Fremdgene – wie z. B. das Gen für die Produktion von Insulin – kombiniert mit Hochleistungspromotoren in Vektoren einzubauen und diese in Produktionsstämme zu übertragen. Die Produktionsstämme müssen das Fremdprodukt in großen Mengen ausscheiden, dürfen es nicht abbauen oder selber durch das Produkt geschädigt werden. Als Produktionsstämme für Proteine werden heute neben grampositiven Bakterien meistens Pilze wie *Saccharomyces* oder *Sordaria* eingesetzt. Die an Mikroorganismen entwickelten Verfahren, Fremdgene in Produktionsstämmen zu exprimieren, und in großtechnischen Verfahren Proteine und andere Makromoleküle herzustellen, wurden auch für eukaryotische Zellkulturen, zum Beispiel für die Herstellung von Antikörpern, entwickelt.

Im Text wurde mehrfach das Tieftankverfahren erwähnt. Die Herstellung biologischer Produkte mit Hilfe von Bakterien und Pilzen beginnt im Labormaßstab in Fermentern von 1 bis 10 l Fassungsvermögen. Fermenter sind zylindrische Gefäße aus Glas, die mit Einrichtungen zum Rühren, Begasen, Beimpfen, Messen und Regeln von Temperatur, pH-Wert, Sauerstoffkonzentration etc. sowie der Zugabe- und Entnahmemöglichkeit von Material unter sterilen Bedingungen ausgestattet sind (Abb. 14.1a). In langen Versuchsreihen werden die Bedingungen für eine optimale Produktion erarbeitet. Eine intensive Rührung, gekoppelt mit einer starken Belüftung, sorgt für eine ausreichende Sauerstoffversorgung der Organismen auch in sehr dichten Suspensionen. Die dabei entwickelten Scherkräfte können bei empfindlichen Pilz- und Zellkulturen zu einer Zellschädigung führen. Alle Parameter der Kultur – wie das Verhältnis von Kohlenstoff zu Stickstoff in der Nährlösung, der Säuregrad (pH-Wert), die Zugabe von Produktvorläufern etc. – müssen optimiert werden. Die gewonnenen Erfahrungen werden dann auf größere Volumina bis zu den Produktionsgefäßen aus Edelstahl mit Volumina bis zu 100 m³ übertragen und erprobt (Abb. 14.1b). Regelsysteme sorgen dafür, dass die Bedingungen konstant gehalten werden. Die Nährlösung kann schubweise oder kontinuierlich zugegeben werden. Die Produktionsstämme werden nach Mutation oder molekulargenetischer Konstruktion selektiert. Das gesamte Produktionsverfahren muss unter sterilen Bedingungen durchgeführt werden, d. h. es dürfen keine Fremdkeime in die Kultur und keine Produktionsorganismen aus der Kultur in die Umwelt gelangen. Die Verfahrenstechnik ist heute ein eigenständiger Zweig des gesamten industriellen Herstellungsprozesses.

Die „rote" Gentechnik, also die Verwendung von gentechnisch veränderten Produktionsstämmen für die Herstellung von Antibiotika, mannigfachen

Abb. 14.1a, b a Schema eines Laborfermenters. *1* Einfüllstutzen, *2* Probeentnahme, *3* Filter zur Sterilisation der einzuleitenden Luft, *4* Luftaustrittsöffnung, *5* und *6* Einlass und Auslass der Flüssigkeit zum Temperieren des Fermenters, *7* Antriebswelle für den Blattrührer, *8* Öffnung zum Einsetzen einer Messelektrode (pH, pO_2), *9* Röhre für Temperaturfühler, *10* Abdeckplatte des Fermenters, *11* Prallbleche zur Erzeugung einer turbulenten Strömung und zugleich zur Temperierung der Flüssigkeit, *12* Fermentergefäß aus Glas, *13* Dichtungsring, *14* Halterung zum Einspannen des Gefäßes in die Fermentereinheit. (Quelle: Drews G (1983) Mikrobiologisches Praktikum, Springer). **b** Großtechnische Fermentationsanlage. Es sind nur die Oberteile der Fermenter zu sehen, die jeweils ein Arbeitsvolumen von 100 m³ haben. Aufnahme der Fa. BASF (Ludwigshafen).

Gärprodukten und Medikamenten, wie Insulin und Antikörpern, wird heute – nach vielen Widerständen in vergangenen Jahren – allgemein akzeptiert. Leider wird der Einsatz der „grünen" Gentechnologie bei der Züchtung neuer Nutzpflanzensorten in Deutschland durch eine oft unsachliche Berichterstattung und ideologisch gefärbte Kampagnen, ja sogar durch Gewaltanwendung, behindert. Die grüne Gentechnik bietet für einen nachhaltigen Umgang mit der Natur bedeutende Vorteile. So könnte der Einsatz von Pestiziden beim Anbau einiger Nutzpflanzen vermieden oder stark reduziert werden. Aber leider hat die Politik aus den Versäumnissen bei der Verwendung der „roten" Gentechnologie (Herstellung von Insulin durch gentechnisch veränderte Bakterienstämme) nicht gelernt. Damals wurde der Einsatz dieses Verfahrens, das gegenüber der Herstellung von Insulin aus tierischem Material große Vorteile bietet, über ein Jahrzehnt verhindert. Die grüne Gentechnologie ist eine Methode, die neben vielen anderen Verfahren zur Nachhaltigkeit bei der landwirtschaftlichen Produktion Vorteile bringen kann. Die mit ihr erzielten Ergebnisse müssen natürlich in ihrer Anwendbarkeit in jedem einzelnen Fall getestet werden.

Auf dem Weg zur Erhöhung und Verbesserung der Produktion landwirtschaftlicher Erzeugnisse sind viele Aspekte zu berücksichtigen. Die alten, bewährten Verfahren müssen gegenüber neuen methodischen Ansätzen auf den Prüfstand gestellt werden. Unsere Kulturpflanzensorten entstanden zunächst durch natürliche Selektion, später durch Selektion nach Mutation und Kreuzung. Molekulargenetische Verfahren können rascher zu einer gezielten Veränderung führen. Natürlich ist es dann notwendig, diese genetisch veränderten Sorten sorgfältig zu prüfen, ob sie unter den lokalen Bedingungen des Anbaues bessere Erträge bringen, gegen Schädlinge resistent geworden sind und keine negativen Folgen für den Anbau anderer Pflanzen haben.

Kapitel 15
Die Systembiologie untersucht Regulationsnetzwerke und phylogenetische Beziehungen

Die Fülle an vorhandenen und noch zu bestimmenden Genomsequenzen sowie physiologische und biochemische Daten von zahlreichen Bakterienarten und Metagenomen bieten, zusammen mit neu entwickelten molekulargenetischen und mathematischen Verfahren, die Möglichkeit, neue Erkenntnisse über die Vernetzung von Stoffwechselwegen und deren Regulation sowie über Interaktionen zwischen Organismen in einer Population zu gewinnen, und damit einen Einblick in die Dynamik des Stoffwechselgeschehens in einem Habitat zu erhalten. Auf der Ebene der Zellen hat man begonnen, die Kinetik der Transkription (Transkriptom) und der Translation (Proteom) zu untersuchen, um das komplexe Regulationsnetzwerk einer Zelle kennen zu lernen. Sowohl in der Einzelzelle als auch in Populationen von Bakterien bestehen Netzwerke des Stoffwechsels, die aus verschiedenen Modulen, Bauelementen, zusammengesetzt sind. Ein Modul im biologischen Netzwerk besteht aus einem Satz von Elementen (Proteine, enzymatische Reaktionen, Stoffwechselwege), die ein kohärentes strukturelles Subsystem mit bestimmten Funktionen bilden. Die Modularität eines Stoffwechselnetzwerks wird durch seine Größe, Umweltfaktoren, welche die Zusammensetzung eines Habitats beeinflussen, und den horizontalen Gentransfer (das ist die Übertragung von genetischem Material zwischen einzelnen Individuen, auch über Artgrenzen hinweg) geprägt (Kreimer et al. 2008). Die Interaktionen zwischen Bakterien in einem Habitat und dessen Veränderungen im Laufe der Zeit führen zum Entstehen neuer Arten oder Subspezies. Während der Evolution in einem bestimmten ökologischen Bereich können Module ausgetauscht und verändert werden. Die Ausbreitung und Adaptation von Bakteriengruppen in neuen Habitaten hängt auch von der Flexibilität und Heterogenetität ihrer Genpools ab. Mit den genannten Verfahren konnte eine sympatrische Differenzierung innerhalb verwandter Arten, das heißt, das Entstehen neuer Arten oder Subspezies, und die Koexistenz dieser neuen Arten innerhalb eines Habitats, durch Anpassung an spezifische Nahrungsquellen oder Nährstoffe beobachtet werden (Hunt et al. 2008). Aus dem Vergleich vieler genomischer Sequenzen beginnt man die Phylogenie, die Abstammung der einzelnen Arten und ihre Evolution zu verstehen.

Mikroorganismen, vor allem Pilze und Bakterien, haben eine wichtige Funktion in den Stoffkreisläufen im Boden, bei der Herstellung und Erhaltung einer optimalen Bodenstruktur und in den Wechselbeziehungen mit den Pflanzen. Diese

G. Drews, *Mikrobiologie,* DOI 10.1007/978-3-642-10757-3_15,
© Springer-Verlag Berlin Heidelberg 2010

vielfältigen Aufgaben gilt es bei der Wiederherstellung ökologischer Systeme zu beachten, die nicht darauf gerichtet sein kann, den Urzustand zu rekonstruieren, sondern ein Gleichgewicht zwischen der Komplexität ökologischer Systeme und der ökonomischen Realität zu erreichen (Roberts et al. 2009; Harris 2009).

Eine weitere Aufgabe der Systembiologie wird es sein, die komplexen Wechselwirkungen zwischen pathogenen Bakterien und dem Wirtsorganismus (Mensch, Tier, Pflanze) aus der zur Verfügung stehenden Datenfülle durch mathematische Verfahren zu erarbeiten.

Kapitel 16
Die synthetische Biologie konstruiert Organismen mit bestimmten Eigenschaften

Japanische Biotechnologen entdeckten 1957 das Bodenbakterium *Corynebacterium glutamicum*, welches Glutaminsäure in das Medium ausscheidet. Da für Aminosäuren ein großer Bedarf in der Nahrungsmittel- und pharmazeutischen Industrie bestand, wurde in vielen Ländern versucht, Stämme zu isolieren, die diese und andere Aminosäuren sowie Vitamine in großen Mengen produzieren. Durch Mutation und Selektion, später auch durch genetische Modifizierung, gelang es, Hochleistungsstämme herzustellen, die im industriellen Maßstab diese Produkte bilden. Eine Voraussetzung für den Erfolg war es, die Permeabilität der Zellgrenzflächen so zu beeinflussen, dass die Produkte ausgeschieden werden.

Die synthetische Biologie will einen anderen Weg gehen, um neue Organismen mit bestimmten Eigenschaften zu konstruieren. Sie basiert auf den Erfahrungen und Techniken der molekularen Biologie. In einer kürzlich veröffentlichten Stellungnahme (Friedrich 2009) von Experten der Deutschen Forschungsgemeinschaft (DFG), der Deutschen Akademie der Technikwissenschaften (Acatech) und der Deutschen Akademie der Naturforscher Leopoldina werden folgende Ziele für die synthetische Biologie vorgeschlagen: (1) die **chemische Synthese von Genen und Genomen:** z. B. für die Herstellung von DNA, Vakzine und die somatische Gentherapie; (2) die **Entwicklung von Minimalzellen:** das sind Zellen, die auf essentielle Lebensfunktionen reduziert sind. Die bisherigen Ergebnisse der Sequenzierung bakterieller Genome haben große Unterschiede in den Genomgrößen aufgezeigt (0,16–1,83 Mbp). Mit der künstlichen Herstellung einer Minimalzelle soll ein Modell geschaffen werden, an dem das Zusammenspiel von essenziellen Genmodulen untersucht werden kann. Minimalzellen könnten als Basis für die Konstruktion von biotechnologischen Produktionsstämmen dienen. (3) Die Herstellung von **Protozellen:** das sind künstliche Systeme, die keine lebenden Zellen darstellen, sondern reproduzierende Informationsspeicher aus DNA, RNA und Proteinen, umgeben von einer Lipidhülle, die Stoff- und Energieaustausch ermöglichen, um die erdgeschichtlich frühen Formen des Lebens und die Grundmechanismen einer reproduzierenden Zelle untersuchen zu können. (4) Die **Konstruktion von maßgeschneiderten Stoffwechselwegen.** Dieses Ziel wird schon heute für die Herstellung von Hochleistungsstämmen in der Biotechnologie angewandt (*metabolic engineering*). Die gewünschten Module von Stoffwechselwegen werden zusammen mit den notwendigen Regulationsfaktoren

G. Drews, *Mikrobiologie,* DOI 10.1007/978-3-642-10757-3_16,
© Springer-Verlag Berlin Heidelberg 2010

chemisch synthetisiert oder aus vorhandenen Sequenzen entnommen, und in einen geeigneten Spenderorganismus (*Escherichia coli, Saccharomyces cerevisiae* oder tierische Zellen) eingefügt. Ein Beispiel für diese Entwicklung ist die Herstellung des Antimalariamedikaments Artemisinsäure. Die pflanzlichen Gene für diesen Stoff wurden aus *Artemisia anna* kloniert, in Bäckerhefe – nach Ergänzung mit Expressions- und Regulationsfaktoren – übertragen und zur Produktion gebracht. (5) die Konstruktion von komplexen genetischen Schaltkreisen. In Kap. 10.9.3 und anderen Abschnitten des Buches hatten wir die komplexen, auf verschiedenen Ebenen des Stoffwechsels (Transkription, Translation, Enzymregulation) stattfindenden Regelmechanismen kennen gelernt. Solche Schaltelemente sollen aus Zellen entnommen und zu Schaltkreisen zusammengesetzt werden, um die gezielte Produktion von Wirkstoffen zu optimieren. (6) Schaffung von orthogonalen Biosystemen. Orthogonalität bedeutet in diesem Zusammenhang die freie Kombinierbarkeit unabhängiger Bauteile. Für die Konstruktion neuartiger Biosysteme ist es wichtig, dass neu in einen Organismus eingebrachte Stoffwechselwege und ihre Schaltkreise nicht mit den in der Zelle vorhandenen Regulationssystemen interferieren. Ein Ansatz bestünde in der Modifizierung des genetischen Codes für eine künstliche Aminosäure oder die Veränderung des Leserasters der Proteinsynthese an den Ribosomen.

„Bioremediation": ein neues Stichwort und eine neue Herausforderung für die Beseitigung von Mineralöl und toxischen Industrieabfällen in kontaminierten Böden. Bakterien, die gegen Gifte, wie chlorierte Kohlenwasserstoffe und Phenole, resistent geworden sind, und diese Substanzen abbauen, sind zumeist nicht in der natürlichen Bodenpopulation zu finden. Die gentechnische Konstruktion solcher Bakterien, die diese Aufgabe meistern, wäre eine weitere Aufgabe für die synthetische Biologie. Ein solches komplexes Bioengineering setzt natürlich neue Techniken und detaillierte Kenntnisse von Sequenzen, Zellsignalisierungs-, Regulations- und Expressionsmechanismen sowie Stoffwechselwegen voraus. Die Unverträglichkeit heterologer Gene und Genprodukte muss bedacht werden. Es wird notwendig sein, dass Computermodellierer, Ingenieure für die Entwicklung von Mikrotechniken, für Sequenzierung, Massenspektroskopie, Mikrochipanalysatoren etc., Genetiker und Mikrobiologen zusammenarbeiten, um diese Aufgaben effektiv zu meistern (Koide et al. 2009). Die Zukunft wird es zeigen, ob der Aufwand sich lohnen wird. Sicher ist aber, dass die Entwicklung neuer Techniken und die Erweiterung unseres Wissens über das zelluläre Geschehen in einer Bakterienzelle für die Wissenschaft Gewinn bringen und unser Wissen erweitern wird. Die Ergebnisse sollen auch helfen, Probleme der angewandten Forschung zu lösen.

Als Beispiel sei die erfolgreiche Übertragung und Modifizierung eines bakteriellen Genoms in Hefezellen durch J. Craig Venter und Mitarbeiter in Rockville, Maryland und einer Einschleusung des modifizierten Genoms in ein anderes Bakterium als Produktionsstamm geschildert (Lartigue et al. 2009). Das 580 kb große Genom von *Mycoplasma genitalium* wurde durch chemische Synthese von Teilstücken hergestellt und diese in *Escherichia coli* kloniert. Die Segmente wurden dann in der Hefe *Saccharomyces cerevisiae* durch Rekombination zusammengefügt. Um ein bakterielles Genom aus der Hefe in ein geeignetes Cytoplasma zu übertragen, wurde das 1,1 Mb große Genom von *Mycoplasma mycoides* als ein Hefeplasmid kloniert, und dieses in *Mycoplasma capricolum* transplantiert. So wurde eine lebende, vermehrungsfähige *M. mycoides*-Zelle erhalten. Das hört sich sehr einfach an und erscheint auch nicht sehr sinnvoll. Diese und ähnliche Versuche dienen aber der Entwicklung von Methoden für die Konstruktion einer maßgeschneiderten Zelle. Dabei müssen viele Schwierigkeiten überwunden werden. So ist es nicht trivial, kleine, synthetisch hergestellte Sequenzen zu funktionalen Genomen zusammenzufügen. Bei der Übertragung eines Genoms in andere Cytoplasmata können Restriktionsenzyme in der Wirtszelle die Fremd-DNA zerschneiden oder Regulationsfaktoren eine Expression der Gene verhindern, oder das Methylierungsmuster der DNA muss geändert werden. George Church, Harvard University Boston, hat mit seinen Mitarbeitern Methoden entwickelt, um Biosynthesewege in Bakterien so so zu verändern, dass diese Bakterien chemische Produkte produzieren können (Pennisi 2009).

Kapitel 17
Anmerkungen zur Evolution der Lebewesen

Charles Darwin (1809–1882) konnte durch seine Thesen erklären, warum alle Lebewesen durch gemeinsame Grundprinzipien der zellulären Organisation und des Stoffwechsels miteinander verwandt sind und einen gemeinsamen Ursprung haben. Seine Abstammungslehre hat Mechanismen aufgezeigt, durch die neue Arten entstehen und sich in Biotopen neue Populationen mit einer bestimmten Artenzusammensetzung entwickeln (Darwin 1859). Seine Theorie beruhte auf eigenen Beobachtungen während seiner Reise auf dem Schiff „Beagle" und Experimenten mit Pflanzen und Tieren, die er nach seiner Rückkehr in seinem Haus anstellte, und den Forschungsergebnissen der Geologen, die in den Sedimentschichten aus verschiedenen Erdperioden Reste von Tieren und Pflanzen entdeckt hatten, die große Unterschiede aufwiesen und das Verschwinden und Entstehen neuer Arten dokumentierten. Heute stehen der Geologie neue und verfeinerte Methoden der Paläontologie zur Verfügung, die mit mikroskopischen Methoden an Gesteinsdünnschliffen feinste Strukturen von versteinerten Lebewesen und mit chemischen Methoden spezifische Stoffe nachweisen können, die Indikatoren für bestimmte Organismengruppen darstellen. Durch Isotopenmessungen gelang es, Zeitbestimmungen vorzunehmen, und damit das Vorkommen von Organismen einem bestimmten Erdzeitalter zuzuordnen. Mit diesen Methoden wurde nachgewiesen, dass schon vor mehr als 2.700 Ma Bakterien und Archaebakterien vorhanden waren und der von Cyanobakterien gebildete Sauerstoff seit etwa 2.300 Ma in die Erdatmosphäre entlassen wurde. Die Entwicklung des Photosyntheseapparates in einer frühen erdgeschichtlichen Periode war eine große Triebfeder für die Evolution. Höhere, vielzellige Organismen erschienen auf der Erde aber erst vor 500 Ma (Tab. 17.1).

Die große Zeitspanne zwischen dem Auftreten erster einzelliger Lebewesen und der Besiedelung der Erde mit höheren Organismen ist wohl vor allem auf den langsamen Prozess der Bildung und Anreicherung von Sauerstoff in der Erdatmosphäre bis zur heutigen Konzentration von etwa 21% zurückzuführen, aber auch auf die viel Zeit beanspruchende Entwicklung der Mikroorganismen die verschiedenen Habitate zu erschließen. Sauerstoff schuf die Voraussetzung für die Entwicklung leistungsfähiger energiegewinnender Systeme wie der Atmungskette. Parallel zur langsamen Anreicherung von Sauerstoff in der Atmosphäre und in den Ozeanen veränderte sich auch der Gehalt an Eisen und Schwefel in den Ozeanen. Die gebänderten

G. Drews, *Mikrobiologie,* DOI 10.1007/978-3-642-10757-3_17,
© Springer-Verlag Berlin Heidelberg 2010

Tab. 17.1 Zeittafel der Erdgeschichte. (Quelle: Tabelle nach Daten von Knoll (2003) und Neuweiler (2008))

Zeitangabe in Millionen Jahren seit heute (Ma)
Präkambrium 4.570–2.500 Ma
Hadaikum 4.570–3.900 MaEntstehung der Erde, präbiotische Phase
Archaikum 3.900–2.500 MaEntstehung von Lebensformen
3.500 Ma älteste Fossilien von Prokaryoten? 2.700 Ma erste photosynthetische Organismen und methanogene Archaea
2.450–2.220 Ma Anstieg von Sauerstoff in der Atmosphäre durch oxygene Photosynthese der Cyanobakterien
Proterozoikum 2.500–543 Ma
Entwicklung von Archaea und Bacteria; aerober und anaerober Stoffwechsel Von 800 bis 580 Ma Anstieg des Sauerstoffgehaltes in den Ozeanen
Ab 1.900 Ma erste eukaryotische Einzeller,
Von 600–450 Ma Entwicklung vielzellige Eukaryoten
Paläozoikum 543–240 Ma
Kambrium 543–490 Ma
Kambrische Explosion, die Grundbaupläne der heute lebenden Tiere entstehen
Ordovizium 490–435 Ma; erste Landpflanzen
Silur 435–400 Ma; erste Fische
Devon 400–345 Ma; erste Landwirbeltiere, Samenpflanzen, Gymnospermen, Insekten, seit ~350 Ma, Sauerstoffgehalt der Atmosphäre 21%
Karbon 345–280, Reptilien, Vorläufer der Säugetiere
Perm 280–240 Ma, Massensterben vieler Pflanzen und Tiere
Mesozoikum 240–65 Ma
Trias 240–190 Ma; erste Säugetiere, Dinosaurier, Ichthyosaurier
200–150 Ma; Vögel, Säugetiere und Warmblütler treten auf
Jura 190–135 Ma
Kreide 135–65 Ma; Aussterben der Saurier, erste Angiospermen
Känozoikum, Erdneuzeit 65 Ma bis Gegenwart, erste Hominiden, seit 4,8 Ma, Homo sapiens 0,8 Ma

eisenhaltigen Sedimente entstanden vor 1.800 Ma. Mit dem Anstieg des Sauerstoffgehalts bildeten sich unlösliche Eisenhydroxidverbindungen. Heute ist Eisen neben Phosphat vielfach ein limitierender Faktor in den Meeren. Der Gehalt an Schwefelverbindungen, vor allem Sulfat, nahm in den Ozeanen vor etwa 2.400 Ma Jahren ab und dann wieder im Proterozoikum (Tab. 17.1) stark zu, wahrscheinlich durch Verwitterung von Pyrit auf dem Lande und Zustrom des gebildeten Sulfats durch die Flüsse in die Ozeane. Das Sulfat wurde in den anoxischen Tiefenschichten der Ozeane zu Schwefelwasserstoff (H_2S) reduziert, was zu einer Verringerung des löslichen Eisens in den Ozeanen führte. Es wird angenommen, dass von 1.800 bis zu 800 Ma die Tiefen des Ozeans euxinisch (anoxisch und sulfidisch) waren. Unter diesen Bedingungen konnte sich eine anoxigene Photosynthese der grünen Bakterien entwickeln (Canfield 1998; Johnston et al. 2009; Lyons u. Reinhard 2009).

Nach Charlesworth entwickelte sich der Redoxzustand der Umwelt in drei Oxygenierungsstadien, die von 2.400 bis 1.800 Ma und dann von 800 bis 500 Ma reichten. Diese Redoxveränderungen beeinflussten auch den Gehalt und die Verfügbarkeit von Übergangsmetallen wie Magnesium, Mangan, Kobalt, Kupfer, Nickel, Zink und Molybdän, die als Spurenelemente für das Leben aller Organismen wichtig sind (Anbar 2008). Die Evolution der Organismengröße, eine Zunahme um 16 Größenordnungen seit dem ersten Auftreten von Organismen vor etwa 3.000 Ma, geschah auch in zwei diskreten Schritten – der erste in der Mitte des Paläoproteozoikums vor etwa 1.900 Ma und der zweite während des späten Neoproteozoikums und frühen Paläozoikums (600–450 Ma). Jeder dieser Schritte war auch mit einer Zunahme an Komplexität verbunden: zuerst die Entstehung der eukaryotischen Zelle, also die Ausbildung von Mitochondrien, endoplasmatischem Retikulum, Kernmembran und Chloroplasten durch Prozesse der Endosymbiose, und im zweiten Schritt die Entwicklung des vielzelligen eukaryotischen Organismus durch Zell- und Gewebedifferenzierung (Payne et al. 2009). Diese Daten unterstützen die These, dass sich die höheren, vielzelligen Organismen erst nach Zunahme des Sauerstoffgehaltes und der Erschließung anorganischer Stoffe für die Ernährung vieler Organismen schrittweise entwickeln konnten. Alle höheren Organismen sind auf die Sauerstoffatmung oder die Photosynthese zur Energieerzeugung angewiesen. Die Sauerstoff-bildende, oxygene Photosynthese wurde bei den Cyanobakterien oder ihren Vorfahren entwickelt. Später bildeten einige Cyanobakterien mit der Eucyte eine Symbiose. So entstanden die Chloroplasten als Zellorganellen der Pflanzen, in denen die Photosynthese abläuft. Aerob lebende, mit der Atmungskette ausgestattete Bakterien wurden durch Aufnahme in die Eucyte zu Mitochondrien, den Energie erzeugenden Zellkompartimenten der Eukaryoten.

Mit dem starken Anstieg der Zahl sequenzierter Genome in den letzten zehn Jahren wurde es möglich, die mikroevolutionären Trends bei Bakterien und Archaeen zu analysieren. Diese Untersuchungen ergaben, dass die Anordnung der Gene im Genom viel stärker variiert als die Proteinsequenzen, dass aber die Umorganisationen im Genom demselben Selektionsdruck folgten wie die Evolution der Proteinsequenzen. Bei parasitischen Bakterien wurde eine Abnahme der Genomgröße bedingt durch Genverluste, aber geringere Selektion in den Proteinsequenzen beobachtet (Novichkov et al. 2009).

Die Veränderung eines Genoms einer Art durch Selektion betrifft in der Regel zunächst nicht die Kerngene, die für den zentralen Stoffwechsel und die Replikation verantwortlich sind, sondern die akzessorischen Gene für die Aufnahme und den Stoffwechsel neuer Substrate, oder die Resistenz gegenüber Giften. So entstehen in einem veränderten Habitat Subtypen von Arten, die sich später zu selbständigen Arten entwickeln. Die Schwierigkeit der Abgrenzung der Arten bei Bakterien wurde in den Kap. 10.9 und 11 besprochen. Es bleibt aber festzuhalten, dass trotz großer Variationen in den Genomen einer Spezies Artgrenzen existieren und stabil bleiben, solange die Umweltbedingungen sich nicht ändern. Für Darwin waren Variation (heute würden wir sagen, Veränderungen des Genoms durch Mutation, Rekombination und andere Prozesse) und Selektion durch Umweltbedingungen die treibenden Faktoren der Evolution. Heute wissen wir, dass neben Mutationen bei Mikroorganismen der laterale Gentransfer über Artgrenzen, Endosymbiose, epigenetische Ereignisse und verschiedene Mechanismen durch springende Gene, also-DNA Sequenzen, die innerhalb des Genoms ihre Position verändern und somit vielfältige Reaktionen auslösen können, die Organisation und Zusammensetzung der Genome und damit die Evolution beeinflussen. Das Entstehen neuer Arten wird nicht nur durch Umweltfaktoren wie Klima und Nahrungsangebot, sondern auch durch Interaktionen zwischen den Mitgliedern der verschiedenen Populationen, wie Konkurrenz, Symbiose, Austausch von Substraten und Signalstoffen, bestimmt. Als mögliche Ursache für den langen Zeitraum zwischen der Entstehung der Prokaryoten und der Eukaryoten wurde die Dauer der Sauerstoffanreicherung in der Atmosphäre genannt. Sicher spielte aber auch das Entstehen neuer Lebensräume in der Frühzeit der Erde und ihre Besiedelung eine Rolle. So konnten sich die Prokaryoten mit ihren kurzen Generationszeiten an viele und extreme Umweltbedingungen anpassen, die in der Folgezeit nie von Eukaryoten besiedelt wurden Da die Genome aller Organismen phylogenetisch unterschiedlichen Ursprungs sind, bleiben die Analysen über das Entstehen der Vorläufer aller Lebewesen spekulativ.

Vielfach wurden und werden die Einzeller, also Bakterien, Archaebakterien, Protozooen und einige Pilze, als primitive Organismen angesehen, die auf der Entwicklungsstufe der Einzeller stehen geblieben sind. Prokaryoten wurden ja ursprünglich durch negative Merkmale gekennzeichnet, nämlich das Fehlen charakteristischer Kompartimente wie Mitochondrien, Chloroplasten und das endoplasmatische Retikulum. Die in den vorangegangenen Kapiteln geschilderten vielfältigen physiologischen und biochemischen Leistungen der Mikroorganismen, ihre hoch differenzierte zelluläre Organisation und die mit modernen molekulargenetischen Methoden nachgewiesenen Regulationsnetzwerke zeigen, dass die Mikroorganismen auch komplexe Organisationsstrukturen besitzen, aber einen anderen Weg in der Evolution beschritten haben als die höheren Organismen. Sie sind nicht dem Weg der langsamen Entwicklung zur Vielzelligkeit und Differenzierung von Geweben und Organen gefolgt, sondern haben eine riesige Zahl an Stoffwechseltypen und Anpassungsmechanismen entwickelt, um auf der Erde fast alle Habitate zu erobern – auch die, welche für die höheren Organismen lebensfeindlich sind. Viele können ohne Sauerstoff leben und extreme Umweltbedingungen nutzen, um zu wachsen und sich zu entwickeln. Viele biochemische Reaktionen wie z. B. die Stickstofffixierung, Prozesse des Stickstoff- und des Schwefelkreislaufs sowie Synthese und Abbau von Aromaten, können nur von Prokaryoten durchgeführt werden. Die Bildung von Sauerstoff durch Cyanobakterien und ihre Nutzung durch das Entstehen der Atmungskette schufen die Voraussetzung für das Leben höherer, vielzelliger Organismen. Die Remineralisierung abgestorbener Lebewesen und die Beherrschung von wichtigen Abschnitten der Stoffkreisläufe auf der Erde haben die Mikroorganismen zu unentbehrlichen Teilnehmern am Stoffwechselgeschehen auf der Erde gemacht. Wahrscheinlich haben sie auch die verschiedenen Ereignisse auf der Erde wie Klimaänderungen, Einschläge von Meteoriten, große vulkanische Ausbrüche und Erdbeben, die zum Aussterben ganzer Tier- und Pflanzengruppen geführt haben, in ihren Habitaten überlebt. Die vergleichende Biochemie und Phylogenie auf der Basis molekularbiologischer Methoden zeigt beeindruckend, dass alle Lebewesen den gleichen Prinzipien des Stoffwechsels gehorchen, aus den gleichen Grundbausteinen zusammengesetzt sind und einen gemeinsamen Ursprung haben, was durch das Vorkommen homologer Sequenzen in ihren Genomen nachgewiesen werden konnte.

Die Forschungsergebnisse der letzten Jahrzehnte haben uns gelehrt, dass auch Prokaryoten eine komplexe und hoch entwickelte zelluläre Organisation besitzen (Shively 2006), die der der Eukaryoten äquivalent ist oder sogar bei Eukaryoten fehlt. Die meisten Bakterien und Archaebakterien haben Proteine, die den eukaryotischen Tubulin-, Aktin- und intermediären Filamenten homolog sind und auch ähnliche Cytoskelett-Funktionen haben. Darüber hinaus besitzen einzelne Arten der Bacteria und Archaea komplexe **intrazelluläre Strukturen**. Einzelne dieser Zellorganellen wurden in vorangegangenen Kapiteln beschrieben: Phycobilisomen bei Cyanobakterien, Chlorosomen bei grünen photosynthetischen Schwefelbakterien als Licht-Sammelorganellen, intracytoplasmatische Membranen als Träger des Photosyntheseapparates oder anderer Funktionen, Anammoxosomen der anaerob lebenden Ammoniumoxidierer. Nicht näher charakterisiert wurden die **Proteasomen** (das sind Minikompartimente mit Protein-abbauenden Enzymen); **Gasvesikel**, die bei Archaea und Bacteria dem Auftrieb und Schweben im Wasser dienen; **Carboxysomen** (bilden die Fabriken für die Aufnahme und Konzentrierung von CO_2/HCO_3^- und dessen Überführung in organische Kohlenstoffverbindungen); **Magnetosomen** (sind membranumhüllte Zelleinschlüsse bei verschiedenen Gram-negativen Bakterien, die Magnetit (Fe_3O_4) oder Greiget (Fe_3S_4) in kettenförmig aneinander gereihten Kristallen enthalten und unter anoxischen oder mikrooxischen Bedingungen die Bakterien zur Wanderung entlang der magnetischen Feldlinien befähigen); der **Typ-III-Injektionsapparat** (ist in der cytoplasmatischen Membran und der äußeren Membran Gram-negativer Bakterien lokalisiert und hat u. a. die Aufgabe, über einen langen, röhrenartigen Fortsatz Stoffe parasitischer Bakterien in die Wirtszelle zu übertragen). Viele Grundmechanismen des Stoffwechsels und der zellulären Organisation entstanden bei den Prokaryoten in der präkambrischen Phase der Erdgeschichte (Tab. 17.1) und wurden später durch endosymbiontische Prozesse oder andere Mechanismen in die Eucyte übertragen und dort seit etwa 500 Ma weiterentwickelt.

Ist die Anpassung der Prokaryoten an eine große Vielfalt der Umweltbedingungen der Hauptgrund für den Verzicht auf die Entwicklung zur Vielzelligkeit und Gewebedifferenzierung? Die Genome der Prokaryoten bestehen aus Modulen, also Gruppen von Genen, die eine funktionale Einheit bilden und gemeinsam reguliert werden. Die Module des zentralen Stoffwechsels und der Zellmorphologie werden konservativ an die nächste Generation weitergegeben. So war vielleicht der Evolutionsdruck in Richtung Anpassung an viele Umweltfaktoren stärker als die Entwicklung zur Mehrzelligkeit. Die Ereignisse der Endosymbiose zur Entstehung von Chloroplasten und Mitochondrien waren nach phylogenetischen Untersuchungen singuläre Ereignisse auf dem langen Weg zur Entwicklung der Eukaryoten (Kowallik 2008). Die Prokaryoten waren und sind eine Voraussetzung für das Entstehen und das Bestehen höherer Lebewesen.

Ausblick

Bakterien sind nicht nur böse Krankheitserreger, die ständig neue Wege finden, um ihren Wirten zu schaden. Sie sind in der großen Mehrzahl unsere Begleiter als Haut- und Darmflora, sie bewirken als unverzichtbare Arbeitstiere in der Umwelt den Abbau und die Wiederverwendbarkeit von organischem Material und sind an der Umsetzung von mineralischen Stoffen auf der Erde entscheidend beteiligt. In der modernen Biotechnologie haben sie einen festen Platz gefunden. Auch heute noch sind Bakterien hervorragende Modellsysteme, um an ihnen Zelldifferenzierung, Vernetzung und Regulation von Stoffwechselwegen und die Evolution des Lebens auf der Erde zu studieren. Im Laufe dieser Untersuchungen wurden Methoden entwickelt, um auch beim Menschen und bei Kulturpflanzen Stoffwechselprozesse und Krankheiten auf molekularer Ebene untersuchen zu können. Die Lebensprozesse der höheren Organismen sind viel komplexer als die der Bakterien, und daher sind auch die Fortschritte bei ihrer Aufklärung bescheidener. Genauso wie für van Leeuwenhoek und die Naturwissenschaftler des 18. und 19. Jahrhunderts ist es auch heute noch für den Forscher ein aufregendes Erlebnis, neue Bakterien mit ungewöhnlichen Eigenschaften zu entdecken, ihre Vielfalt an Formen, Stoffwechseltypen und Einflüssen auf die Umwelt zu studieren und damit gleichzeitig das Leben und den Stoffumsatz in vielen ungewöhnlichen und extremen Habitaten besser verstehen zu lernen. Nach Schätzungen haben wir bisher nur einen sehr geringen Bruchteil der auf der Erde vorkommenden Bakterien isolieren und in Kultur nehmen können.

Die synthetische Biologie hat einen neuen Ansatz für die Erforschung der Lebensprozesse und ihre Anwendung in der Biotechnologie vorgeschlagen und ist auf dem Weg, diesen auch zu realisieren. In diesem Buch wurde nur über Bakterien berichtet. Andere Mikroorganismen wie Pilze und Protozoen sind auch an den Stoffumsätzen in der Natur beteiligt und einige von ihnen auch als Parasiten bekannt. Sie sind nach ihrer zellulären Struktur Eukaryoten und daher auf der Erde viel später als die Bakterien aufgetreten, und sie haben nie die extremen Standorte der Bakterien erobert. Ihre hochinteressante Entwicklungsgeschichte und Ökologie hätte den Rahmen dieses Buches gesprengt. Daher konnten sie hier nur bei der Besprechung einiger Ökosysteme erwähnt werden.

In den vorangegangenen Kapiteln wurde deutlich, dass die Wechselbeziehungen zwischen den verschiedenen Bewohnern der Habitate und zwischen Bakterien und ihrer Umwelt sehr komplex sind. Als ich vor Jahren in einem Seminar vor Wissenschaftlern der Solartechnik über Aufbau und Funktion des bakteriellen Photosyntheseapparates sprach, der ja auch Strahlungsenergie in ein elektrisches Potential umsetzt, wurde ich in der anschließenden Diskussion gefragt, warum dieses System so komplex sei. Für den Biologen ist die Antwort klar. Der Photosyntheseapparat ist abhängig von ständig wechselnden Umweltbedingungen und muss in Synthese und Aktivität ständig reguliert werden. Dafür ist eine große Anzahl an Genprodukten erforderlich. Ein technisches System wird für bestimmte Zwecke und Bedingungen konstruiert und gebaut und muss sich nicht vermehren. Ernst Mayr hat daher in seinen Schriften immer wieder betont, dass Biologie sich von allen anderen Wissenschaften in den Gegenständen, die sie untersucht, und ihren Methoden unterscheidet (Mayr 2004).

Das ist wohl auch ein Grund dafür, dass in den Medien die sachlichen Informationen der Wissenschaftler wegen ihrer Komplexität oft verkürzt dargestellt oder zu Sensationsberichten umgeformt werden – besonders wenn es um Belange des Menschen geht –, so dass Irritationen und Missverständnisse vorprogrammiert sind oder falsche Hoffnungen geweckt werden. So kam es, dass vor allem die grüne Gentechnologie entweder verteufelt oder von anderen als letzte Weisheit verkündet wurde. Sie ist aber nur eine Methode, um auf der molekularen Ebene das Lebensgeschehen in Organismen untersuchen und verändern zu können. Eine Versachlichung und Entideologisierung der öffentlichen Diskussion ist das, was für das Verständnis der Wissenschaft notwendig ist. Das komplexe Netzwerk von Stoffumsätzen und Interaktionen zwischen den Lebewesen auf unserer Erde lässt sich nicht in Schlagworten beschreiben. Die Fülle unseres Detailwissens über Mikroorganismen und ihrer vielfältigen Aktivitäten in der Umwelt ist heute gegenüber früheren Jahrhunderten gewaltig angewachsen. Das gilt natürlich auch für alle anderen Bereiche der Wissenschaft. Die im vorangegangenen Text aufgeführten Beispiele mögen helfen, das Verständnis für diese Lebewesen zu erweitern und begreiflich zu machen, dass Mikroorganismen in der natürlichen Umwelt, aber auch im Dienste des Menschen, eine essentielle Aufgabe erfüllen. Unser heutiges Wissen über Bakterien trägt auch zum Verständnis des Geschehens in der Umwelt, sowohl in den natürlichen Habitaten als auch in der vom Menschen stark veränderten Umwelt, bei.

Literatur

Achtman M, Wagner M (2008) Microbial diversity and the genetic nature of microbial species. Nat Rev Microbiol 6:431–440

Agogué H, Brink M, Dinasquet J, Herndl GJ (2008) Major gradients in putatively nitrifying and non-nitrifying Archaea in the deep North Atlantic. Nature 456:788–791

Anbar AD (2008) Elements and evolution. Science 322:1481–1483

Anbar AD et al (2007) A whiff of oxygen before the great oxidation event? Science 317:1903

Arcichovskij V (1904) Zur Frage über das Bakteriopurpurin. Bull Jard Bot St. Petersbourg 4:97

Avery OT, MacLeod CM, McCarty M (1944) Studies on the chemical nature of the substance inducing transformation of pneumococcal types. J Exp Med 79:137–158

Battistuzzi FU, Feijao A, Hedges SB (2004) A genomic timescale of prokaryote evolution. BMC Evol Biol 4:1–14

Baumgartner L, Fulton JF (1935) A bibliography of the poem Syphilis sive morbus gallicus, by G. Fracastoro of Verona. Yale University Press, London

Beadle GW, Tatum EL (1941) Genetic control of biochemical reaction in neurospora. Proc Natl Acad Sci U S A 27:499–506

Beal EJ, House CH, Orphan VJ (2009) Manganese- and iron-dependent marine methane oxidation. Science 325:184–187

Behring E, Kitasato S (1890) Über das Zustandekommen der Diphtherie-Immunität und der Tetanus-Immunität bei Thieren. Dtsch Med Wochenschr 16:1113–1114

Beijerinck MW (1888) Die Bakterien der Papilionaceenknöllchen. Bot Z 46:725–735, 741–750, 757–771, 781–790, 797–804

Beijerinck MW (1895) Über *Spirillum desulfuricans* als Ursache von Sulfatreduktion. Zentralbl Bakteriol II 1:1–10, 49–59, 104–114

Beijerinck MW (1898) Über ein contagium vivum fluidum als Ursache der Fleckenkrankheit der Tabakblätter. Verh K Akad Wet. Amsterdam 65:3–21

Beijerinck MW, van Delden A (1902) Über die Assimilation des freien Stickstoffs durch Bakterien. Zentralbl Bakteriol II 9:3–43

Bernal JD, Fankuchen I (1937) Structure types of protein crystals from virus infected plants. Nature 139:923–924

Bhaya D (2004) Light matters: phototaxis and signal transduction in unicellular cyanobacteria. Mol Microbiol 53:745–754

Billroth T (1874) Untersuchungen über die Vegetationsformen von Coccobacteria Septica und deren Antheil welchen sie an der Entstehung und Verbreitung der accidentellen Wundkrankheiten haben. Reimer, Berlin, S 244

Blakemore RP, Canale-Parola E (1973) Morphological and ecological characteristics of *Spirochaeta plicatilis*. Arch Mikrobiol 89:273–289

Boomer SM, Noll KL, Geesey GG, Dutton BE (2009) Formation of multilayered photosynthetic biofilms in an alkaline thermal spring in Yellowstone national park, Wyoming. Appl Environ Microbiol 75:2464–2475

Borin S, Brusetti L, Mapelli F, D'Auria G, Brusa T, Marzorati M, Rizzi A, Yakimov M, Marty D, DeLange GA, von der Wielen P, Bolhuis H, McGenity TJ, Poymenakou PN, Malinmevo E, Giuliano L, Corselli C, Daffonchio D (2009) Sulfur cycling and methanogenesis primarily drive microbial colonization of the highly sulfidic Urania deep hypersaline Basin. Proc Natl Acad Sci U S A 106:9151–9156

Bosak T, Liang B, Sim MS, Petroff AP (2009) Morphological record of oxygenic photosynthesis in conical stromatolites. Proc Natl Acad Sci U S A 106:10939–10943

Braterman PS, Cairns-Smith AG, Sloper RW (1983) Photo-oxidation of hydrated Fe^{2+} - significants for banded iron formations. Nature 303:163–164

Brenner S, Jacob F, Meselson M (1961) An unstable intermediate carrying information from genes to ribosomes for protein synthesis. Nature 190:576–581

Braun H, Frohne D (1994) Heilpflanzenlexikon, 6. Aufl. Fischer, Stuttgart

Brefeld O (1873) Untersuchungen über die Entwicklung der *Empusa muscae* und *Empusa radicans* und die durch sie verursachten Epidemien der Stubenfliegen und Raupen. Abhdl Naturforsch Ges Halle 12:1–50

Brock T (1961) Milestones in Microbiology. Prentice-Hall. Inc. Englewood Cliffs, N.J.

Bull JJ, Millstein J, Orcut J, Wichman HA (2006) Evolutionary feedback mediated through population density, illustrated with viruses in chemostats. Am Nat 167:E39–E51

Bulloch W (1938) The history of bakteriology, 2nd edn. Oxford University Press, Oxford

Burger A, Drews G, Ladwig R (1968) Wirtskreis und Infektionszyklus eines neu isolierten *Bdellovibrio Bakteriovorus*-Stammes. Arch Mikrobiol 61:261–279

Butterfield NJ (2000) *Bangiomorpha pubescens*: implications for the evolution of sex, multicellularity, and the mesoproterozoic/neoproterozoic radiation of eukaryotes. Paleobiology 26:386–404

Canfield DE (1998) A new model for Proterozoic ocean chemistry. Nature 396:450–453

Capone DG (2008) The marine nitrogen cycle. Microbe (ASM News) 3:186–192

Caspar DLD, Klug A (1962) Physical principles in the construction of regular viruses. Cold Spring Harbor Symp Quant Biol 27:1–24

Cavalier-Smith T (2002) The neomuran origin of archaebacteria, the negibacterial root of the universal tree and bacterial megaclassification. Int J Syst Evol Microbiol 52:7–76

Chauhan A, Cherrier J, Williams HN (2009) Impact of sideways and bottom-up control factors on bacterial community succession over a tidal cycle. Proc Natl Acad Sci U S A 106:4301–4306

Cohn F (1853) Über lebende Organismen im Trinkwasser. Jahresber Schles Ges 31:91–99; Z Klin Med 4:229–237

Cohn F (1854) Über die Entwicklungsgeschichte mikroskopischer Algen und Pilze. Nova Acta Acad Caesr Leopoldina 24:103–256

Cohn F (1855) *Empusa muscae* und die Krankheit der Stubenfliegen. Nova Acta Acad Caesr Leopoldina 25:299–360

Cohn F (1856) Die Geschichte der Gärten. Jonas Verlagsbuchhandlung, Berlin

Cohn F (1866a) Über die Physiologie und Systematik der Oscillarineen und Florideen. Jahrb Schles Ges Vaterl Kultur 44:134–139

Cohn F (1866b) Zwei neue Beggiatoen. Hedwigia 5:161–166; 6:81

Cohn F (1867) Beiträge zur Physiologie der Phycochromaceen und Florideen. Arch Mikrosk Anat 3:1–60

Cohn F (1875a) Über den Brunnenfaden *Crenothrix polyspora* mit Bemerkungen über die mikroskopische Analyse des Brunnenwassers. Beitr Biol Pfl 1:108–132

Cohn F (1875b) Untersuchungen über Bacterien I. Beitr Biol Pfl 1(2):127–224

Cohn F (1875c) Untersuchungen über Bacterien II. Beitr Biol Pfl 1(3):141–207

Cohn F (1876a) Untersuchungen über Bacterien IV. Beitr Biol Pfl 2:249–276

Cohn F (1876b) Über die in Schlesien im Getreide beobachteten Brandpilze. Jahrb Schles Ges Vaterl Kultur 54:135–137

Cohn F (1882) Die Pflanze. Vorträge aus dem Gebiet der Botanik. Kern, Breslau

Cohn F (1888) Die Gärten in alter und neuer Zeit. Dtsch Rundsch 5:250–266

Cohn F (1898) Die Pflanze in der bildenden Kunst. Dtsch Rundsch 97:55–68

Cohn P (1901) Ferdinand Cohn – Blätter der Erinnerung. Kern, Breslau

Cox CJ, Foster PG, Hirt RP, Harris SR, Embley TM (2008) The archaebacterial origin of eukaryotes. Proc Natl Acad Sci U S A 105:20356–20361

Crick FHC, Watson JD (1956) Structure of small viruses. Nature 177:473–475

Crowe SA et al (2008) Photoferrotrophs thrive in an Archean ocean analogue. Proc Natl Acad Sci U S A 105:15938–15943

Dagan T, Martin W (2009) Getting a better picture of microbial evolution en route to a network of genomes. Philos Trans R Soc Lond B Biol Sci 364:2187–2196

Darwin C (1859) The origin of species by means of natural selection. Dent & Sons, London

Davidis H (1873) Praktisches Kochbuch für die gewöhnliche und feinere Küche, 18. Aufl. Bielefeld, Verlag Velhagen & Klasing, Leipzig

de Bary A (1852) Beitrag zur Kenntnis der *Achlya prolifera*. Bot Z 10:443–479

de Bary A (1853) Untersuchungen über die Brandpilze und die durch sie verursachten Krankheiten der Pflanzen mit Rücksicht auf das Getreide und andere Nutzpflanzen. Müller, Berlin, S 144 (8 Tafeln)

de Bary A (1861) Über die Geschlechtsorgane von Peronospora. Bot Z 19:89–91

de Bary A (1865) Neue Untersuchungen über die Uredineen, insbesondere die Entwicklung von *Puccinia graminis* und der Zusammenhang derselben mit *Aecicium berberidis*. Monatsber Königl-Preuss Akad Wiss, Berlin, S 15–49, 205–215 (1866)

de Bary A (1879) *Aecidium abietum*. Bot Z 37:761–774, 777–789, 801–811, 825–830, 841–847

D'Elia T, Veerapaneni R, Rogers SO (2008) Isolation of microbes from lake Vostok acretion ice. Appl Environ Microbiol 74:4962–4965

Defeu Soufo C, Defeu Soufo HJ, Notrot-Gros A, Steindorf A, Nairot P, Graumann PI (2008) Cell cycle-dependent spatial sequestration of the DNA replication initiator protein in *Bacillus subtilis*. Dev Biol 15:935–941

Dekas AE, Poretsky RS, Orphan VJ (2009) Deep-sea archaea fix and share nitrogen in methane-consuming microbial consortia. Science 326:422–426

d'Herelle F (1917) Sur un microbe invisible antagoniste des bacilles dysentériques. Compt Rend Acad Sci 165:373–375

Dobell C (1932) Antony van Leeuwenhoek and his little animals. Dover, New York

Donker HJL, Kluyver AJ (1926) Die Einheit in der Biochemie. Chemie d. Zelle u. Gewebe 13:134–190

Drews G (1998) Ferdinand Cohn, ein Wegbereiter der modernen Mikrobiologie und Pflanzenphysiologie. Freiburger Universitätsblätter 142:29–83

Drews G (1999a) Ferdinand Cohn: a promoter of modern microbiology. Nova Acta Leopoldina NF 80(360):13–43

Drews G (1999b) Utilization of light by prokaryotes. In: Lengeler JW, Drews G, Schlegel HG (eds) Biology of the prokaryotes. Thieme, Stuttgart

Drews G (2000) The roots of microbiology and the influence of Ferdinand Cohn on microbiology of the 19th century. FEMS Microbiol Rev 24:225–249

Drews G (2005) Contribution of Theodor Wilhelm Engelmann on phototaxis, chemotaxis and photosynthesis. Photosynth Res 83:25–34

Drews G (2006) Horizontaler Gentransfer bestimmt die Evolution in prokaryotischen Populationen. Naturwiss Rundsch 59(5):248–254

Drews G (2007) Ursprung der Photosynthese bei Vorfahren der Cyanobakterien? Naturwiss Rundsch 60:94–95

Drews G, Golecki JR (1995) Structure, molecular organization and biosynthesis of membranes of purple bacteria. In: Blankenship RE, Madigan MT, Bauer CE (eds) Anoxygenic photosynthetic bacteria. Kluwer, Dordrecht, S 231–257

Dworkin M, Falkow S, Rosenberg E, Schleifer KH, Stackebrandt E (Hrsg) (2006) The prokaryotes, 7. Bd, 3. Aufl. Springer, Berlin

Ehrenberg CG (1838) Die Infusionsthierchen als vollkommene Organismen. Leopold Voss, Leipzig

Ehrenreich A, Widdel F (1994) Anaerobic oxidation of ferrous iron by purple bacteria, a new type of phototrophic metabolism. Appl Environ Microbiol 60:4517–4526

Ehrlich P (1891) Experimentelle Untersuchungen über Immunität. Dtsch Med Wochenschr 17:976

Eidam E (1875) Untersuchungen über Bakterien III. Beitr Biol Pfl 1(3):208–224

Engelmann TW (1882a) Über Licht- und Farbenperzeption niederster Organismen. Pflüger's Arch Ges Physiol 29:387–400

Engelmann TW (1882b) Über Sauerstoffausscheidung von Pflanzenzellen im Microspectrum. Bot Z 40:419–426

Engelmann TW (1882c) Über Sauerstoffausscheidung von Pflanzenzellen im Microspectrum. Pflüger's Arch Ges Physiol 27:485–490

Engelmann TW (1883) *Bacterium photometricum*. Pflüger's Arch Ges Physiol 30:95–124

Engelmann TW (1888a) Über Bakteriopurpurin und seine physiologische Bedeutung. Pflüger's Arch Ges Phys 42:183–188

Engelmann TW (1888b) Die Purpurbakterien und ihre Beziehung zum Licht. Bot Z 46:661–669, 710–720

Ettwig KF, Shima S, van de Pas-Schoonen KT, Kahnt J, Medema MH, op den Camp HSM, Jetten MSM, Strous M (2008) Denitrifying bacteria anaerobically oxidize methane in the absence of Archae. Environ Microbiol 10:3164–3173

Falkowski PG, Fenchel T, Delong EF (2008) The microbial engines that drive earth's Biochemical cycles. Science 320:1034–1039

Farley J (1977) The spontaneous generation controversy from Descartes to Oparin. John Hopkins University Press, Baltimore

Finn MW, Tabita FR (2004) Modified pathway to synthesize ribulose 1,5-biphospate in Methanogene Archaea. J Bakteriol 186:6360

Flärdh K, Buttner MJ (2009) Streptomyces morphogenetics: dissecting differentiation in a filamentous bacterium. Nat Rev Microbiol 7:36–49

Fontecilla-Camps JC, Amara P, Cavacca C, Nicolet Y, Volbeda A (2009) Structure-function relationships of anaerobic gas-processing metalloenzymes. Nature 460:814–822

Ford BJ (1991) The Leeuwenhoek legacy. Biopress, Bristol

Foster PG, Cox CJ, Embley TM (2009) The primary divisions of life: a phylogenomic approach employing composition-heterogeneous methods. Philos Trans R Soc Lond B Biol Sci 364:2197–2207

Fracastoro G (1555) Opera omnia. Giunti, Venice

Fracastoro G (1910) De contagionibus et contagiosus morbis et eorum curatione, libri tres (1546). Drei Bücher von den Kontagien, den kontagiösen Krankheiten und deren Behandlung (übersetzt und eingeleitet von Prof. Dr. Fossel V). Barth, Leipzig

Fracastoro G (1924) Naugerius, sive de poetica dialogus. (engl. Übersetzung von R. Kelso R, Bundy MW). University of Urbana Press, Illinois

Fracastoro G (1960) Syphilis sive morbi gallici, libri tres. Schriftenreihe der norddeutschen Dermatologischen Gesellschaft, Heft 6. (übersetzt von Ernst A). Seckendorf, Vlg. Lipsius & Tischer, Kiel

Fraenkel-Conrat H (1956) The role of nucleic acid in the reconstitution of active tobacco mosaic virus. J Am Chem Soc 78:882–883

Fred EB, Baldwin EL, McCoy E (1932) Root nodule bacteria and leguminous plants. University Wisconsin Studies, Madison

Friedrich B (2009) Synthetische Biologie. www.dfg.de/download/pdf/Stellungnahme_synthetische_biologie.pdf.

Frigaard NU, Bryant DA (2006) Chorosomes: Antenna organelles in photosynthetic green bacteria. In: Steinbüchel A (ed) Microbiology monographs 2. Springer, Berlin S 79–114

Fuchs G (2007) Allgemeine Mikrobiologie. Thieme, Stuttgart

Fuerst JA, Webb RL, van Niftrik L, Jetten MSM, Strous M (2006) Anammoxosomes of anerobic Ammonium-oxidizing Planctomyces. In: Steinbüchel A (ed) Microbiology monographs 2. Springer S 259–283

Galloway J et al (2004) Nitrogen cycles: past, present and future. Biogeochemistry 70:153–226

Gason GL (1995) The private science of Louis Pasteur. University Press, Princeton

Gescher JS, Cordova CD, Spormann AM (2008) Dissimilatory iron reduction in *Escherichia coli*: identification of CymA of *Shewanella oneidensis* and NapC of *E. coli* as ferric reductases. Mol Microbiol 68:706–719

Gest H (2004) The discovery of microorganisms by Robert Hooke and Antoni van Leeuwenhoek, Fellows of the Royal Society, London. Notes and Records of the Royal Society 58:187–201

Gest H (2009) Homage to Robert Hooke (1635–1703) New insights from the recently discovered Hooke Folio. Persp Biol Med 52:392–399

Gierer A, Schramm G (1956) Infectivity of ribonucleic acid from tobacco mosaic virus. Nature 177:702–704

Goldblatt C, Lenton TM, Watson AJ (2006) Bistability of atmospheric oxygen and the great oxidation. Nature 443:683–686

Graumann PI (2007) Cytoskeletal elements in bacteria. Annu Rev Microbiol 61:589–618

Grawitz P (1880) Über Schimmelpilzvegetationen in thierischen Organismen. Arch Pathol Anatomie Physiol 81:355–376

Hallier E (1867) Gährungserscheinungen. Untersuchungen über Gährung, Fäulnis und Verwesung mit Berücksichtigung der Miasmen und Contagien sowie der Desinfection. Engelmann, Leipzig

Hallier E (1868) Researches into the nature of vegetable parasitic organisms. Med Times Gazette Lond 2:222–223

Hallier E (1870) Beweis dass der Micrococcus der Infektionskrankheiten keimfähig und von höheren Pilzformen abhängig ist. Z Parasitenkd Jena 2:1–20

Hallier E (1872) Beweis dass der Cryptococcus keimfähig und von höheren Pilzformen abhängig ist. Z Parasitenkd 3:217–244

Hänsel R et al (1999) Pharmakognosie, Phytopharmazie, 6. Aufl. Springer, Berlin

Harms R (1966) Robert Koch, Arzt und Forscher. Bertelsmann, Gütersloh

Harris J (2009) Soil microbial communities and restoration ecology: facilitators or followers? Science 325:573–574

Harrison BK, Zhang H, Berelson W, Orphan VJ (2009) Variation in archaeal and bacterial diversity associated with the sulphate-methane transition zone in continental margin sediments (Santa Barbara Basin, California). Appl Environ Microbiol 75:1487–1499

Hausmann R (1995) … und wollten versuchen, das Leben zu verstehen … Betrachtungen zur Geschichte der Molekularbiologie. Wiss Buchgesellsch, Darmstadt

Hayes W (1952) Recombination in Bact. Coli K 12 unidirectional transfer of genetic material Nature 169:118–119

Hertel CG (1716) Vollständige Anweisung zum Glass-Schleiffen. Halle, Mikrofische Renger

Herter S, Fuchs G, Bacher A, Eisenreich W (2002) A bicyclic autotrophic CO_2 fixation Pathway in *Chloroflexus aurantiacus*. J Biol Chem 277:20277–20283

Heymann B (1932) Robert Koch, 1. Teil 1843–1882. Akad Verlagsgesellsch, Leipzig

Heymann B (1997) Robert Koch, 2. Teil. In: Henneberg G, Janischke K, Stürzbecher M, Winau R (Hrsg) Fragmente. Akad. Verlagsgesellschaft, Berlin

Hijum SAFT van, Medema MH, Kuipers OP (2009) Mechanisms and evolution of control logic in prokaryotic transcriptional regulation. Microbiol Mol Biol Rev 73:481–509

Hoagland MB, Zamecnik PC, Stephenson ML (1957) Intermediate reactions in protein biosynthesis. Biochim Biophys Acta 24:215–216

Hoffmann H (1869) Über die Kultur und Färbung von Bakterien. Bot Z 252

Hoffmann TS (2003) Dimensionen der Erkenntnisprobleme bei Girolamo Fracastoro, Vivarium 4(1):144–174

Holley RW, Apgar JE, Madison JT, Marquisee M, Merril SH, Penswick JR, Zamir A (1965) Structure of a ribonucleic acid. Science 147:1462–1465

Hoppe B (2000) Geschichte der Biologie. Jahn I (ed) Spektrum, Heidelberg

Horiike T, Hamada K, Miyata D, Shinozawa T (2004) The origin of eukaryotes is suggested as the symbiosis of Pyrococcus into gamma proteobacteria by phylogenetic tree based on gene content. J Mol Evol 59:606–619

Hügler M, Huber H, Stetter KO, Fuchs G (2003) Autotrophic CO_2 fixation pathway in archaea (Crenarchaea). Arch Microbiol 179:160–173

Huizinga J (2007) Holländische Kultur im 17. Jahrhundert. Beck, München;

Hunt DE, David LA, Gewers D, Preheim SP, Alm EJ, Polz AF (2008) Resource partitioning and sympatric differentiation among closely related Bakterioplankton. Science 320:1081–1085

Jacob F, Wollman E (1958) Genetic and physical determination of chromosomal segments in *Escherichia coli*. Symp Soc Exp Biol 12:75–92

Jahn I (2000) Geschichte der Biologie. Spektrum, Heidelberg

Joblot L (1718) Descriptions et usages de plusieurs nouveaux microscopes. Collombat, Paris

Johnston DT, Wolfe-Simon F, Pearson A, Knoll AH (2009) Anoxygenic photosynthesis modulated proteozoic oxygen and sustained Earth's middle age. Proc Natl Acad Sci U S A 106:16925–16929

Kappler A, Pasquero C, Konhauser KO, Newman DK (2005) Deposition of banded iron formations by anoxygenic phototrophic Fe(II)-oxidizing bacteria. Geology 33:865–868

Kaufmann AJ et al (2007) Late archean biospheric oxygenation and atmospheric evolution. Science 317:1900–1903

Kausche GA, Pfankuch E, Ruska A (1939) Die Sichtbarmachung von pflanzlichem Virus im Übermikroskop. Naturwiss 27:292–299

Kelley DS, Baross JA, Delaney JR (2002) Volcanoes, fluids, and life at mid-ocean ridge spreading centers. Annu Rev Earth Planet Sci 30:385–491

Kempkens K (1972) Joseph und Aeneas. Untersuchungen zum „Joseph" des Girolamo Fracastoro, einem Bibelepos Italiens aus dem 16. Jahrhundert. Dissertation, Bonn

Kim HD, Shay T, O'Shea EK, Regev A (2009) Transcriptional regulatatory circuits: predicting numbers from alphabets. Science 325:429–432

Kingreen H (1972) Theodor Wilhelm Engelmann, a noted german physiologist at the onset of the twentieth century. In: Rothschuh KE, Toeller R, Probst C (eds) Münst. Beitr. Zur Geschichte und Theorie der Medizin, Nr 6. Münster, S 4–121

Klebs E (1873) Beiträge zur Kenntnis der Micrococcen. Arch Exp Pathol Pharmakol 1:31–64

Klebs E (1875) Beiträge zur Kenntnis der pathogenen Schistomyceten. Arch Exp Pathol Pharmakol 4:107

Klemm M (2003) Ferdinand Julius Cohn 1828–1898. Peter Lang, Frankfurt a. M.

Knoll AH (2003) Life on a young planet. Princeton University Press, Princeton, S 277

Koch R (1877a) Die Ätiologie der Milzbrandkrankheit, begründet auf die Entwicklungsgeschichte des *Bacillus anthracis*. Beitr Biol Pfl 2(2):277–310

Koch R (1877b) Verfahren zur Untersuchung, zum Conservieren und Photographieren der Bakterien. Beitr Biol Pfl 2(2):399–434

Koch R (1878a) Neue Untersuchungen über die Mikroorganismen bei infektiösen Wundkrankheiten. Dtsch Med Wochenschr 43:531–533

Koch R (1878b) Untersuchungen über die Ätiologie der Wundinfektionskrankheiten. Vogel, Leipzig

Koch R (1879) Zur Übertragung der Recurrens Spirochaeten auf Affen. Dtsch Med Wochenschr 5(1):111; ((1912) Gesammelte Werke, 1. Bd)

Koch R (1881a) Ueber Desinfektion. Mitt Kaiserl Gesundheitsamt 1:234–282

Koch R (1881b) Zur Untersuchung von pathogenen Organismen. Mitt Kaiserl Gesundsheitsamt 1:1–48 (Koch Gesammelte Werke, S 112–163)

Koch R (1884) Die Aetiologie der Tuberkulose. Mitt Kaiserl Gesundheitsamt 2:1–88

Koide T, Lee W, Baliga NS (2009) The role of predictive modelling in rationally re-engineering biological systems. Nat Rev Microbiol 7:297–305

Konhauser KO et al (2002) Could bacteria have formed the Precambrian banded iron formations? Geology 30:1079–1082

Kowallik K (2008) Evolution durch genomische Kombination. In: Klose J, Oehler J (Hrsg) Gott oder Darwin. Springer, Berlin

Kreimer A, Borenstein E, Gophra U, Ruppin E (2008) The evolution of modularity in bacterial metabolic networks. Proc Natl Acad Sci U S A 105:6976–6981

Lake JA (2009) Evidence for an early prokaryotic endosymbiosis. Nature 460:967–971

Lake JA, Skophammer RG, Herbold CW, Servin JA (2009) Genome beginnings: rooting the tree of life. Philos Trans R Soc Lond B Biol Sci 364:2177–2185

Lam P, Lavik G, Jensen MM, van de Vossenberg J, Schmid M, Woebken D, Gutiérrez D, Amann R, Jetten MSM, Kuypers MMM (2009) Revising the nitrogen cycle in the Peruvian oxygen minimum zone. Proc Natl Acad Sci U S A 106:4752–4757

Lankester ER (1873) On a peach-colored bacterium – *Bacterium rubescens*. Quart J Microscop Sci 13:408–425

Lankester ER (1885) The pleomorphism of the Schizophyta. Quart J Microscop Sci 26:499–505

Lartigue C, Vashee S, Algire MA, Chuang RY, Benders GA, Ma L, Noskov VN, Denisova EA, Gibson DG, Assad-Garcia N, Alperovich N, Thomas DW, Merryman C, Hutchison III, CA, Smith HO, Venter JG, Glass JI (2009) Creating bacterials strains from genomes that have been cloned and engineered in yeast. Science 325:1693–1696

Lauro FM et al (2009) The genomic basis of trophic strategy in marine bacteria. Proc Natl Acad Sci U S A 106:15527–15533

Lauterborn R (1913) Zur Kenntnis einiger sapropelischer Schizomyceten. Allg Bot Ztg 19:97–100

Lechevalier HA, Solotorovsky (1965) Three centuries of microbiology. McGraw-Hill Inc. New York

Leibold G (2000) Guajak Holz. Natur & Heilen 05. In: Madaus G (Hrsg) Lehrbuch der Biologischen Heilmittel. Mediamed, Ravensburg

Lengeler JW, Drews G, Schlegel HG (eds) (1999) Biology of the prokaryotes. Chemotaxis. Thieme, Stuttgart, S 514–523

Li H, Frigaard NU, Bryant DA (2006) Molecular contacts for chlorosome envelope proteins revealed by cross-linking studies with chlorosomes from *Chlorobium tepidum*. Biochemistry 45:9095–9103

Liebig Jv (1840) Die organische Chemie in ihrer Anwendung auf Agrikultur und Physiologie. Braunschweig. Vieweg

Löffler F (1887) Vorlesungen über die geschichtliche Entwicklung der Lehre von den Bacterien, 1. Teil. Vogel, Leipzig

Löffler F (1903) Robert Koch zum 60. Geburtstag, Dtsch Med Wochenschr 29:937–943

Löffler F, Frosch P (1898) Cbl. Bakt. u. Parasitenkd. I. Abt. Orig. 23:371–391

Lovley DR, Holmes DE, Nevin KP (2004) Dissimilatory Fe(III) and Mn(IV) reduction. Adv Microb Physiol 49:219–286

Lyons TW, Reinhard CT (2009) An early productive ocean unfit for aerobics. Proc Natl Acad Sci U S A 106:18045–18046

Mägdefrau K (1992) Geschichte der Botanik. Gustav Fischer Verlag, Stuttgart

Margulis L (1993) Symbiosis in cell evolution. Freeman, New York

Martin W, Baross J, Kelley M, Russell MJ (2008) Hydrothermal vents and the origin of life. Nat Rev Microbiol 6:805–814

Mayr E (1982) The growth of the biological thought. Harvard University Press, Cambridge

Mayr E (1994) Charles Darwin, seine Lehre und die moderne Evolutionsbiologie. Piper , München

Mayr E (2004) What makes biology unique? Cambridge University Press, Cambridge

Medini D, Serruto D, Parikhill J, Relman DA, Donati C, Moxon R, Falkow S, Rappuoli R (2008) Microbiology in the post-genomic era. Nat Rev Microbiol 6:419–430

Mereschkowsky CS (1905) Über Natur und Ursprung der Chromatophoren im Pflanzenreiche. Biol Centralbl 15:593–604

Meyer K (1998) Geheimnisse des Antonie van Leeuwenhoek. Pabst, Lengerich

Miflet D (1883) Untersuchungen über die in der Luft suspendierten Bakterien. Beitr Biol Pfl 3:119–140

Mignot T, Merlie JP, Zusman DR (2005) Regulated pole-to-pole oscillations of a bacterial gliding motility protein. Science 310:855–857

Molisch H (1907) Die Purpurbakterien nach neuen Untersuchungen. Fischer, Jena

Möllers B (1950) Robert Koch, Persönlichkeit und Lebenswerk. Schmorl und von Seefeld Nachf, Hannover, S 756

Müller OF (1786) *Animalcula infusoria, fluviatilia et marina*. Hanniae, Kopenhagen

Müller DW, Meyer C, Gürster S, Küper U, Huber H, Rachel R, Wanner G, Wirth R, Bellack A (2009) The Iho70 fibers of *Ignicoccus hospitalis*: a new type of archaeal cell surface appendage. J Bacteriol 191:6465–6468

Münch R (2003) Robert Koch und sein Nachlaß in Berlin. de Gruyter, Berlin

Nadson GA (1903) Observations sur les bactéries pourprées. Bull Jard Bot St. Petersbourg 3:109

Naegeli Cv (1884) Mechanisch-physiologische Theorie der Abstammungslehre. R. Oldenbourg, München u. Leipzig

Näther DJ, Rachel R, Wanner G, Wirth R (2006) Flagella of *Pyrococcus furiosus*, multifunctional organelles, made for swimming, adhesion to variosus surfaces and cell-cell contacts. J Bacteriol 188:6915–6923

Nauhaus K, Boetius A, Krüger M, Widdel F (2002) In vitro demonstration of anaerobic oxidation of methane coupled to sulphate reduction in sediment from a marine gas hydrate area. Environ Microbiol 4:296–305

Neisser M (1898) Ferdinand Cohn. Münch Mediz Wochenschr 45:1005–1007

Neuweiler G (2008) Und wir sind es doch – die Krone der Evolution. Wagenbach, Berlin

Novichkov PS, Wolf YI, Dubchak I, Koonin EV (2009) Trends in prokaryotic evolution revealed by comparison of closely related bacterial and archaeal genomes. J Bacteriol 191:65–73

Pace NR (2006) Time for a change. Nature 441:289

Pace NR (2009) Problems with „Procaryotes". J Bacteriol 191:2008–2010

Pasteur L (1857) Mémoire sur la fermentation alcoolique. Compt Rend Acad Sci 45:1032–1036

Pasteur L (1858a) Nouveaux faits concernant l'histoire de la fermentation alcoolique. Compt Rend Acad Sci 47:1011–1013

Pasteur L (1858b) Mémoire sur la fermentation de l'acide tartrique. Compt Rend Acad Sci 46:615–618

Pasteur L (1858c) Mémoire sur la fermentation appelée lactique. Ann Chimie et phys 42: 404–418

Pasteur L (1861a) Mémoire sur les corpuscules organises qui existent dans l'atmosphère. Examen de la doctrine des generation s spontanées. Ann Sci Nat 16:5–98 ((1862) Ann Chem Phys 64:5–110)

Pasteur L (1861b) *Animalcules* infusoires vivant sans gaz oxygène libre et determinant des fermentations. Compt Rend Acad Sci 52:344–347

Payne JL, Boyer AG, Brown JH, Finnegan S, Kowalewski M, Krause RA, Lyons SK, McClain CR, McShea DW, Novack-Gottshall PM, Smith FA, Stempien JA, Wang SC (2009) Two-phase increase in the maximum size of life over 3.5 billion jears reflects biological innovation and environmental opportunity. Proc Natl Acad Sci U S A 106:24–27

Peng X, Jiang L, Sun P, Zhang C, van Nostgrand JD, Deng Y, He Z, Wu L, Zhou J, Xiao X (2009) Geochip-based analysis of metabolic diversity of microbial communities at the Juan de Fuca Ridge hydrothermal vent. Proc Natl Acad Sci U S A 106:4840–4845

Pennisi E (2009) Two steps forward for synthetic biology. Science 325:928–929

Pernthaler A, Dekas AE, Brown CT, Goffred SK, Embaye T (2008) Diverse syntrophic partnerships from deep-sea methane vents revealed by direct cell capture and metagenomics. Proc Natl Acad Sci U S A 105:7052–7057

Perty M (1852) Zur Kenntnis kleinster Lebensformen. Jent & Reinert, Bern

Petri RJ (1887) Eine kleine Modifikation des Kochschen Plattenverfahrens. Zentralbl Bakteriol 1:279–280

Pevzner L (1996) Interview with Prof. Lederberg. http://nobelprizes.com/nobel/medicine/lederberg-interview.html

Pouchet FA (1859) Hétérogénie ou Traité de la Génération Spontanée, Basé sur de Nouvelles Expériences. Baillière, Paris

Prell J, White JP, Bourdes A, Bunnewell S, Bongaerts RJ, Poole PS (2009) Legumes regulate Rhizobium bacteroid development and persistence by the supply of branched-chain amino acids. Proc Natl Acad Sci U S A 106:12477–12482

Ragsdale SW (2004) Life with carbon monoxide. Crit Rev Biochem Mol Biol 39:165–195

Raymond J (2005) The evolution of biological carbon and nitrogen cycling – a genomic perspective. Rev Mineral Geochem 59:211–231

Raymond J, Segrè D (2006) The effect of oxygen on biochemical networks and the evolution of complex life. Science 311:1764–1767

Rheinberger H-J (2000) Kurze Geschichte der Molekularbiologie. In: Jahn I (Hrsg) Geschichte der Biologie. Spektrum, Heidelberg, S 642–663

Roberts W (1874) Studies on biogenesis. Philos Trans R Soc Lond B Biol Sci 164:457–474

Roberts L, Stone R, Sugden A (2009) The rise of restoration ecology. Science 325:555

Robertson CE, Spear JR, Harris JK, Pace NR (2009) Diversity and stratification of Archaea in a hypersaline microbial mat. Appl Environ Microbiol 75:1801–1810

Saussure NT (1804) Recherches chimique sur la vegetation. Nyon, Paris

Schierbeek A (1951) Dr. Antoni van Leewenhoek. Zijn Leven en Werke. 2, Bd. De Tidstroom, Lochem

Schlegel HG (1999) Geschichte der Mikrobiologie, Acta Historica Leopoldina, Nr 28. Deutsche Akademie der Naturforscher Leopoldina, Halle

Schleif R (2002) Regulation of the L-arabinose operon in *Escherichia coli*. SGM Symposium 61:155–168

Schmitt J (2008) Aus welchem Erdteil kam die Syphilis? Naturwiss Rundsch 61(4):199–201

Schröder H, von Dusch T (1854) Über Filtration der Luft in Beziehungen auf Fäulnis undGährung. Ann Chem Pharm 39:232–243

Schulze F (1836) Vorläufige Mittheilung der Resultate einer experimentellen Beobachtung über *Generatio aequivoca*. Ann Phys Chem Leipzig 34:487–489

Schwabe J, Gaffky G, Pfuhl E (Hrsg) (1912) Gesammelte Werke von Robert Koch. Thieme, Leipzig

Shapin S (1996) The scientific revolution. University Press, Chicago

Sharon I, Alperovitch A, Rohwer F, Haynes M, Glaser F, Atamma-Ismaeel N, Pinter RY, Partensky F, Koonin EV, Wolf EV, Nelson YI, Béjà O (2009) Photosystem I gene cassettes are present in marine virus genomes. Nature 461:258–268

Shimoyama T, Kato S, Ishii S, Watanabe K (2009) Flagellum mediates symbiosis. Science 323:1574

Shively JM (ed) (2006) Complex intracelluar structures in prokaryotes. In: Steinbüchel A (ed) Microbiology monographs, Ser 2. Springer, Berlin

Stams AJM, Plugge CM (2009) Electron transfer in syntrophic communities of anaerobic bacteria and archaea. Nat Rev Microbiol 7:568–577

Stanley WM (1935) Isolation of a crystalline protein possessing the properties of tobacco mosaic virus. Science 81:644–645

Stanier RY, van Niel CB (1962) The concept of a bacterium. Arch Mikrobiol 42:17–35

Stoecker K, Bendiger B, Schöning B, Nielsen PH, Nielsen JL, Baranyi, Toenshoff ER, Daims H, Wagner M (2006) Cohn's Crenothrix is a filamentous methane oxidizer with an unusual methane monooxygenase. Proc Natl Acad Sci U S A 103:2363–2367

Stolp H, Petzold H (1962) Untersuchungen über einen obligat parasitischen Mikroorganismus mit lytischer Aktivität für Pseudomonas Arten. Phytopath Z 45:364–390

Thauer RK, Kaster A-K, Seedorf H, Buckel W, Hedderich R (2008) Methanogenic archaea: ecolocically relevant differences in energy conservation. Nature Rev Microbiol 6:579–591

Tulasne LR, Tulasne CI (1861–1865) Selecta fungorum carpologia, vol 3. Paris

Ullmann A (2007) Pasteur-Koch: Distinctive ways of thinking about infectious diseases. Microbe 2:383–387

von Naegeli C (1877) Die niederen Pilze und ihre Beziehungen zu den Infektions-Krankheiten und die Gesundheitspflege. Oldenbourg, München, S 20

von Naegeli C (1882) Untersuchungen über niedere Pilz. Oldenbourg, München

Wächterhäuser G (1992) Ground work for an evolutionary biochemistry, Progs Biophys Mol Biol 58:85–201

Wang S, Xiao X, Jiang L, Peng X, Zhou H, Meng J, Wang F (2009) Diversity and abundance of ammonia-oxidizing archaea in hydrothermal vent cheimneys of the Juan de Fuca ridge. Appl Environ Microbiol 75:4216–4220

Wanner G, Vogl K, Overmann J (2008) Ultrastructural characterization of the prokaryotic symbiosis in *Chlorochromatium aggregatum*. J Bacteriol 190:3721–3730

Ward BB, Devol AH, Rich JJ, Chang BX, Bulow SE, Naik H, Pratihary A, Jayakumar A (2009) Denitrification as the dominant nitrogen loss process in the Arabian Sea. Nature 461:78–81

Watson JD, Crick FH (1953a) A structure for deoxyribose nucleic acid. Nature 171:737–738

Watson JD, Crick FH (1953b) Genetic implications of the structure of deoxyribonucleic acid. Nature 171:964–969

Weitz JS, Hartman H, Levin SA (2005) Coevolutionary arms races between bacteria and Bakteriophage. Proc Natl Acad Sci U S A 102:9535–9540

Whitman WB (2009) The modern concept of the Procaryote. J Bacteriol 191:2000–2005

Widdel F et al (1993) Ferrous iron oxidation by anoxygenic phototrophic bacteria. Nature 362:834–836

Wieland HO (1913) Über den Mechanismus der Oxidationsvorgänge. Bec dt chem Ges 46:3327–3342

Wilson C (1995) The invisible world. Princeton University Press, Princeton

Winogradsky SN (1887) Über Schwefelbakterien. Bot Z 45:489–507, 513–523, 529–539, 545–559, 569–576, 585–594, 606–610

Winogradsky SN (1890) Sur les organismes de la nitrification. C R Acad Sci Paris 110:1013–1016

Winogradsky SN (1902) Clostridium pasteurianum, seine Morphologie und seine Eigenschaften als Buttersäureferment. Centrbl. Bakt. (II) 9:43–54, 107–112

Wittmann HG, Wittmann-Liebold B (1960) Protein chemical studies of two RNA viruses and their mutants. Cold Spring Harbor Symp. Quant Biol 31:163–172

Woese CR, Kandler O, Wheelis ML (1990) Towards a natural system of organisms: proposal for the domains Archaea, Bacteria and Eucarya. Proc Natl Acad Sci U S A 87:4576–4579

Woese CR, Goldenfeld N (2009) How the microbial world saved evolution from the Scylla of molecular biology and the Charybdis of the modern synthesis. Microbiol Mol Biol Rev 73:14–21

Zarzycki J, Brecht V, Müller M, Fuchs G (2009) Identification the missing steps of the autotrophic 3-hydroxypropionate CO_2 fixation cycle in *Chloroflexus aurantiacus*. Proc Natl Acad Sci U S A 106:21317–21322

Zhaxybayeva O, Swithers KS, Lapierre P, Foumier GP, Bickheert DM, De Boy RT, Nelson KE, Nesbø CL, Doolittle WF, Gogarten JP, Noll KM (2009) On the chimeric nature, thermophilic origin, and phylogenetic placement of thermotogales. Proc Natl Acad Sci U S A 106:5865–5870

Zimmer C (2009) On the origin of Eukaryotes. Science 325:666–668

Zuylen J van (1981) The microscopes of Antoni van Leeuwenhoek. J Microsc 121(3):309–328

Sachverzeichnis